一点波本，可以缓解所有事情。——劳伦斯·布洛克

# 威士忌百科全书：波本

[美] 弗雷德·明尼克 著

谢韬 译

Bourbon Curious : A Tasting Guide for the Savvy Drinker
With Tasting Notes for Dozens of New Bourbons

Fred Minnick

中信出版集团｜北京

图书在版编目（CIP）数据

威士忌百科全书.波本 /（美）弗雷德·明尼克著；
谢韬译 .-- 北京：中信出版社，2023.1
  书名原文：Bourbon Curious : A Tasting Guide
for the Savvy Drinker with Tasting Notes for
Dozens of New Bourbons
  ISBN 978-7-5217-4882-6

  Ⅰ.①威… Ⅱ.①弗… ②谢… Ⅲ.①威士忌酒—基
本知识 Ⅳ.① TS262.3

中国版本图书馆 CIP 数据核字 (2022) 第 198220 号

Bourbon Curious : A Tasting Guide for the Savvy Drinker with Tasting Notes for Dozens of New Bourbons
Copyright © 2019 Quarto Publishing Group USA Inc.
Text © 2015, 2019 Fred Minnick
This edition arranged with F+W Media, Inc.
through BIG APPLE AGENCY,INC., LABUAN, MALAYSIA
Simplified Chinese edition copyright © 2022 Beijing Qingyan Jinghe International Co., Ltd
简体中文著作权 © 2022 清妍景和 × 湖岸®
All rights reserved.

本书仅限中国大陆地区发行销售

威士忌百科全书：波本

著　　者：[美] 弗雷德·明尼克
译　　者：谢韬
出版发行：中信出版集团股份有限公司
　　　　　（北京市朝阳区惠新东街甲4号富盛大厦2座　邮编　100029）
承　印　者：北京中科印刷有限公司
开　　本：880mm×1230mm　1/32　　印　张：11　　字　数：240千字
版　　次：2023年1月第1版　　印　次：2023年1月第1次印刷
京权图字：01-2022-6688
书　　号：ISBN 978-7-5217-4882-6
定　　价：188.00元

# 《威士忌百科全书：波本》
# 中文版序

请干邑挪开一点位置，因为波本已经准备好以高品质烈酒的形象于全球最大市场——中国——参与角逐。我撰写了第一本被翻译给中国读者的波本指南工具书，因而感到无比荣幸。

当《威士忌百科全书：波本》（*Bourbon Curious: A Tasting Guide for the Savvy Drinker with Tasting Notes for Dozens of New Bourbons*）——初版英文书名为 *Bourbon Curious: A Simple Tasting Guide for the Savvy Drinker* ——于 2015 年首次在美国出版时，大多数美国威士忌厂商都梦想和期盼着有朝一日能在中国销售他们的产品。但这其中总是存在一些障碍，导致他们无法妥善迈出更为靠近的一步。譬如，他们根本没有足够的波本，来满足世界各地的需求。因此，他们开始扩产。

从 2015 年至 2020 年，威凤凰（Wild Turkey）、金宾（Jim Beam）、美格（Maker's Mark）、野牛仙踪（Buffalo Trace）、爱汶山（Heaven Hill）和百富门（Brown-Forman）在新酒厂设施方面已投资逾 30 亿美元，只为了增加产能，以期某一天可以将他们的波本出口到全球各处。

这一切都可以追溯到 20 世纪 40 年代末至 50 年代初，当时全世界正从"二战"中复苏。英国高度重视苏格兰威士忌的出口，并与阿根廷、法国等国达成了交易，阻止波本在这些市场与其竞争。当美国人试图向外推销波本时，他们面临着严苛的阻力和过高的关税。这迫使美国人转而追求将波本作为美利坚合众国所独有的产品，此举亦得以将美国威士忌纳入与其他国家的自由贸易谈判，并赋予波本与苏格兰威士忌、干邑、香槟同等的地理（产地）标志保护。然而，随着这一目标在 1964 年的达成，波本的市场需求却开始走下坡路。接下来的 30 年里，伏特加开始主宰烈酒行业；波本在大众眼中的地位也越来越低，沦为了备受冷落的滞销酒饮。

波本的出口总量，在 20 世纪 90 年代末才勉强突破六位数。不过，单桶装瓶、推崇"小批量"的出品工艺、以旅游业为驱动的消费者群体，以及不断注入这一行业的新鲜血液，促成了波本的回归。从 2001 年到 2018 年，美国烈酒向中国的出口贸易蓬勃发展，累计增长 12 倍。但总值已逾 15 亿美元的美国威士忌出口市场，仍旧在很大程度上回避了中国，只因相关厂商们尚未奠定在此成功经营的基础。

过去十年间，美国的一批烈酒企业与中国的经销商渠道开展接洽，逐渐增大出口体量。预计未来数年内，中国市场上的货架可能会摆满一系列美国威士忌产品，例如，帝亚吉欧集团（Diageo）的布莱特（Bulleit）和乔治·迪克尔（George Dickel），宾三得利集团（Beam Suntory）的金宾、诺布溪（Knob Creek）、美格和布克斯（Booker's），百富门酒业的活福珍藏（Woodford Reserve）和杰克丹尼（Jack Daniel's），还有威凤凰。你甚至还可能见到一些难以寻觅的稀有酒款——如"凡·温克尔老爹"（Pappy Van Winkle）、威利特（Willett）和烟雾列车（Smoke Wagon）等等——因为中国毕竟是令人垂涎的奢侈品市场。

此外，如今好莱坞名流也开始涉足波本界。随着中国对于美国娱乐圈的兴趣与日俱增，好莱坞精英对波本的爱好也会随之增加。

我预测，伴随波本在中国的拓展，我们将见证社会名流和酒厂蒸馏师们专门针对中国的口味偏好来创造威士忌。事实上，随着人们对波本的了解加深，品牌所有方亦将追踪销售情况，以打造出与你所青睐的与热门品牌相类似的威士忌新品。至少，这一做法反复重现于美国威士忌的历史。

正如你在阅读本书时将了解到的，杰克丹尼是目前全球最畅销的威士忌，同时肯定能找出 40 款威士忌品牌有着与之相似度颇高的酒标。一如奥斯卡·王尔德曾这样写道："庸才对伟人最具诚意的恭维，便是模仿。"

这也是将来我对中国市场最感兴趣的地方：哪些品牌会如此大受欢迎，以至于其他公司竞相模仿？

目睹波本在中国的表现，对美国酒业来说，是一次伟大的尝试。他们难免会犯错，误解中国酒客群体的需求，同样，我们也都可能会惊叹于中国消费者对波本的喜爱程度。但我认为无人知晓中国人究竟想要什么风格的威士忌——"你们偏爱甜美、生津还是辛辣？"鉴于白酒这一本土烈酒的特色，波本酒业们是否又会向中国兜售土壤气息更重的（酒款）风味类型？

身处另一半球的我，对此将绝对怀有兴致，保持密切关注。波本进驻中国的增长势头，或许大大有助于这一"美国本土烈酒"（America's Native Spirit）最终超越苏格兰威士忌，成为全世界首屈一指、最广受喜爱的威士忌类别。

让我们拭目以待。

干杯！

弗雷德·明尼克

2022 年 6 月 16 日

# 第二版序言

在写这本书的第一版时，我就有个梦想：能尽最大可能减少关于波本的胡说八道。希望在这里，消费者能了解到一瓶酒背后的真实故事，而非你在很多酒标上会见到的那些伪造的品牌背景介绍。我还依稀记得，自己曾企盼波本厂商们都能在酒标上标明自家的谷物比例配方（mashbill）——就如同葡萄酒庄会在其酒标上，写明酿酒葡萄品种及混酿品种组合一样。我回想起，自己曾笑言：这事绝不可能发生……

然后，一切都变了。梦想照进现实，如今，谷物比例配方时常被详细标示在酒标上。现在，当你拿起一些波本的酒瓶仔细端详，便会发现，不仅能找到谷物比例配方，还不乏蒸馏器的设备类型、橡木桶的制桶规范等各式信息。

波本的信息透明化，业已取得长足进步，尽管这并非我的功劳。它要归功于一批热忱的铁杆消费者们的公开呼吁。据我所知，他们中有人积极向联邦政府举报那些不公开其威士忌原酒蒸馏于哪个州的波本品牌；而另一些人，则为他们亲自挑桶的波本单桶装瓶，创作了独一无二的瓶身贴纸。

在这个提倡社会公正的时代，我们的波本文化也在强烈要求一种全新的信息透明度。然而，一些新生的波本产品仍在以身犯险，讲述着下述虚假品牌故事："为了创造一款美国威士忌的新配方，当年我爷爷用他的脚趾头携带酵母一起横跨太平洋，结果这个配方碰巧就和一家印第安纳州酒厂的配方一模一样。"

帮助读者洞悉真实的品牌故事，是令本书第一版取得成功的关键。

由于过去几年间，波本界已发生太多变化——例如，蒸馏大师丹尼·波特（Denny Potter）从爱汶山酒业转投到了美格酒厂，同时又有如此之多的"精馏波本"频繁上市——所以是时候该做些更新了。在这一新版本中，我已做了必要的内容修正，新增了一部分波本品牌和"精馏酒厂"的介绍，并补充了大多数酒厂完成蒸馏时的取酒度数。

　　希望你在阅读再版之后的本书时，体验同我在写作时相同的乐趣。干杯！

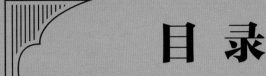

# 目　录

## 第一部分
### 历史、传奇和当代真理

## 第二部分
### 风味之源

## 第三部分
### 品鉴

# 第一部分

## 历史、传奇和当代真理

PART ONE

# 简介
## *Introduction*

请犒劳一番自己。挑一支波本，拧开瓶塞，细闻其甜蜜丰润的香草焦糖调，进而再沉浸于肉桂与肉豆蔻的香气里；将这漂亮的红褐色美酒倒入杯中——如果你喜欢加点冰块也无妨——开始这段美妙愉悦的波本之旅。

波本已超越了原料成分和品牌价值。它展现的是一种文化、一种情感与一种充满共鸣的感知。它使友人相聚，令敌人和解。

伴随着伟大而来的总会有误解。尽管波本是美国造物的核心代表，且在美国税收经济中发挥了重要作用，但它却是烈酒专卖店货架上最容易被误解的商品。关于究竟是谁创造了波本，一个多世纪以来，一些离奇的传说始终在误导消费者；酒厂所开设的参观项目，也时常向游客们灌输错误的波本法规及常识。

上述令人不安的具体谬误，常常表现在那些自认为无所不知又大男子主义的酒吧间粗人身上。"你喜欢波本？那我来告诉你一点关于它的常识吧！波本，必须产自肯塔基。"这类家伙摆出一副居高临下的姿态，因为他们真当自己是教授，口若悬河地——有时还口沫四溅——把错误信息公然喷吐到你耳根前。而你当时只想安静喝下那杯挑起了这该死话题的波本。这种人就喜欢用他们从维基百科上挖来的伪事实，"教育"他所遇到的每位调酒师、地铁上的陌生人以及他母亲的闺蜜们。

波本的专业人士花费了大量时间去收拾这类自恋癖留下的烂摊子，让我惊讶的是，他们中的一些人，是多么确信自己的正确性。在一次邻里间的鸡尾酒会上，我走近某人，只因他正鹦鹉学舌般地重复着"波本必须桶陈2年"这一显而易见的谬误。当他把手中的超大号红色塑料酒杯摔到地上，试图表达其强硬态度时，我意识到两件事：其一，他有口臭；其二，他不喜欢别人指出他弄错了。

真相是，波本可以产自美国任何地方，不仅限于肯塔基；事实上，它们中的一些产自纽约、怀俄明、印第安纳……还有很多其他州。在20世纪，有50余年的时间里，墨西哥酒厂也生产过波本，这也正是促使美国烈酒企业们向国会寻求产地保护的原因之一。在酒龄方面，波本本身没有要求，但要想被标示为"纯正波本"（straight bourbon），则陈年数必须至少达到2年。

由于波本的流行程度持续增长，那些满脑子错误信息的持异见者，就像病毒一般正在四处传播。但愿这本书，能赶在他们之前遇见你。

我希望，这本《威士忌百科全书：波本》能够成为你爱上这种美妙烈酒的入门指南，同时也引导你开启一场品鉴之旅，将不同品牌的波本，按照这类酒中最常见的四种风味——焦糖、肉桂、谷物和肉豆蔻——来分门别类。我的目标之一，是为你提供在互联网或酒标上都无迹可寻的波本信息。即使你长期以来都是一名波本发烧友，我也欣慰于你可能意识到自己会承认，"我之前并不知道（这些内容）"。

让我们从头说起。何为波本？

所有波本都是威士忌，但并非任何威士忌都是波本。倘若你对此毫无概念，不用担心，因为你不是唯一有困惑的人。我在讲授系统性的波本入门课程时，学员们最常提出的问题之一便是："波本和威士忌的区别在哪里？"我发现，在解答这一疑问的同时，又不至于眼睁睁看着听众们入睡的最好方法，就是引用如下简单的类比。就像汽车这个词，广泛涵盖了各式各样的机动车辆：从光亮崭新的 1965 年产樱桃红色福特野马跑车，到外观破旧的 1982 年产蓝色尼桑日产旅行轿车。同样的道理，威士忌作为一个含义广泛的术语，进而可按照原产国、谷物原料、桶陈过程等决定性因素，再细分为不同的子类。简单说，威士忌就是将"啤酒"蒸馏以后，再装入橡木桶陈年的结果。

苏格兰威士忌和波本同为威士忌，但相似之处也就到此为止。苏格兰威士忌必须在苏格兰生产，其最出名的谷物原料是大麦；波本则必须产自美国，主要谷物原料为玉米。苏格兰威士忌的法定种类包括单一麦芽威士忌、单一谷物威士忌、调和麦芽威士忌、苏格兰调和威士忌和调和谷物威士忌；波本的法定种类则有纯正波本、调和波本、调和纯正波本和保税装瓶波本。

美国烟酒税收与贸易局（TTB）明确规定了一些波本术语，蒸馏师们也经常新创出用于描述生产工艺的特定词汇，例如"酸性发酵醪"（sour mash）、"小批量"（small batch）和"单桶"（single barrel）。然而，假如定义缺失，这类"专有名词"就会误导消费者；当它们沦为营销噱头，消费者只能对其确切含义随意遐想。正如你在接下来的章节中将了解到的那样，有时标注为"小批量"的酒款，其产量根本就不算小。人们时常以为，采用"酸性发酵醪"工艺，就意味着某款波本很特别，但这只不过是一种绝大部分酒厂都在使用的发酵方法。

波本的基本释义明确指出它必须在美国境内生产，但未对酒龄提出要求。一个普遍谬误则是：人们在其定义里，强加了波本必须陈年自美国橡木桶的限制。正如前文所示，美国政府并没有明确规定用于制桶的橡木种类。总有一天，一些营销鬼才会唆使自家酒厂创造出只陈年 1 天便每瓶售价 50 美元的波本。幸运的是，目前为止，还没有人这样去做。

# 波本的种类

美国烟酒税收与贸易局是隶属于财政部的实施酒类法规的政府办公机构。波本于他们的繁重工作之中，只占据很小比例，但职员们会确保，或者至少试图确保，波本的酒标中不会出现任何不当内容。你可以登录网址 TTBonline. gov，来查询过去已被批准的酒标信息。除"保税装瓶"的相应解释外，如下定义皆是源自"TTB"指导手册的内容摘要，并非完整版的法规。注：2019年初，联邦政府寻求对威士忌的定义做出一定修改，包括可能将一个"酒桶"（barrel）的尺寸大小限定为53美制加仑。实际上，这会淘汰出局许多选用更小尺寸橡木桶的精馏商（craft distillers）。

### BOURBON WHISKEY
### 波本威士忌

"在美国境内生产、蒸馏完成时酒精浓度不超过80%（160美制酒度）、采用玉米含量不低于51%的谷物配方，并最高以62.5%（125美制酒度）的酒精浓度存放入烧焦过的全新橡木容器的威士忌。"

**品牌举例：** 美利坚之骄傲牌波本威士忌（American Pride Bourbon Whiskey）

### STRAIGHT BOURBON WHISKEY
### 纯正波本威士忌

"在烧焦过的全新橡木容器中存放2年或更久的波本威士忌；此外，这一类别可以是包含两种及多种'纯正波本'的调和结果，但条件为这些威士忌都必须产自同一个州。"

**品牌举例：** 美格肯塔基纯正波本威士忌（Maker's Mark Kentucky Straight Bourbon Whisky）

## BLENDED BOURBON WHISKEY
## 调和波本威士忌

"作为在美国境内生产的调和威士忌，且以美制酒度加仑（proof gallon）为单位进行测量时，含有不低于51%（在计算该比例时，需要排除由于添加无害色素、调味剂或其他酒类调配原料所产生的酒精含量）的纯正波本威士忌。"

**品牌举例：** 旧希科里伟大美利坚牌调和波本威士忌（Old Hickory Great American Blended Bourbon Whiskey）


## BLENDED STRAIGHT BOURBON WHISKEY
## 调和纯正波本威士忌

"在美国境内生产的（来自不同州的）纯正威士忌的调和结果，并且完全只由纯正波本调配而成。"

**品牌举例：** 海威斯特美国草原珍藏调和纯正波本威士忌（High West Whiskey American Prairie Reserve Blend of Straight Bourbons）


## BOTTLED-IN-BOND BOURBON WHISKEY
## 保税装瓶波本威士忌

该波本威士忌必须为同一蒸馏师于同一蒸馏季节在同一酒厂内生产，且必须在美国联邦政府管辖下的保税仓库内至少存放4年，并以100美制酒度进行装瓶。同时，其产品酒标上必须清楚说明：它在哪家酒厂蒸馏和在哪家酒厂装瓶。

**品牌举例：** J. T. S. 布朗保税装瓶肯塔基纯正波本威士忌（J. T. S. Brown Kentucky Straight Bourbon Whiskey Bottled in Bond）

如果某个品牌的酒标上写着"肯塔基纯正波本"，那就意味着，这款波本于肯塔基境内完成了糖化、发酵与蒸馏，并在该州至少陈年2年。一些无处不在的大众品牌，比如活福珍藏、美格和金宾，皆为肯塔基纯正波本，但这也造成"必须桶陈2年，且为肯塔基制造"这一观念普遍流行。既然纯正波本在市面上随处可见，谁又能责怪一位发烧爱好者认定所有波本都必须达到2年酒龄呢？但凡"纯正"或者"波本"一词出现在酒标上，威士忌生产者就不可以额外添加任何调味剂。由于加拿大威士忌和某些品类的苏格兰威士忌默许了着色与调味的做法，还有所谓的"风味威士忌"（flavored whiskey）这一品类——我本人非常鄙视！——在酒标上滥用"波本"或"纯正波本"的字眼，波本才经常被误认为可以经过调味。进一步给人添乱的是，针对黑麦威士忌，美国政府又的确允许添加色素和调味剂，或者不超过其成品酒液总量2.5%的其他调配原料。坦普顿黑麦威士忌（Templeton Rye）便是其中一个例子：该品牌曾向其黑麦威士忌中添入某种专有调味剂，但这一信息却未被披露在酒标上，大多数人因而并不知晓这种添加物的存在。唯一能够确保黑麦威士忌未经调味的真凭实据是，在其酒标上找到"纯正"一词，这样方可杜绝人工的"风味掺假"。已被标明为"波本"的威士忌，绝不允许经过着色或调味。尽管法律这样清楚规定，仍有阴谋论者声称，有些品牌的厂商还在往波本中添加色素，或是在生产波本时二次使用橡木桶。这两种情况下，相关酒业公司都将面临高额罚金和潜在的牢狱之灾。

"所有波本都必须桶陈2年"的观念竟然如此泛滥，见鬼，当你跑去参观某家主流酒厂，其官方导游甚至可能傻乎乎地复读这一谬论。无论波本的常识教育如何深入大众，这一错误总会发生。

"保税装瓶"的字样，在波本的酒标上相对更为少见。这一名词的诞生，源自1897年的美国国会立法，是为应对当时一批调配酒商（rectifier）

在威士忌中掺入掺水西梅汁乃至煤油，而使酒液看起来陈年更久、品相更好的做法。时至今日，（在大酒厂的出品里）只尚存不足 40 款保税装瓶波本，但要感谢一个人，即爱汶山酒业的波本大使伯尼·柳伯斯（Bernie Lubbers），他的个人口号便是"保税不死！"。现在，这一类酒标正在小幅回潮。效仿爱汶山之做法，其他酒业公司也逐渐将其纳入自家产品线。1897 年出台的《保税装瓶法案》，是属于美国消费者食品保护法的一项重要内容，它从此改变了该国烈酒的生产方式。除了波本，美国酒厂还生产保税装瓶白兰地、保税装瓶玉米威士忌，以及保税葡萄酒。这些酒类产品成为品质有所保障的主旋律。多亏了爱汶山酒业和柳伯斯先生，否则这类波本可能早已濒临灭绝，只因绝大多数的现代酒业公司，不认为推出保税装瓶产品会有何好处。2014 年的一场新闻发布会上，帝亚吉欧集团公布将

许多保税装瓶波本，譬如 T. W. 塞缪尔斯（T. W. Samuels）品牌，现今都归爱汶山酒业所有。多亏了爱汶山，要不然这一类曾经引以为傲的波本很可能就此绝迹。

# "WHISKEY" 与 "WHISKY"
# 威士忌英文拼写有别

威士忌的英文，有两种拼写方式。传统的美式拼法带有字母"e"，而苏格兰式拼法则不带"e"。如图所示，美格和哈得孙（Hudson）这两个品牌，都各自在酒标上以大写字母表明了其对威士忌英文拼写的偏好。

如果你是一名语法爱好者，可能不禁想知道：带"e"和不带"e"的威士忌英文拼写，彼此有别吗？

拼写之选，事关喜好。美国威士忌和爱尔兰威士忌，一般会带上"e"；而苏格兰威士忌、加拿大威士忌和日本威士忌，则通常不带。话虽至此，但令事情更显复杂的是，不少知名的波本品牌都选择不带"e"，包括"老福里斯特"（Old Forester）和"美格"。另外，美国政府在相关威士忌法规中，仍旧采纳没有"e"的拼写，反之，苏格兰的史料文件里曾用过带"e"的写法。

尽管没有一成不变的硬性规定，但有些人相当较真威士忌拼写到底该不该带"e"。你去问问《纽约时报》就知道了：当作者埃里克·阿西莫夫（Eric Asimov）在写一篇关于斯佩塞（Speyside）产区单一麦芽威士忌的文章时，他用了带"e"的拼法。读者们用辛辣的点评猛烈回应了该知名报纸。来自伦敦的格雷厄姆·肯特如此写道："一位严肃的专业葡萄酒及烈酒作家，竟然用带'e'的拼写来指代苏格兰威士忌，这一点我无法原谅……不断迭出的拼写错误，恐怕使我再也无法忍受阅读你的文章。这跟你一直把威士忌称作'金酒'有何区别，或者就像把拉菲说成勃艮第葡萄酒一样。一位有声誉的作者，简直不应犯下这么低级的错误。"

即便冒着招致类似怒火的风险，我将依旧采用带"e"的威士忌英文拼写贯穿本书。

耗资 1.15 亿美元于肯塔基州谢尔比县新建酒厂，当我问及他们是否计划推出保税装瓶波本时，该公司的退休高管盖伊·史密斯（Guy Smith）冲我笑了笑。"我们何苦要这么做？"他反问。

围绕波本酒标的另一重要议题，是针对陈年数的声明规则。有一些波本标明了酒龄，另一些则不标。只有当波本的陈年数不足 4 年时，酒厂才被要求在瓶身上标明酒龄。若酒标上已标有陈年数，该数字必须是这款波本所选用的最年轻酒液的桶陈时间。换言之，假如一家酒厂融合了一桶 10 年波本与一桶 6 年波本，就只能在酒标上标示为"桶陈 6 年的波本"。美国政府还规定，酒龄只允许往低了标，不能往高了标。举例来说，桶陈 59 个月的威士忌不能标成"5 年酒龄"，却可以采用比实际更低的"4 年酒龄"。

除上述术语外，你还会在波本酒标上发现品牌历史简介，在同"柔顺"（smooth）、"醇厚"（mellow）和"浓郁"（rich）等修辞用语争夺版面。品牌方可能会自诩他们的波本为世上最佳，抑或在酒标处彰显一块奖牌，给人某种印象：毫无疑问，这款波本便是全世界最好的。这些全都是营销烟幕弹，而像这样的措辞可以追溯到最早期的波本广告。消费者们总是青睐"柔顺"和"醇厚"的说法，它们听起来就不错，是吧？

我写这本书的目的，便是要向你揭示营销话术与瓶中真相之间的区别。前面所提到的种种波本规范，对于想象这种香甜美酒的风味而言，仿佛仅仅匆忙一瞥。如果你在酒标上见到"纯正波本"的字眼，你对其风味的预期，可能千变万化，从复杂的果香调一直到热辣的木质感。抛开酒标的营销成分，你就只能勉强根据其文案内容来挑选波本了。请别误会我的意思，营销这件事，对于威士忌厂商而言极其重要，有时对喝酒之人来说也是如此，但你通过酒标信息所能核实到的，也就只有这么多了。找到你心仪威士忌的最佳途径，就是自己去喝！

我们正生活在或许是波本史上最激动人心的时代，这不光基于商业远景的角度，也鉴于消费者选择的丰富性。

# 杰克丹尼是波本吗？

威士忌专家们常被问道：杰克丹尼，算是波本吗？答案：是也不是。

美国禁酒令以前，政府将"杰克丹尼"纳入波本之列，即便它作为田纳西威士忌（Tennessee Whiskey）而闻名。田纳西威士忌会使用一种被称作"林肯县工艺"的木炭过滤工序。在20世纪40年代，美国财政部的相关机构终于特许莱姆·莫特洛（Lem Motlow，杰克·丹尼尔本人的侄子兼继承者）使用"杰克丹尼田纳西威士忌"这一名称。当时政府表示说，像是利用木炭来柔化酒液的这门工艺，并不存在于别处，自此"杰克丹尼便被官方认定为田纳西威士忌"。

有趣的是，20世纪早期的波本生产者，也同样采用过以木炭来过滤待陈年波本的办法。根据菲尔森历史协会（Filson Historical Society）的资料，比尔与布思家族（Beall-Booth family）的往来书信表明，该家族的蒸馏师会用"大约18至20英寸ᵃ厚的粉末状木炭来过滤其蒸馏好的原酒，而这些木炭则由刚刚砍伐的上好木材——如含糖的山核桃木——烧制而成"。由此可见，面对莫特洛先生的努力奔走，政府可能表现得仅有一些苛刻。不管怎样，杰克丹尼开始得以以田纳西威士忌的名义自我营销，从此再未回头。

但美国联邦政府却未对田纳西威士忌给出任何定义，这让全世界的贸易条约编写者和酒吧工作者都感到困惑。在《北美自由贸易协定》中，田纳西威士忌被定义为"只被授权在田纳西州境内生产的一类纯正波本威士忌"。其他一些自由贸易协定也采用了类似措辞，这或多或少为将杰克丹尼视作波本的论调扳回了局面。尔后在2013年，当田纳西州的立法者们通过一项州法案为本州威士忌做出定义之际，敞开的大门又稍稍关上了一点。

田纳西州长比尔·哈斯拉姆于2013年5月13日签署的《田纳西州众议院第

---

a　英寸，是英制及美制中的长度单位。1英寸 =2.54 厘米（cm）。——中文版编者注

1084号法案》:

> 一款酒精含量足以致人喝醉的烈酒，不得基于营销或销售的目的，被宣传、描述、标明、命名、兜售或提及为"田纳西威士忌（拼写带e）""田纳西威士忌（拼写不带e）""田纳西酸性发酵醪威士忌（拼写带e）"或者"田纳西酸性发酵醪威士忌（拼写不带e）"，除非该烈酒符合下述条件：

> (1) 在田纳西州生产；
> (2) 采用玉米含量至少51%的谷物混料；
> (3) 蒸馏完成时的酒精度不高于160美制酒度或者说80%标准酒精浓度；
> (4) 在田纳西境内使用已经烧焦处理的全新橡木桶陈年；
> (5) 在陈年之前，用枫木木炭过滤其酒液；
> (6) 装入橡木桶之时的酒精度不能高于125美制酒度或者说62.5%标准酒精浓度；以及
> (7) 装瓶的酒精度不能低于80美制酒度或者说40%标准酒精浓度。

一年之后，杰克丹尼的最大竞争对手，即帝亚吉欧集团（乔治·迪克尔田纳西威士忌的母公司），寻求废除田纳西威士忌的州法定义，以期允许酒厂使用非全新橡木桶来进行陈年。帝亚吉欧此举并未取得成功。随后，该集团又针对1937年已出台的明令"田纳西烈酒"必须在该州陈年的法规，继续起诉州政府。帝亚吉欧再次输掉这场诉讼，以致在美国威士忌的世界里屡屡树敌。

就当下而言，田纳西威士忌在本质上依旧为波本，只不过它于田纳西州境内陈年，并且桶陈之前还必须经过枫木木炭的过滤。但你根本不会听到有田纳西人把田纳西威士忌称作"波本"，而对大多数波本爱好者而言，"杰克丹尼"则像是一句脏话。

野牛仙踪酒厂"编号 H 仓库"内的私人选桶品鉴室。
Photo by 谢韬

# 第一章
# 波本政治
## Chapter One
## Bourbon Politics

当我在 2008 年采访汤姆·布莱特（Tom Bulleit）时，这位布莱特波本的创始人告诉我一件事，进而永远改变了我品鉴、写作波本的方式。布莱特先生把身子陷进他专用的维多利亚风格座椅里，开口讲道："波本的意义不在于瓶内的威士忌本身，而在于你告诉人们什么。"他指着自己的耳朵，把这称为提案的艺术，然后继续说道，营销在本质上指挥着整个波本行业。布莱特的评价是正确的。代表品牌方的公关与营销人员都在很大程度上影响了波本酒标、波本故事，乃至介绍波本的书籍。某种意义上，他们是波本历史的守护者——而我们中很少有人尝试讲述脱离这些品牌故事以外的内容，营销人员的叙述则往往主导了波本的思想市场。

布莱特先生所谓的"提案艺术"，真正始于 18 世纪的民间传说。它在 19 世纪衍变为传奇人事，在 20 世纪又作为事实报道，并于 21 世纪开始惹恼波本消费者。

你可以相信的印在美国威士忌酒标上的东西，大概仅有这些：酒精度、酒龄和威士忌的种类。要说在每平方英寸内塞入最多的胡说八道，波本的酒标可谓与政治宣传广告不相上下。

# 波本与诉讼案

你可能会惊讶地发现，当酒厂的蒸馏大师们聚集到一起时，他们其实私交很好。事实上，蒸馏师们会夸耀这种友谊，是如何从一代人传到了又一代人。他们享有着许多酒类行业中未曾有过的罕见纽带。

至于市场人员和销售人员，那就是另一回事了。他们通常无法忍受竞争对手的存在，历史上，他们也经常互相起诉对方。确切地说，你可以将威士忌酒商起诉其竞争对手的行为，称为一种必要的仪式。以 E. H. 泰勒（E. H. Taylor）和乔治 · T. 斯塔格（George T. Stagg）这两位波本风云人物为例，他们在 19 世纪就彼此起诉过对方的公司；但当今的野牛仙踪酒厂则不偏向于任何一方，同时出品以这两人来命名的波本品牌。杰克丹尼威士忌的母公司百富门酒业在 20 世纪 60 年代，就抄袭酒标的问题，起诉过埃兹拉 · 布鲁克斯（Ezra Brooks）品牌，结果却败诉。时隔近 50 年之后，百富门为了维护旗下的另一品牌，即活福珍藏，而起诉巴顿酒业（Barton Brands），这次他们胜诉了。

他们会针对宣传活动去提起诉讼。在 2011 年，威凤凰和老乌鸦（Old Crow）这两个品牌，基于"把那只鸟给他们！"（Give 'Em the Bird）这一广告语而打过官司。肯塔基蒸馏酒业协会（The Kentucky Distillers' Association，简称 KDA）作为一个为肯塔基酒厂服务的贸易组织，起诉野牛仙踪酒厂擅自使用其商标，尤其是"肯塔基波本旅径"（The Kentucky Bourbon Trail）及类似标识。只因野牛仙踪并非该协会的组织成员。

他们也会起诉那些小企业。当一家公司在其酒瓶的瓶口处采用火漆蜡封时，美格的律师们便纷纷发去律师函，以确保其蜡封的形态，不会像美格那样，从瓶口处自然且随意地滴下来。美国联邦法院在"美格酒厂有限公司诉帝亚吉欧北美有限公司"一案中，支持美格的火漆蜡封法为其独有商标。反正，如果你的蜡封滴了下来，就等着吃官司吧。此外，拥有野牛仙踪酒厂的萨泽拉克（Sazerac）集团曾经起诉过位于明尼苏达州的"野牛山脊"（Bison Ridge）酒厂，因为后者使用了近似的产品名称和酒瓶包装。

但若谈到史上最糟糕的诉讼，就数这一例了：在其父奥斯卡（Oscar）于1865年去世后，詹姆斯·E. 佩珀（James E. Pepper）曾起诉他自己的亲生母亲南娜（Nanna）女士，要求夺回奥斯卡·佩珀酒厂（Oscar Pepper Distillery）的控制权。这件事表明，法律纠纷早已融入波本的血脉之中。在这方面，没有人是安全的。

酩帝诗（Michter's）是一个历史悠久的品牌，其深厚的根基里蕴含着波本的传说。原先位于宾夕法尼亚州的酩帝诗老酒厂的拥有者们声称，该酒厂曾经用威士忌款待过乔治·华盛顿的军队。这一品牌于20世纪80年代末宣告破产；现今则由查塔姆进口公司（Chatham Imports）所有，并迁至肯塔基州运营，推出酒标相似的酒款。

酩帝诗酒厂告诉其消费者，乔治·华盛顿曾经用其威士忌犒赏他的军队——这绝不可能，只因在 18 世纪末，酩帝诗还不存在于世。但酩帝诗酒厂的前身则位于宾夕法尼亚州的谢弗斯顿镇，在 1753 年时为蒸馏师约翰·申克（John Shenk）所有。彼时，当地黎巴嫩县的境内拥有 20 个蒸馏器，申克的这一产业就号称占了 2 个，它本质上就是一个农场酒厂，和该地区的其他小酒厂并无二致。相传，乔治·华盛顿将军曾从当地收购威士忌，再供给他的士兵们。在 20 世纪 70 年代，酩帝诗的老板路易斯·福曼（Louis Forman）利用了这层微妙的联系，宣称他刚刚取名的酩帝诗为"美国历史最老的酒厂"，并狡猾地将自家威士忌吹捧成乔治·华盛顿为其部下——进而是为美国这个国家——的身心健康而挑选的酒饮。时间快进到 20 世纪 90 年代，在福曼的威士忌公司倒闭之后，查塔姆进口公司购得了已被前东家抛弃的酩帝诗商标。

这在美国威士忌的世界中是常有的事：购得老商标，并借助其品牌历史来兜售当代的威士忌产品。一些历史悠久的品牌，例如"爱威廉斯"（Evan Williams），着眼于推销其名字的历史，而非现代的真相。他们以"源自 1783 年"为营销要点，正是在这一年，品牌的同名人物埃文·威廉斯被证实创办了他位于路易斯维尔市的酒厂。但直到 20 世纪 50 年代，爱汶山酒业才创造出爱威廉斯这一品牌。在一些人看来，这种"源自某个年代"的说法似乎有欠诚实。也许这就解释了，为何另一些酒厂会选择转向其他的方向来做出相应的回应，如采用新时代的字体与名称。"巴雷尔波本"（Barrell Bourbon）便是其中一个例子，它故意将"barrel"（酒桶）这个很简单的单词拼错，多加上了一个字母 L。"我不想从历史之中汲取什么灵感，这感觉就像你在套用别人的故事一样。"该品牌的创始人乔·比阿特丽斯（Joe Beatrice）如是说。

另一个充满传奇色彩的在营销上钻空子的案例出自爱利加（Elijah

Craig）波本，该品牌以一名浸礼会牧师来命名，这位伊莱贾·克雷格（Elijah Craig）先生最初曾被认定为波本的发明人。这个昔日活在现实生活里的牧师，普遍被人称作"波本之父"，但 20 世纪 70 年代的一位威士忌学者就此提出了质疑。[1] 能够证实克雷格先生蒸馏技术的记录文件或许早已丢失，对此我们都可以接受——可惜谷歌网站在当时还不存在！——不过，克雷格的这个传说，实际上围绕着下列情节而展开：在经历一场烧焦了他的酒桶内壁的神奇谷仓火灾之后，他发现了烧烤制桶的技术。让我们来好好想一想。这场大火究竟如何做到了只烧到酒桶的内壁，却令其外壁完好无损的？恐怕克雷格先生是史上独一无二的竟能自主选择烧毁对象的火灾幸存者。这一奇迹堪称"完美无瑕"。

爱利加波本的所有者，即爱汶山酒业，承认他们其实是在半开玩笑地讲述这一故事，美格波本的前首席执行官比尔·塞缪尔斯（Bill Samuels）也对我讲过，这个行业需要加冕一位"发明人"来推动波本的早期营销活动。早在爱汶山酒业于 1986 年创立爱利加品牌之前，波本威士忌业就在不断传颂伊莱贾·克雷格牧师的传说，很可能还曾借此事来回击过影响了美国禁酒令运动的基督教妇女戒酒联盟（Women's Christian Temperance Union，简称 WCTU）。一位浸礼会牧师居然生产了波本，这件事令你忍俊不禁，因为当时有好几个基督新教的教派，包括浸礼会在内，都不赞成饮酒。

尽管爱汶山酒业已经从酒标上删掉了这一传说，但伊莱贾·克雷格的故事仍旧不时出现在正经报刊的内容中。归根结底，这只是写写威士忌罢了，《纽约时报》的生活方式编辑，也并未外聘独立的事实核查员去验证波本的真实起源。

人们真的会在乎传说影响了历史真相吗？

有些人会，有些人则不会。

# 美国总统与威士忌

美国总统和威士忌之间的渊源，历史由来已久。

这一切都要从美国的第一位总统说起。在**乔治·华盛顿**的弗农山庄酒厂内，运转着5个铜壶蒸馏器。1799年时，这家酒厂生产了将近11 000加仑的威士忌。华盛顿总统的蒸馏师，是一位名叫詹姆斯·安德森（James Anderson）的苏格兰人，他不光蒸馏出了以"60%黑麦、35%玉米和5%发芽大麦"为谷物比例配方的威士忌，还生产白兰地和肉桂威士忌。

图源：美国国会图书馆

彼时，华盛顿总统经营着或许堪称全美国最大的一家酒厂，但是，他肯定不是这个国家的首位烈酒生产者。别忘了，当华盛顿担任将军时，他曾向宾夕法尼亚州的威士忌生产者购买过威士忌。后来，当美国开始对酒类征税时，这批人又对华盛顿所领导的政府奋起反抗。

为了支付战争债务，这个国家决定对威士忌生产者征税。超过400人站出来对抗政府，拒绝缴税。这支所谓的"威士忌叛军"袭击了匹兹堡市的讨人厌的收税员约翰·内维尔（John Neville），而华盛顿总统则为挫败这群来自宾夕法尼亚州西部的反叛蒸馏师，召集了一支12 950人的联邦军队。从1791年到1794年，新生的美利坚合众国的内部并不那么团结，相应的冲突都与向威士忌征税有关。这一事件最终得以平息，但在此之前，许多上述的蒸馏师加入肯塔基州的其他威士忌生产者。

华盛顿并不是唯一一位身陷威士忌丑闻的美国总统。**尤利西斯·格兰特**（Ulysses Grant）总统则卷入了臭名昭著的"威士忌舞弊链"（Whiskey Ring），这算是19世纪最大的政治腐败丑闻之一。

格兰特经常被指责为一个酒鬼，但他喜爱威士忌。他特别中意老乌鸦的味道，这是早期的波本品牌之一。威士忌酒商们显然也喜欢格兰特。或许总统本人的威士忌消费癖，能为他们的生意带来一些好处？一些酒厂合谋骗取政府的税收，并利用这些资金，资助了共和党为争取格兰特总统连任而开展的全国竞选活动。

1875年，联邦探员突袭了位于圣路易斯、辛辛那提、密尔沃基和芝加哥的几家酒厂，查获到非法威士忌和伪造的记录，不单逮捕了相关的酒厂主，还直接指控了格兰特的将军兼友人奥维尔·E. 巴布科克（Orville E. Babcock）。

由于这些酒商骗取国家税收的数额已超过300万美元——其中还有120万美元下落不明——并且鉴于巴布科克恰好是格兰特总统的密友，整个国家都要求得知总统本人涉嫌这一丑闻的程度，包括格兰特本人是否就参与其中。正如理查德·尼克松总统的水门事件一样，美国公民想要知道格兰特到底对其知情多少。

格兰特发誓说，当他第一次得知"威士忌舞弊链"的存在时，他就指示其下属展开全面调查。随后，当发现巴布科克卷入其中，格兰特便为他的这位将军的人格作证，提供了有力的担保。由于总统本人的证词，巴布科克被无罪释放了，但共有240名酒商、政府官员以及中间人被起诉。虽然只有110人被定罪，但其中的大多数人都坐了牢。

格兰特的证词是唯一一次美国在任总统就刑事案件的出面作证。正因如此，阴谋论者将之视为他也参与过这一犯罪的最有力证据。否则，他为什么要帮一个欺诈政府的犯罪嫌疑人这般美言？

这一丑闻倘若发生在今天，你可能会目睹一些以格兰特命名的酒标逐一面市。但对于同处那一时代的人而言，该丑闻实在太过新奇也太过尖锐，以至于没有导致任何调侃此事的品牌出现。唯独乔斯·P. 斯潘公司（Jos. P. Spang & Co.）的"格兰特63"牌威士忌（Grant 63 Whiskey）借了这一劫难，该酒款大致于1892年前后上市。它利用这位总统的肖像，来推销所谓的"完美威士忌"。但格兰特本人并未活到亲口喝上一口这款威士忌，他在1885年便去世了。

即便"老乌鸦"品牌在其营销素材中提及了总统对这一产品的偏爱，但缺乏直接提及"威士忌舞弊链"或"格兰特总统"字眼的品牌，这恰恰说明了波本酒业公司或许更愿意借助传说而非真相去做营销。其中一个很好的案例便是以托马斯·杰斐逊总统来命名的杰斐逊波本。在写给查尔斯·扬西（Charles Yancey）上校的信中，杰斐逊谈及了某人请求开办一家啤酒厂的话题："我乐于见到啤酒这种酒饮的普及，而非威士忌，因为威士忌杀死了我们三分之一的公民，毁掉了他们的家庭。"[2] 虽然杰斐逊没有组织过抵制威士忌的活动，也没有试图禁止威士忌，但他显然对这种酒不感兴趣。杰斐逊波本的联合创始人切特·策勒（Chet Zoeller）告诉我，他们只是想在酒标上体现一个识别度很高的名字，以便使其产品畅销。而且，事实上，正是杰斐逊总统废除了威士忌税。不过，含有真实故事的格兰特总统牌威士忌不会更有意思吗？呃，实际上也许不是这样。考虑到我们国民普遍低分的考试成绩，以及20岁出头的小年轻会在街头采访中回答南北战争发生在美国独立战争期间，很多人可能压根不知道格兰特是何人。

在波本的酒圈内，威廉·霍华德·塔夫脱（William Howard Taft）总统其实才是最受爱戴的总统。塔夫脱总统曾入选肯塔基蒸馏酒业协会评选的"波本名人堂"（Bourbon Hall of Fame）。在1906年的《纯净食品和药品法案》（Pure

Food and Drug Act）出台之后，他回答了一个相关的含糊提问。依据这部新法律，塔夫脱总统提供了明确的声明，调和波本和纯正波本都应被视作威士忌。

在1909年12月27日，全国烈酒批发经销商协会（National Wholesale Liquor Dealers Association）发表了这位总统就"何为威士忌"这一问题的回答。塔夫脱总统的这份长达九页的回复，永久杜绝了在纯正波本威士忌中兑入中性谷物烈酒，或将其与调和波本混为一谈的做法。"要让公众清楚了解到他们购买和饮用的是何种威士忌。如果他们渴望纯粹的威士忌，可以购买酒标上注明为'纯正威士忌'的产品，以确保无误。如果他们愿意去喝由中性烈酒制成的威士忌，那么他们可以选购对此如实描述的品牌；如果他们已习惯饮用纯正威士忌与中性烈酒勾兑而成的威士忌的折中产品，并满意这种调和结果的风味，那么在酒标上印有'调和'一词的威士忌品牌，就能满足他们的需求。"塔夫脱总统写道。

塔夫脱对威士忌的释义，变成了法律，今日政府的威士忌法规，也基本上遵循了塔夫脱的原话，并稍微有所补充。日后，对波本法规的增补，包括在1938年增加"用新桶陈年"以及在1964年添加"仅限产自美国"的描述。

多亏有塔夫脱总统制定的法规，否则，我们可能还在饮用含有中性谷物烈酒的波本。

在众多威士忌酒客之中有一个小派别，他们被人称作威士忌极客。这类人隶属于一些私密的波本爱好者社团（是的，在像脸书这种网络环境和一些酒吧灰尘遍布的地下室里，都真实存在着秘密波本社团）。波本是他们的所爱，是他们的爱好，对其中很多人来说，也是他们每天早上醒来的原因。他们之中有律师、医生、飞行员、门卫，以及来自其他诸多行业的人。他们是如此在乎波本，以至于向联邦政府举报那些在酒标内容上乱来的酒业公司。对于任何歪曲威士忌真相的广告，这些人都会强烈谴责，他们活着就是为了去纠正那些在酒吧里公然对你废话连篇，并且试图把他的无知伪装成常识强加于人的"波本白痴先生"。我就是威士忌极客中的一员。我们是一群充满热忱的人，实际上担任起了"威士忌警察"这一角色，在社交媒体上监督着品牌方。我们已具有如此之大的影响力，以至于一些美国威士忌品牌甚至在公共论坛上征求波本极客们的意见。不过，我们依然只代表了威士忌消费人群里的少数派，某些品牌也根本不在意我们怎么想。

大多数主流消费人群的情况则是，走入一家烈酒专卖店，拿起一瓶酒，发现对酒标很感兴趣。然后他们买下这瓶威士忌，喝掉它，最后要么喜欢这款酒，要么不喜欢。随着这些威士忌受众的波本知识越发丰富，也会渴望了解到更多，但他们并不会立即接受上述威士忌极客针对酒标的求真原则。一开始，这些新的消费者只是想要喝到好的威士忌而已。随后，他们开始真正钟情于某些特定的品牌及其背景故事，而当他们后来获悉到某个品牌的背景故事是夸大其词时，他们要么接纳那些半真半假或者彻头彻尾的谎言，要么干脆就感觉自己遭到欺骗。

从 2000 年代中期到 2010 年代早期，威士忌极客对抗那些滥用背景故事的"非酒厂型生产商"（NDPs），并支持用集体诉讼来追罚他们认定使用了欺骗性技巧的威士忌。其中一个很有代表性的案例，是对坦普顿黑麦威士忌的诉讼，原告们认为其受到了侵害，因为他们原以为自己所购买的威士忌来自艾奥瓦州，而事实上该威士忌是于印第安纳州蒸馏的。坦普顿公司之所以败诉得无可辩驳，是因他们没能遵守在当时还相对不为人知的一条联邦法规，虽然这一规定于 20 世纪 30 年代就已开始实施。坦普顿没有透露其威士忌在哪个州内蒸馏。最终，坦普顿与原告们在庭外和解了此案，尽管如此，该款黑麦威士忌仍然在许多主打手工鸡尾酒（craft cocktail）的新潮酒吧内，明显占有一席之地。

伴随新消费者的涌现，这种反对从他处获取酒源的威士忌的立场也逐渐软化，毕竟人们仅仅想要好喝的威士忌。正如已故的戴夫·皮克雷尔（Dave Pickerell）有次反问一名充满敌意的消费者："你喜欢这款酒吗？你喝不出它的背景故事的味道吧。"2018 年底去世的皮克雷尔先生，基于从别家酒厂收购的威士忌原酒，打造出了多个市场表现强势的当代威士忌品牌，他甚至为纽约州的希尔洛克（Hillrock）酒厂开发过一套索莱拉（solera）陈年系统。

诚然，质量至上。但对一部分人而言，根本性的担忧则来自酒标的真实性和威士忌的可信度。在由肯尼·科尔曼（Kenny Coleman）先生和我所主持的"波本事业"（Bourbon Pursuit）播客的一次采访中，业内举足轻重的波本原酒中间商杰夫·霍普迈尔（Jeff Hopmayer）承认，威士忌原酒的批发市场上已出现了冒牌的假波本。霍普迈尔先生说，连不少酒厂的蒸馏大师都被"愚弄"了，他们买到的"波本"其实是朗姆酒。因此，人们有选择不相信的权利。但是，只要威士忌是一种商品，这种模式就会持续存在。

这并非什么新鲜事了。自从威士忌公司成为一门生意以来，酒厂彼此之间，或酒厂与独立装瓶商之间就在相互合作，向其他公司的产品提供威士忌原酒。如今，这些独立装瓶商被称为"非酒厂型生产商"，这一术语由"波本名人堂成员"（Bourbon Hall of Famer）、威士忌作家查克·考德利

MGP 综合原料公司（MGP Ingredients）是一家作为食品与农产品生产商的集团企业，目前它拥有并运营着位于印第安纳州劳伦斯堡市的一间酒厂，该酒厂曾为施格兰（Seagram）集团所有。MGP 向很多酒厂和装瓶商提供"代工蒸馏"这一业务，或是为其供应威士忌库存。它的大部分客户并不披露这一具体的威士忌来源，因而受到公众督促或遭遇过诉讼。

（Chuck Cowdery）创造。非酒厂型生产商特指那些不拥有自己的酒厂，转而从别人那里购买威士忌的酒业公司。威士忌极客们并不介意所谓的非酒厂型生产商们，他们只是对那些背景故事容易感到恼火。回到 20 世纪 40 年代和 60 年代，斯蒂泽尔 - 韦勒（Stitzel-Weller）酒厂曾为老梅德利（Old Medley）酒厂供应过威士忌，还与奥斯汀尼科尔斯公司（Austin, Nichols, and Company）签过帮后者进行代工蒸馏（contract distilling）的商业协议。在当年，格伦莫尔（Glenmore）酒厂动辄向有需求的装瓶商出售数百桶威士忌。装瓶商们把自己漂亮的酒标贴在别人的威士忌上，然后卖给乐于喝掉它们的消费者们，没有人感到自己受骗。在过去，生意就是如此。

然而那时，互联网还不存在。专业的波本论坛，譬如 StraightBourbon.com 这一网址，连同其他社交媒体网站，为波本发烧友们提供了分享如配方、水源、蒸馏技术和过往历史等威士忌信息的交流平台。回到从前，消费者无法获取太多这样的信息，酒厂便可以自行更改配方而不被抓包。在今天，波本生产商们想要在夸大事实之后逃避责任，就更难了。

举个例子，2013 年 2 月，当美格波本以"满足市场需求"为由稀释到更低的装瓶度数时，广大美国公众纷纷指责该威士忌偶像品牌的贪婪，在国际社交媒体上面，赤裸裸的愤怒言论也炸开了锅。核心粉丝们提醒美格，他们曾做出承诺，永远不会更改自己的产品。但他们的确改了，把装瓶度数从 90 美制酒度降到了 84，于是粉丝们集体发声。"你们这帮浑蛋！！！我爱美格！但我要换到别家品牌了！希望你们开心！！因为我很不爽。"一位名叫托尼·阿圭勒（Tony Aguilar）的粉丝在脸书写下如上声明。

网络世界里的怒火将美格调低度数的这一事件推上了头版新闻，成为黄金时段的电视节目主角，以及深夜脱口秀里的笑柄。与此同时，该品牌的粉丝们感觉遭到背叛，他们只想知道原因。降低装瓶度数后的仅仅八天之内，美格就改变了决定，又享受到了额外一周跻身黄金时段的报道对象的待遇。所以美格最初的那个举动，是故意宣传作秀，或者仅仅是一次失败的管理决策？

我们很可能永远不会知道，因为美格及其母公司宾三得利处理这次"度数大溃败"（按他们自己的叫法）的态度，就像一位久经沙场的老兵对待战争一样：他们干脆不去谈论它。但值得注意的是，降低度数有利于将等量的威士忌装瓶成更多数量的产品，此外，虚构的背景故事则能吸引新的消费者。自从美国威士忌变得利润至上以来，这两种情况都在持续。

威士忌业并不是一个由唱诗班男孩们经营的利他主义行业。酒厂们不需要发誓保持纯度，也不会以他们的消费者的利益为己任。他们尽己所能地赚钱，夸大其词和今日的营销自由主义属于这一行业历史的一部分。波本酒的民间传说像希腊神话一样吸引着我们，使我们上钩，让我们充满兴致地去了解更多。事实上，相当多的烈酒的历史都建立在传说的基础之上，这样只会令故事更加精彩，这也响应了热情渴望信息的饮酒文化，而为真相增添了一抹更加有料的润色——无论是对是错。

最好的例子莫过于有关克雷格先生的传说，它宣称这位牧师在 1794 年左右发明了波本。

事实上，"波本"这一称谓最早见于 1821 年在波本县境内发行的《西部公民报》（*Western Citizen*），斯托特与亚当斯（Stout and Adams）广告公司在该报纸上做促销，"波本威士忌可按整桶或小桶分装进行购买"。五年后，肯塔基州列克星敦市的一位杂货商写信给蒸馏师约翰·科利斯（John Corlis），要求订购更多的陈年于"内壁烧焦了大约 16% 英寸厚度的酒桶"的威士忌。[3]这是已知最早的针对烧焦碳化酒桶内壁的这一威士忌工艺的记载。

但几乎可以肯定的是，先于这些书面记载之前，蒸馏业者们早就在烧焦碳化酒桶和运用波本的谷物原料配方了。在 1809 年出版的《实用蒸馏师》（*The Practical Distiller*）一书中，来自宾夕法尼亚州兰开斯特县的作者塞缪尔·穆哈里（Samuel M'Harry），建议依靠烧焦内壁的方法来清洁酒桶，并附上了采用三分之二玉米、三分之一黑麦的威士忌谷物配方。穆哈里相当青睐玉米。"使用玉米，相比用黑麦或者其他谷物，同样可以做出好的威士忌……每蒲式耳[a]单位的玉米，总会比黑麦便宜一到两先令[b]，而且在许多地方，玉米的货源更加充足。"假如他再建议将这样的配方存放入一个全新的烧焦过的橡木桶，那么他就恰好发表了一个波本威士忌配方。

---

a 蒲式耳：英制的容量及重量单位，1 蒲式耳（bushel）玉米合 56 磅（约 25.40 公斤）。——中文版编者注

b 先令：英国的旧辅币单位，1 英镑 =20 先令，1 先令 =12 便士，在 1971 年英国货币改革时被废除。——中文版编者注

早期的美国人蒸馏他们所有能够蒸馏的东西。在盛产葡萄及其他水果的地区，他们制作白兰地。在新英格兰地区，他们蒸馏糖蜜来生产朗姆酒。玉米和黑麦则要比糖蜜和水果便宜得多，数量也更加丰富，因此这些谷物就成了美国早期蒸馏业的基石。人们喜欢诸如玉米在微风中摇曳、黑麦拂过蒸馏师脸颊这样的浪漫故事，声称这便是玉米被塑造为波本的风骨的原因，但这只是一派胡言。正如伊莱贾·克雷格烧焦酒桶的传说起源于某处一般，关于蒸馏师们为何变得青睐玉米的通俗传说，通常与 1776 年出台的《玉米地和小棚屋权利法案》（Corn Patch and Cabin Rights Act）有关。

## 伏特加，简直糟透了

禁酒令之后，在美国没有关于伏特加的定义。但由于这种透明酒饮开始流行，联邦政府在 20 世纪 50 年代明确定义了伏特加。时至今日，其定义里仍旧包含着"无气味""无味道"等字眼。

随着伏特加的热销，这一酒类的增长令很多人感到困惑。一些人将之归因于 20 世纪 60 年代的年轻人对詹姆斯·邦德的追捧——因为他们爱点马天尼鸡尾酒。另一些人则认为伏特加缺乏酒味的特征，让人们觉得在白天喝点酒也不碍事。鉴于拥有强势伏特加文化的俄罗斯，恰好是美国的敌人，有些人便写信给当地报纸说，喝伏特加是一种叛国行为。当然，像这样的反感情绪，可能反倒有助于伏特加依靠那个时代的充满反叛精神的年轻人群而崛起。

不管它为何得以流行，伏特加最终将波本拉下马来，并沉重打击了这一威士忌种类。所以，伏特加简直糟透了。

# 酸性发酵醪配方

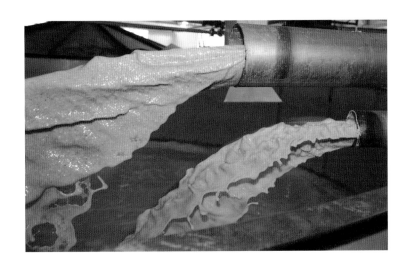

当你在波本酒标上见到"酸性发酵醪"或"原创酸性发酵醪"这种描述时，你看到的只是一种营销伎俩。每个人都在使用酸性发酵醪这一发酵技术，而在酒标上不断强调这一说法，就有点像汽车厂商在说自家的车型用了无铅汽油。但不管出于何种原因，"酸性发酵醪"都成了威士忌酒标上一个醒目的时髦术语，所以你发现它随处可见。

所谓酸性发酵醪的具体过程是指，蒸馏师从已完成过发酵的醪液（看起来就像热麦片）中抽取大约四分之一的量，并将其加入新的醪液中，以便进行下一批次的发酵。由于上一批次的醪液，会从第一道的蒸馏工序中被保留下来，蒸馏师因此将其称作"逆流"（backset）。让旧的醪液逆流，可以防止野生酵母侵入新的醪液，同时抑制细菌污染。如果酒厂不这样做，生存在我们周围的野生酵母，便会糟蹋醪液，导致每个批次生产出来的威士忌差异很大。后世普遍认为，一位名叫詹姆斯·C. 克罗（James C. Crow）的苏格兰博士，制定了上述发酵技术的规范，并确定为酒厂界的行业标准。不过，运用酸性发酵醪的首个已知配方，却属于一位女性，即凯瑟琳·弗莱·斯皮尔斯·卡彭特（Catherine Frye Spears Carpenter）女士。在1818年，凯瑟琳·卡彭特酒厂整理出了如何生产酸性发酵醪威士忌的说明文字：

> "将通过上一次蒸馏所得的六蒲式耳（计量单位）的'滚烫热汤'倒入糖化发酵缸内，然后加入一蒲式耳的呈粗磨谷粉状的玉米。搅拌均匀，然后在已搅成糊状的醪液上，再撒一点玉米谷粉。将其静置5天，并于第5天时再添加3加仑的温水——也就是说，除去搅拌好醪液和加入温水降温的这两天，中间间隔了整整3天。接下去，添加已经磨好的黑麦谷粉和发芽大麦，各加入1加仑的量，要保证发芽大麦充分融入醪液，再搅拌45分钟之后，用温水将糖化发酵缸装满至一半容量。继续搅拌均匀，利用细筛子或其他办法，将醪液里所有的块状固态物弄碎。进而，再静置3小时……最后用温水把糖化发酵缸装满。"

当肯塔基仍属于弗吉尼亚州的一部分时，弗吉尼亚人移民至此，不单为这个即将单独成立的州增加了人口基数，同时也在这里从事了土地投机。弗吉尼亚的立法机构试图将这些西部土地"合法化"，于是制定了《玉米地和小棚屋权利法案》，允许于 1778 年 1 月 1 日之前在肯塔基地区建造小屋并种植玉米的定居者，申明拥有相关土地的所有权。不过，弗吉尼亚的立法者拥有无尽的智慧，他们并未具体规定所需建造小屋和所种植玉米地的面积。定居者们种下三四颗玉米种子，用几片木板搭建出一间小棚屋，就期望获得土地。因此，虽然《玉米地和小棚屋权利法案》有可能帮助了一些蒸馏世家建立起其家业，但这部法律是如此"拙劣不当"与"难以执行"[4]，以至于它对波本的影响很可能微乎其微。

人们将他们唾手可得之物蒸馏为烈酒，是为了生存，为了交易，亦为了买醉。它真就如此简单。假如定居者们当初只找到了松果，那么"美国的国民烈酒"极有可能就是松果酒，从而谱出一曲夏日微风吹拂过参天松树的颂歌。

幸运的是，玉米、黑麦和大麦被收割后，都变成了威士忌，而蒸馏师们则从未把玩过松果酒。或者说，反正松果酒从未流行起来。

在玉米产量过剩的时代，蒸馏这种谷物变成了农民们的盈利项目，也最终成为拯救下滑的谷物价格的必要手段。即使纵观美国历史，玉米的价格始终在波动，但农民们都知晓一个铁打的事实：无论经济是好是坏，人们都要喝酒。而这就是玉米成为波本配方的基本原料的真实原因：它一直在生长。


## 谁创造了最初的波本？

在我的《波本：一种美国威士忌的兴衰与重生》（*Bourbon: The Rise,*

*Fall and Rebirth of an American Whiskey*）一书中，我研究了那些与发明波本有关系的人。我调查过美国国会、财政部、报纸与其他类型的记录，以确认谁最有可能是首位波本威士忌的蒸馏者。在这项调查中，我发现了为何会出现伊莱贾·克雷格的传说。1874 年，律师兼古文物研究者理查德·H. 科林斯（Richard H. Collins）出版过一本长达 1600 页的有关肯塔基州的历史著作，并称最初的波本在 1789 年诞生于乔治敦镇的一家造纸厂。科林斯还写道，克雷格先生拥有该州的第一家造纸厂，而该厂恰好就位于乔治敦。他从未提及克雷格是一名蒸馏业者，但无论如何，美国酒厂行业都给克雷格冠以"波本之父"的称号。已知的首次提到克雷格发明了波本的说法，见于 1934 年 2 月 13 日的《路易斯维尔信使日报》（*Louisville Courier-Journal*），相关报道将故事归因于科林斯的著作："这位历史学家指出，在伊莱贾·克雷格牧师的工坊内生产了最初的波本。地点是乔治敦镇，时间为 1789 年……"

克雷格发明了波本的这个提法，在 20 世纪 50 至 60 年代有所增加，当时整个行业正在着手把波本塑造为一种美利坚合众国的独家特产。在所谓的"1964 年国会政策声明"（1964 Congressional Declaration）事件中，波本行业通过一系列公关活动向美国国会呼吁，鼓吹伊莱贾·克雷格的逸事，但在后者刊登于 1808 年的讣告中，却没有提到过他的蒸馏造诣。甚至直到 19 世纪 70 年代，克雷格才与"波本创造者"的这一身份有所联系。倘若他确实就是那位发明人，为何要等到一百多年以后，才出现了有关他的这一发明的出版物记载？

历史上还有其他一些名字，以波本创造者的身份涌现，但只有一人身为杰出的蒸馏师，而且他与克雷格有所不同，因为有多份早期记录都将他与创造波本这事联系起来。此人便是雅各布·斯皮尔斯（Jacob Spears），在定居到肯塔基州的巴黎市之前，他与克雷格住在同一地区。据传，斯皮尔斯先生不单是波旁县（Bourbon County）的首位蒸馏师，也被誉为波本的

命名人之一 ——他用波旁县的县名来称呼这类烈酒。此外，还有确凿证据显示，他曾将一桶桶的威士忌放到平底船上，沿河而下地运输。尽管如此，我们仍然不得而知，这些酒桶是否经过了烧焦处理。然而，斯皮尔斯具备一样克雷格所没有的东西，那就是人们明确把斯皮尔斯称作波本的创造者的证据。

在 1935 年的一场针对食品监管议题的国会听证会上，当肯塔基州民主党国会议员弗吉尔·查普曼（Virgil Chapman）谈及美国威士忌的起源时，他说："我确实知道，在 1790 年，也就是肯塔基被承认为一个州的两年前，作为准确的历史事实，一个叫作雅各布·斯皮尔斯的男人，在我现在定居的肯塔基州波旁县，做出了纯正的波本威士忌，正因当时是发生在波旁县，所以这种威士忌，无论产自世界上的哪个地方，从那时起，就一直被称作波本威士忌。"因此，即便很多人都被说成波本的首位蒸馏者，但关于斯皮尔斯才是真实的第一人这一点，我形成了一套很有力的假设。

可悲的现实是，我们很可能永远也无法确切知道是谁发明了波本，以及他 / 她为何会将这酒如此命名。波本并未享受到像啤酒和葡萄酒一样左右了数个世纪的历史研究价值。美国的大学如今才开始严肃对待波本威士忌的史学问题，而酒厂们则严防死守他们的历史真相。说到底，威士忌酒商们曾经蓄过奴，在禁酒令时代非法经营过，并利用妓女来营销，而诸多像这样的联系，仍旧在困扰着波本的主要家族。譬如，波格（Pogue）家族就于禁酒令期间，卖给私酒贩子成桶的威士忌。保罗·波格承认："在我们的家族史中，这不算什么值得骄傲的时刻，但的确也是一段很精彩的历史。"这便是为何传说与误传已渗透进了波本文化之中；真相并不总是美好，而它肯定无益于卖掉威士忌。

## 早期的威士忌销售人员

美国建国之时，定居者们与美洲原住民部落建立起了往来，用各式商品去换取动物毛皮。你会发现，不乏文献在谴责，这个国家如何从印第安人的手中获得了土地。而威士忌就恰恰置身于这种土地掠夺的旋涡之中。

定居者们非常珍视动物毛皮，用它们来制作住所、马车、衣服及容器。此外，国际市场上对于海狸帽的巨大需求，意味着毛皮业在现代全球经济的早期是一桩大生意。由于印第安人是收获毛皮的专家，基本垄断了这一市场，因此他们便成了此类贸易的中心。他们与其他民族一样，对威士忌情有独钟。商贩们利用了这种对于烈酒的渴望，把他们的原住民生意**伙伴灌醉**，要么以价值远远更低的物品换取毛皮，**要么就趁着**印第安交易者醉酒之时直接行窃。这些威士忌商贩，往往成为与原住民部落首领最先打交道的白人，而他们则试图巩固其个人对于不同的部落首领乃至整个村庄的影响力。"每个酒贩子都竭力给印第安人留下一种深刻印象，使其相信，所有其他商贩除了想欺骗和蒙蔽他们之外，再无任何目的，同时，政府

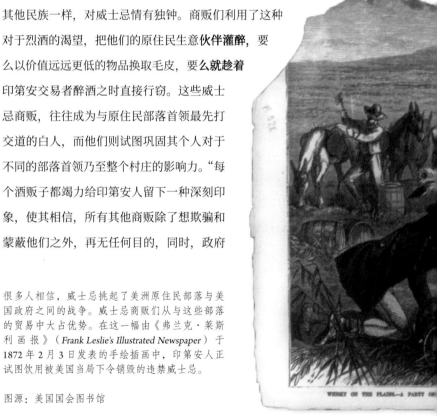

很多人相信，威士忌挑起了美洲原住民部落与美国政府之间的战争。威士忌商贩们从与这些部落的贸易中大占优势。在这一幅由《弗兰克·莱斯利画报》（*Frank Leslie's Illustrated Newspaper*）于1872年2月3日发表的手绘插画中，印第安人正试图饮用被美国当局下令销毁的违禁威士忌。

图源：美国国会图书馆

也打算派兵入侵他们的领土，夺取其土地，"美利坚第六步兵团的指挥官 H. 阿特金森（H. Atkinson）上校，在 1819 年这样写道，"印第安人对美国政府的嫉妒与不信任，还有他们对于白人所谓的真理和诚实的恶劣看法，就此产生了。"[5]

威士忌削弱了印第安人的力量，使其丧失了狩猎能力。威士忌也刺激了暴力，常常使人不可遏制地成瘾，进而毁掉了许多生命。

许多人认同阿特金森的观点，辩称那些早期的美国威士忌商贩，破坏

了与印第安部落的潜在和谈。曾驻明尼苏达州圣保罗市、主管印第安人事务的克拉克·W. 汤普森（Clark W. Thompson）上校相信，苏族印第安人和美利坚合众国之间的血腥战争，就因威士忌而起。"我已经做出很多各式各样的努力，去阻止向印第安人兜售威士忌……威士忌贸易的泛滥，对印第安人的福祉而言，是一个很大的弊端，"汤普森上校于 1862 年向国会作证，"在我看来，整个苏族部落突然陷入同我们的战争，正源于一丁点的威士忌给 4 个印第安人的大脑所施加的不良影响，因为没有证据表明，这是一次有预谋的行动。"[6]

到了 19 世纪 80 年代，威士忌既是部落之间亦是全国范围的流行病，这可以说是由那些企图欺骗美洲原住民的不良商人所引发的。美国政府尽可能地公然谴责威士忌商贩，也许正是为了掩盖其自身一边倾销威士忌，一边清理及屠杀原住民人群的种种行径。话虽如此，该国最早的威士忌行销人员之中，的确不乏道德败坏的白人。"这些威士忌贩子……似乎毫无良知，抢劫并谋杀了许多印第安人，"理查德·W. 卡明斯（Richard W. Cummins），一位印第安人的代理人，如是写道，"他们会把印第安人灌醉，然后夺走他们的马匹、枪支或是他们背上的毛毯，却毫不在乎他们多快可能就会冻死。"卡明斯还称这类商人为"失信者，一群会屈从于最卑劣行为的人"。

他们甚至丧失体面到了不为印第安人提供货真价实之物。所谓的印第安威士忌被定义成了"掺假之后再卖给印第安人的威士忌"。[7]商贩们在向原住民部落兜售的威士忌里，添加污秽成分——在阿肯色州的欧扎克山区（the Ozark Mountains），他们专为原住民制作一种特殊的威士忌，叫作"红皮肤的白骡子"（Redskin White Mule），因其破坏力而得名。

威士忌商人的可耻往事，阐释了为何传说，而非真相，在波本的营销内容中变得尤为重要。一款追求史实准确，又以印第安人威士忌商贩为形象的波本品牌，会被认为是种族主义和令人唾弃的。它很可能要面临抵制、滞销，甚至可能是完败。

此外，早期的威士忌生产者往往都身为奴隶主，这对酒标上的营销介绍也会产生问题。即便是托马斯·杰斐逊总统，也曾聘用过一位蒸馏师合同工，为他的奴隶们生产威士忌；而乔治·华盛顿总统则安排 7 名奴隶，以蒸馏师的身份在其酒厂工作。假如某个奴隶的技能栏里列有"蒸馏师"这一项，那么种植园主就愿意花最高的价格得到他。在《奴隶贸易：进口与出口的奴隶们》(*Slave Trade: Slaves Imported, Exported*) 这本写于 1826至 1827 年间的卑劣的奴隶名册中，作者把一位没有姓名的奴隶描述为"一个非常规矩的男性；一个好蒸馏师，和通常会有用处的那种人"。然后，他又描述另一位"被司机殴打过"的奴隶，称其"一年之中有半年的时间在担任蒸馏师"。[8]

我们这个国家，倾向于回避奴隶制的话题；在威士忌界，酒厂们则祈祷永远不要出现这一话题。在凯瑟琳·卡彭特酒厂的 1818 年版本的制酒配方书中，包含了首个已知的酸性发酵醪威士忌配方，而这一酒厂家族就拥有过数名价值不等的奴隶，并在其家族账本里被列为"可纳税的财产"。

事实上，绝大多数的波本都产自肯塔基州，而在南北战争以前，该"蓝草州"是一个主要的奴隶州。著名的酒业家 E. H. 泰勒，就是一位大奴隶贩子之子。当肯塔基在 1792 年独立成为一个州时，该州 23% 的家庭都有蓄奴。[9]

奴隶制成了这个国家的重担，早期的威士忌生产商们也参与过这一可耻行径。正如一款主打印第安人商贩形象的威士忌酒标一般，你不会很快发现有奴隶威士忌的酒标存在，但同印第安人一样，奴隶亦是早期美国威士忌的重要组成部分。奴隶们对美国威士忌的全部贡献，可能永远不为人知，不过，我推测正是他们创造出了这个国家的很多首批威士忌。奴隶贩子们会就蒸馏这一技能叫卖高价，这一事实表明能当蒸馏师的奴隶显然非常抢手；遗憾的是，我们永远无从得知他们在波本的发展史中所发挥的真正作用。然而，在波本的每个传说里，显而易见都未提及奴隶制。

尽管如此，你会发觉，现代的威士忌酒标却在庆祝一种负有重罪的运动。美国威士忌跟斗鸡运动（即两只公鸡之间的血腥死亡比赛）一直以来联系密切。这两者都于19世纪流行起来。由于人们喜欢观看两只公鸡互相剖腹的场面，觉得这是一段相当美好的时光，于是，早期的美国威士忌公司不光在酒类广告中描绘斗鸡场景，还以著名的雄鸡来命名自家品牌。威士忌品牌借用公鸡形象的做法如此盛行，以至于新生品牌纷纷试图模仿成功案例。在19世纪末，美国法院裁定，"米勒之斗鸡牌威士忌"（Miller's Game Cock Whiskey）侵犯了另一酒商所持有的"米勒之公鸡牌威士忌"（Miller's Chicken Cock Whiskey）的商标权。这一诉讼案具有里程碑意义，其结果表明是"斗鸡牌"一方而非"公鸡牌"一方造成了混淆。

如今，公鸡形象的酒标已迷惑不了任何人，反倒因其隐晦的暗示而煽人发笑。近些年来，当代的"雄鸡牌威士忌"（Chicken Cock Whiskey）和"独脚雄鸡牌威士忌"（One Foot Cock Whiskey）上市之际，各地的"兄弟会男孩"纷纷跑进烈酒专卖店进行购买，作为插科打诨的礼物与笑料。但这两款威士忌的价格，都快勉强赶上美国男大学生联谊会里的抽水马桶了。另一方面，"美国雄鸡肯塔基纯正波本威士忌"（Fighting Cock Kentucky Straight Bourbon Whiskey）则是在整个威士忌品类之中性价比最高的酒款之一。这款桶陈6年的波本的酒标上面，描绘了一只浑身摆出攻击姿态的公鸡，一双锋利的鸡爪正准备割开它倒霉的对手。

各个威士忌产区都有着根深蒂固的斗鸡传统，我猜测，在那些存在非法私酿威士忌的地区，现今仍活跃着不少违法的斗鸡组织。我当然不会看到一位动物权利主义者跑去购买"美国雄鸡"波本，但这一特定酒标很可能吸引了那些老派的农民。虽然没有任何团体在大规模攻击这款酒标及其含义，不过，波本目前通常会竭力摆脱这种与乡巴佬、农民为伍的印象，以便迎合更年轻的城市居民。但公鸡形象的酒标，仍将继续作为一种新奇事物。

调配酒商这一角色，永远不会缺席于美国威士忌界。在很多业内圈子里，调配酒商这一称呼是令人厌恶的，因为他们往蒸馏或陈年后的威士忌中混入各式各样的化合物。许多知名的威士忌品牌，其实都使用了调配酒商的经营执照：像百富门酒业的创始人乔治·加文·布朗（George Garvin Brown），还有 W. L. 韦勒（W. L. Weller）波本品牌的同名人物威廉·拉吕·韦勒，两位的身份曾经都为调配酒商。在 19 世纪，调配酒商型的酒业公司完全主导了波本市场，并集中运作于肯塔基州路易斯维尔市的市中心地带，后来，这一街区也被称为"威士忌大街"（Whiskey Row）。这些公司先从真正的酒厂买入波本威士忌，然后在波本中勾兑无色的谷物蒸馏酒精与色素。1896 年，一个美国国会的调查委员会得出结论，酒厂们将绝大部分的纯正波本都供给了调配酒商，而非消费者。[10] 进而，调配酒商得以先勾兑完这些纯正威士忌，再行售卖。

一直以来，19 世纪的酒馆和酒吧会直接从批发商处买回整桶的威士忌。就像调配酒商一样，酒馆老板们也想赚取高额的利润，于是他们故意挑选某些成分，添加入成桶装的威士忌里，目的是令其威士忌看起来陈年更久。不知基于何种原因，烟草汁作为一种添加剂，被广泛使用。也许烟草汁能给威士忌增添不错的酒色，但你能想象自己点上一杯威士忌，杯里有一半都是这种东西吗？这足以说明，劣质的威士忌导致了许多消费者得病，而这个国家也面临一个棘手的问题，即消费者们需要得到保护。

美国国会在 1897 年通过了《保税装瓶法案》，以确保消费者获得优质的产品。在当时，威士忌酒厂普遍都不装瓶自己的产品，他们把成桶的威士忌卖给批发商，再由后者进行装瓶。该项法案是美国史上首次为了保护消费者而立法，并赋予酒厂相比调配酒商更大的权利。

如今，调配酒商堪称美国威士忌历史上的又一颗毒瘤。一想到他们会在波本中加入谷物蒸馏酒精，像我这样的发烧友就忍不住要吐槽。不过，调配酒商的经营执照目前仍旧存在。肯塔基州酒精饮料管制法（Kentucky's Alcoholic Beverage Control Laws）如此定义了现代的调配酒商："这类经营执照的持有者，可以净化或提纯蒸馏烈酒和葡萄酒。这些调配酒商，可以从酒厂买酒。"许多大品牌——包括"杰斐逊"（Jefferson's）和"老里普·凡·温克尔"（Old Rip Van Winkle）——都使用了调配酒商的执照，只因这些品牌并不拥有酒厂。尽管如此，今日的波本调配酒商并不向酒里添加焦糖色素，他们选择融合来自同一或者不同酒厂的成批量的橡木桶存酒。他们当然不会把"调配酒商"这个词放到酒标上，因为这样就没人会买他们的产品。

另一方面，很大一部分消费者可能会选购带有性暗示的酒标，从而向另一类的威士忌销售员，或者说是女销售员——妓女——致敬。在19世纪，美国妓院是主要的威士忌零售商之一。在我所写的《威士忌女性：那些不为人知的女性如何拯救了波本、苏格兰及爱尔兰威士忌的故事》（*Whiskey Women: The Untold Story of How Women Saved Bourbon, Scotch, and Irish Whiskey*）一书中，我表达了这一观点：在替威士忌打开新市场这方面，妓女的作用就和那些毛皮商人们一样重要。1857年在纽约市，依据一次由医师们所开展的调查，该市妓院内的酒水（葡萄酒和烈酒）销售额已高达208万美元，相较之下，性交易的销售额则为310万美元。妓院和威士忌的联系竟然如此紧密，以至于"老乌鸦"波本于19世纪70年代创作了一幅广告，描绘一位在椅子上摆出性感姿势的妓女正在观看另一位跳着舞的同行。

然而，波本与卖淫业的这一联系，让禁酒运动的领袖们找到了容易发起攻击的弱点——因为他们宣称，威士忌是一个社会问题。男人们为了酒与性而抛下家庭。禁酒运动的狂热者们为了扩充人数，则干脆在招募活动中以老乌鸦牌波本的那幅广告为靶子。大约在同一时间，他们也开始质疑威士忌的药用价值。

包括《新英格兰医学杂志》（*The New England Journal of Medicine*）在内的主要医学期刊，都研究了威士忌的功效。在治疗猩红热方面，塞缪尔·乔治·贝克（Samuel George Baker）医生于 1839 年写道："看到经过威士忌洗礼的令人愉快的效果，我非常满意。（病人）在使用后，立即进入了甜美梦乡。"而关于治疗肺炎的用途，《疾病的当今疗法》（*The Present Treatment of Disease*）一书在 1891 年建议："如果病例进入了全身疲惫的状态，那就不限量地给予威士忌。"

尽管已有一些合法的医学支持，但少数威士忌生产商还是逾越界限，提出毫无根据的说法。"达菲氏纯麦威士忌"（Duffy's Pure Malt Whiskey）声称能够治愈几乎所有可以想象的疾病，包括肺痨和癌症。禁酒运动的领袖们则在他们阻止酒饮流通的道路上，利用了这类虚假声明。以基督教妇女戒酒联盟的风云人物——因挥舞斧头而闻名的卡丽·内申（Carrie Nation）女士为例，她在其回忆录中写道："任何将威士忌或其他酒类作为药方的医生，要么是傻瓜，要么是浑蛋。说他人傻，是因为他不懂专业，哪怕酒精的确会激发心脏活动，但也有其他药物可以办到，而且不会导致嗜酒成瘾的致命后果，要知道酒精中毒是所有疾病中最糟糕的。说他浑蛋，因为他的做法是，病例和钱财这两样都照收不误，这就像某款机器的销售代表，为了拿到后续的维修业务而故意弄坏机器一样。酒精会破坏所有人体功能的正常状态。"

内申女士于 1908 年出版了她的回忆录，彼时，政府早已采取了一定措施来阻止有关威士忌的虚假声明。1897 年出台的《保税装瓶法案》，足以

在 1897 年出台的《保税装瓶法案》，不仅让消费者重拾了对该国的波本威士忌产品的信心，也为妇女们提供了就业机会。女性开始成为酒厂装瓶线上的主力，因为她们通常表现得比男人们更加细心，打碎的酒瓶也更少。

图源：奥斯卡·盖茨威士忌博物馆

## 如何制作"金婚纪念波本"

在亨利·威廉·希尔塞布什（Henry William Hilsebusch）写于1904 年的《调配酒商的常识》（*Knowledge of a Rectifier*）一书中，他指导了读者如何制作出"金婚纪念波本"。这一威士忌品牌曾经广受欢迎，至今在拍卖会仍有露面。要做出这种"冒牌货"，你只需用到 25 加仑的"酒体厚重的优质纯正威士忌（不论波本或是黑麦）"，然后，加入 20 加仑的"经过两次蒸馏的透明烈酒（在业内也被称为法国佬或黛西烈酒）"，进而是 1 加仑的西梅汁、桃汁或甜葡萄酒，以及 1 夸脱的甘油、1 夸脱的新英格兰朗姆酒，最后是1.5 茶匙的珠光油。

让消费者们相信，酒标上有"保税装瓶"字样的瓶装威士忌是可以安全饮用的，并且其中并未兑入有害物质；在 1906 年颁布的《纯净食品和药品法案》，则终结了那些挂羊头卖狗肉的推销员就威士忌能治百病的虚假言论。与此同时，美国医学协会（American Medical Association）指示其会员要更加谨慎对待有关"药用威士忌"的声明，并抵制刊登了"达菲氏纯麦威士忌"广告的医学期刊。

在 20 世纪的第二个十年里，政治家们就是否要实施禁酒令而展开辩论，那些支持这一举措的立法者，会选出任何一条与威士忌相关的理由，来说明为何应当禁酒。步入禁酒令时代后，美国威士忌已然背负了一段不堪回首的历史：这种酒由奴隶制造，由不良商人和妓女兜售；它曾引发总统的丑闻，还可能因其虚假的广告和胡乱的勾兑，而导致成千上万人的死亡。于是，对销售波本的工作而言，转而借助于传说，毕竟不算一个多么糟糕的主意。

## 政府和企业的干预

当禁酒令这一政令于 1919 年 1 月 16 日获得批准以后，波本威士忌行业遭受到灭顶之灾，但多亏医药市场，这个行业才得以存续。在青霉素被发现以前的十余年间，尽管不乏所谓的"威士忌肝"这种疾病，以及整个医学界对于这剂药方的情感转变，医生们仍在开具威士忌处方。不论怎样，在禁酒令期间，人们总是经常生病，医生们也乐此不疲地提供威士忌处方……当然了，他们仅仅是基于医药用途才会这样吧。

禁酒令前夕，整个世界面临着西班牙流感的重大威胁，而威士忌便是最好的疗法之一。因此，这也就成为医生和药剂师们为药用威士忌进行游说的理由之一，禁酒令的相关法律随之也允许了这种处方。但各个州依然保有自主的决定权，很多州就向药用威士忌说了不。当时，共有六家酒业公司获得了相关的特许执照，得以销售以 100 美制酒度保税装瓶的药用烈酒，它们分别是：美国医药烈酒公司 [American Medicinal Spirits Company, 后更名为"国民酒业集团"（National Distillers）]、詹姆斯·汤普森与兄弟公司（即后来的格伦莫尔酒厂）、百富门酒厂、法兰克福酒业、A. Ph. 斯蒂泽尔酒厂（A. Ph. Stitzel Distillery），和现今其一部分产业已变为野牛仙踪酒厂的申利蒸馏酒业集团（Schenley Distillers Corporation）。

1933 年 12 月 5 日，国会批准了美国宪法第二十一条修正案，波本酒业的生意又回来了。由于意识到这个国家急需像上等波本这样的烈性酒饮，各家公司都进行了大量的投资。家族企业们则把他们毕生的事业与传承，都押在了 20 世纪 30 年代末期兴起的波本热潮上。

布莱尔家族，这一重要的肯塔基威士忌世家，就是上述家族企业中的

# 威士忌税款

1791至1794年的"威士忌叛乱"事件，使美国国会陷入恐慌。他们因此彻底放弃了向威士忌生产者征税，直至这个国家卷入了另一场战争。

在1812年的"美国第二次独立战争"期间，政府曾短暂地对威士忌征税，用于偿还债务。从1814年到"南北战争"爆发的1861年，威士忌酒商亦从未缴过税。然而，朗姆酒进口商们却要支付高额的关税，因此这一时期，政府依然从酒类产品上获得了税收。

南北战争以后，对酒类进行征税，对每一级政府而言，都非常有利可图，且有助于建设美国。至今仍是如此。

如今，在一瓶普通的肯塔基波本的售价之中，有60%都为税款。在这个"蓝草州"，学校、道路以及地方政府公务员的工资，都依赖于波本生产商们所缴纳的高额税收。

肯塔基波本蒸馏业者，必须先在地方一级为其陈年库存缴纳桶陈税，然后是向州政府缴纳每100美元库存货值收取5美分的桶陈税，以及每箱成品收取5美分、每标准美制酒度加仑收取1.92美元的州消费税，接着是每标准美制酒度加仑收取13.50美元的联邦消费税，最后还有11%的州批发税和6%的州销售税。直到2014年，肯塔基蒸馏业者在售出威士忌之前，都不可划销（减记）所应缴纳的桶陈税款项。因此，就爱利加21年波本这一款产品而言，其厂商公司爱汶山酒业整整支付了21年的桶陈税，且在完成装瓶前，无法划销（减记）上述税款。[11]

一员。1876 年，托马斯·C. 布莱尔（Thomas C. Blair）在肯塔基州芝加哥市的一处石灰岩小山上创建了布莱尔蒸馏公司（Blair Distilling Company），其选址紧邻从路易斯维尔到纳什维尔的铁路专线。布莱尔家族因擅长生产纯正波本威士忌而享有盛誉，其酒厂年产量曾经约为 1200 桶威士忌。禁酒令以降，托马斯之子，即尼古拉斯·O. 布莱尔（Nicholas O. Blair），赌上了全部的家族财产，全身心地投入威士忌业。尼古拉斯从他父亲那里学会了如何蒸馏，并自行设计出一个大型铜制蒸馏器；然后他建造了两间独特的山形墙造型的陈年仓库，以达到优化空气流动的目的。布莱尔称，他的仓库出产堪称理想中的保税陈年威士忌，其中包括"蒂克斯顿－米利特"（Thixton-Millett）、"老布恩"（Old Boone）、"蒂克斯顿俱乐部特藏"（Thixton's Club Special）、"蒂克斯顿 V.O."（Thixton's V.O.）和"梅尔米利特"（Mel Millett）等品牌。除了做自家的波本威士忌之外，布莱尔还为位于路易斯维尔市的萨克森博士与其子嗣公司，代工生产"老萨克森"牌（Old Saxon）波本。

20 世纪 30 年代末期，像布莱尔家族这样的中小型酒厂在肯塔基州遍地开花。在波士顿附近被称为"史密斯之岔口"（Smith's Switch）的一处地方，建有丘吉尔·唐斯酒厂（Churchill Downs Distillery）；在劳伦斯堡市境内则有霍夫曼酒厂（Hoffman Distillery）和老乔酒厂（Old Joe Distillery）；还有路易斯维尔市的通用酒业集团（General Distillers Corporation）以及阿瑟顿维尔市的卡明斯酒业（Cummins Distilleries）。大的酒厂在全国各地开设办事处，而更小一点的酒厂则着眼于提高产能。

更多的肯塔基波本，就意味着更高的就业率，因此围绕着这个行业的一切，都很有新闻价值。《肯塔基标准报》（Kentucky Standard）在 1938 年 2 月 17 日写道："自废除禁酒令以来，纳尔逊县出产的第一款威士忌，将于 3 月 1 日左右由巴兹敦酒厂（Bardstown Distillery）进行保税装瓶……这款

# 仓储和装瓶的基本许可

布莱尔蒸馏公司，芝加哥市，马里恩县，肯塔基州

日期：1935年11月23日

根据贵司于1935年10月25日提交的申请，特此授权和允许你们从事……蒸馏烈酒的仓储和装瓶业务。同时，通过上述公司地址或者相关的分公司以及其他营业场所，你们可以在跨州和跨国贸易中，销售、供应、配送出售、按协议交易，以及运送贵司所仓储和装瓶的烈酒产品。

获得本许可的前提条件为，你们必须遵守：《联邦酒类管理法》中包含第5条、第6条在内的所有相关规定；《美国宪法第二十一条修正案》和与其相关的法律；所有与烈酒、葡萄酒、麦芽酒类（如啤酒）有关的美国法律（包含相应的税收政策）；依据当下或者将来可能生效的法律而制定的任何适用性法规；以及贵司的业务范围所涉及的各个州的州法……

联邦酒类管理局局长，签名

布莱尔蒸馏公司是第二次世界大战的受害者。限制谷物用途的国家政策，导致了这家公司无法获得玉米这一威士忌原料，继而因此倒闭。老布恩是其旗下酒标品牌之一。同许多酒厂一样，在禁酒令结束之际，布莱尔蒸馏公司曾对未来寄予厚望。

威士忌将在 2 月 21 日，也就是下周一，达到桶陈 4 年的酒龄。"

随后，德国在 1939 年入侵波兰，波本生产商们再次发现自己遭受美国立法者的摆布。但这一次，政府并未直接禁酒，而是向酒厂们寻求帮助。富兰克林·D. 罗斯福总统召集行业的高管们成立了一个威士忌委员会，旨在帮助政府制订一个为战争服务的酒厂工作计划。肯塔基的波本酒厂就此开始生产高达 190 美制酒度（95% 酒精浓度）左右的工业酒精——由于波本的蒸馏器无法蒸馏到如此之高的酒精度数，这些酒厂必须先改造其蒸馏设备。他们为原本的柱式蒸馏器又加上了一段颈柱，并在蒸馏过程中施加更大的压力，采用更高的温度。凭借蒸馏得到的工业酒精从未接触过橡木，它会被立即运输到一间加工厂内，最终被用于制造手榴弹、吉普车、降落伞和其他重要的军需用品。

酒厂界经常去申请不必蒸馏工业酒精的假期，但政府都坚定拒绝了这一要求，而是希望尽可能地积蓄工业酒精，并为战争所需而储备粮食。依据 1943 年 9 月的一份由美联社发表的通讯报道："至于可否准许恢复威士忌的生产，这一话题长期以来都是个'烫手山芋'。因为我们处在这个不乏潜在的食品短缺的时期，把粮食拿去做威士忌，是极有可能招致批评的，也没有任何政府官员急于去冒这样的风险。"[12]

拥有企业支持的威士忌品牌，在第二次世界大战中幸存下来，但许多家族酒业都关门大吉了，还另有不少公司跌跌撞撞地勉强挺到了 20 世纪 40 年代。前文提及的布莱尔蒸馏公司，就是其中的一个牺牲品。申利蒸馏酒业集团借机收购了许多小酒厂，只为获得它们的酒厂设备和威士忌库存。其后的 20 世纪 50 年代和 60 年代，将是一个集团企业飞速发展、明星威士忌辈出、小型酒业则纷纷被兼并的时代。

那个时代的酒业巨头为施格兰公司、格伦科（Glencoe）、百富门、格伦莫尔、申利和国民酒业。这些集团化的企业都公开上市，或者还拥有除波本之外的其他产业。这六大巨头在接下来的 40 年间，不断地购入与售出品牌，然而它们之中只有百富门酒业，至今仍作为一家公司存在。其余五家则因错误的商业决策而尘封了其命运，其中一些失败的决定在于，在波本已经过时之际进行了过多的投资。

举例来说，位于肯塔基州巴兹敦镇的巴顿酒厂（Barton Distillery），于 1961 年斥资 75 万美元扩建了厂房，并增添了当时最为先进的过滤系统、消防设施及新式仓库。这使陈年仓库总数已高达 28 个的巴顿一跃成为当年规模最大的酒厂。该酒业为此背负了 1200 万美元的贷款，继而在美国证券交易委员会（SEC）注册为上市公司，总共发售了 36 万份普通股股票，并自禁酒令以后，又新装桶了逾 100 万桶威士忌。但年轻人们却不喝波本了——因为那是他们父母辈才喝的酒。年轻人想要伏特加。

在巴顿酒厂担下如此重大风险的 5 年后，其波本产品，尤其是巴顿珍藏（Barton Reserve）和肯塔基绅士（Kentucky Gentleman）这两大品牌，开始大出血般的亏损。根据该公司在 1966 年的企业报告，肯塔基绅士波本虽然花费掉 12.4 万美元的品牌广告费，其销量却下降了 5.4 万箱。即使巴顿依靠多样化的投资组合管理继续保持盈利，但萎靡不振的波本经济，则导致酒厂对生产这种威士忌的热情降低，并使其外部投资者的权益恶化。

我认为随后的 20 年间，乃是波本历史上的一段黑暗时期。我们目睹了老泰勒酒厂（Old Taylor Distillery）的倒闭，还有斯蒂泽尔 - 韦勒酒厂在 1972 年被转卖给诺顿 - 西蒙（Norton-Simon）公司。彼时，这些酒业集团公司所执行的经营战略，至今仍令一些烈酒企业的高管们疑惑不解，譬如，施格兰公司在美国下架四玫瑰（Four Roses）波本，转而只供给海外市场的这一操作。

所幸的是，当时的波本厂商，却生产了一批有史以来最棒的威士忌。在今天，收藏家们高度追捧在 20 世纪 50 年代至 70 年代装瓶的波本（在

活福珍藏酒厂于 1996 年正式落成，可谓点燃了波本旅游业的星星之火。这家酒厂在历史上曾是詹姆斯·C.克罗和奥斯卡·佩珀的驻地，它进而成为一个吸引着世界各地游客的风景如画的度假胜地。

下一章中，我会解释为何那个时代的威士忌，会不同于今日的出品）。但这一低迷的时期里，也不乏有着一抹亮色，比如：美格这个相对较新的品牌，逐渐确立了其作为第一款超高端波本的地位；同时，金宾也凭借一系列雕花酒瓶产品，创造了一批狂热粉丝。1984 年，乔治·T. 斯塔格酒厂（George T. Stagg Distillery）的蒸馏大师埃尔默·T. 李（Elmer T. Lee），推出了首款面向消费者的单桶美国威士忌。这款叫作布兰顿（Blanton's）的波本，以埃尔默的前老板来命名，进而改变了整个行业，其他酒业公司纷纷效仿，发布单桶产品。1988 年，金宾酒厂的布克·诺埃（Booker Noe）又令"小批量装瓶"的做法流行起来——他精选陈年状态最佳的库存，用这批橡木桶内的酒液融合出堪称完美的波本。

20 世纪 90 年代，那些对波本怀有强烈信念的公司，围绕"单桶"与"小批量"这两种产品概念而开展竞赛；同一时期，另一些偏向于苏格兰威士忌及白色烈酒品类的公司，则缩减了其在波本领域的业务规模。譬如，百富门酒业在 1996 年开设了活福珍藏酒厂；相反，收购了诺顿－西蒙公司的联合酒业集团（United Distillers，即现在的帝亚吉欧集团）却在 1992 年关闭了斯蒂泽尔－韦勒酒厂。倘若联合酒业的高管们当初便知道，斯蒂泽尔的威士忌库存至今仍被用于装瓶"凡·温克尔老爹"这一传奇的波本酒款系列，我很好奇他们是否依然会选择让这家酒厂停产。"肯塔基波本威士忌节"（The Kentucky Bourbon Festival）、"肯塔基波本旅径"、《威士忌倡导家》（Whisky Advocate）、《威士忌杂志》（Whisky Magazine）、波本博客、波本论坛，以及数以百计旨在改良波本的创新实验，都于 20 世纪 90 年代逐一出现。尔后，步入新千年的我们，又迎来了或许是波本史上最美好的 15 年。

如今，你能够找到的，不光有近乎完美的限量版波本，亦有售价低于30 美元的超值波本。后者不会掏空你的钱包，并且有那么一两秒钟，你会觉得它们和那些限量版一样好喝。但作为一位消费者，当你面对所有这些丰富多样的产品，可能感到很难挑选出适合自己独特口味的波本。

波本与葡萄酒有所不同：葡萄酒会公开所选葡萄品种的百分比，并且通过该行业所制定的一系列产区保护条例（AOC）来展示其风土特色；但波本则利用酒标上的内容空间来讲述背景故事乃至谎言。尽管我同意那些波本传说的出现也是有必要的，但这类老套的营销手法，让消费者在挑选他们所喜爱的波本时，处于不利位置。正如斯蒂泽尔－韦勒酒厂的前蒸馏大师埃德温·富特（Edwin Foote）曾经对我讲的那样："威士忌酒商的话全是胡扯。"富特先生尤其不买账与威士忌酵母有关的一些背景故事："你是在告诉我，某人的爷爷将他们家族的酵母配方从克伦威尔带到了美国吗？"他的职业生涯始于 20 世纪 60 年代初，止于 90 年代末，这近 40 年内，他听过很多离奇的酵母故事。我们来看看这一则 1957 年的老宪章（Old Charter）波本威士忌的广告：

> 如何才能保证一款波本的风味可靠？……答案是，保持其经年不变。生产老宪章波本的人会告诉你，他坚定忠实于制作优质波本的传统。例如，他所使用的酵母，拥有可以追溯到 1898 年的纯正血统。每个批次的老宪章波本，都用到了这一优质的古老酵母的后代，在每一瓶酒中都留下了其印记——一种独有的醇香的波本风味。为了悉心呵护这一酵母菌种长达 59 年，这位波本生产者可谓历经艰辛，在禁酒令时代，他甚至克服了更大的困难，把该酵母转移到加拿大保存了 14 年。但守护着老宪章波本的人，从不允许自己去走捷径，在陈年威士忌这方面亦是如此。这款波本并非于匆忙之中渗过木炭层，也不会被重复装入二次使用的酒桶。它是采用木炭过滤法进行慢慢醇化的，并在烧焦处理过的橡木桶内度过漫长的 7 年之久。每一步都遵

循着传统，才能做出老宪章波本。不论你如何衡量，这都是以一种代价高昂的方法在生产波本。但是，追求完美，还需在意代价吗？每当你喝下一口老宪章，你就彰显了自己的品位——你懂得欣赏肯塔基所出产的最好的波本。当你把这款酒分享给自己的客人，你就在向他们致意，显示你对他们的尊重。

然而，在 1920 年以前，具备适当的稳定性、发酵效率又堪比新鲜酵母的干酵母仍"尚未被发明"。[13] 直到第二次世界大战，可供商业用途的活性干酵母才得以问世，而在老宪章波本所谓的最初配方诞生的 1898 年，工业制冷技术很可能尚未被用来保存酵母。就算酒厂蒸馏师们会将湿酵母存放在阴凉场所，但他们不可能得知其酵母是否依然纯净，或有无变异。由此，老宪章波本在其 1957 年的广告里兜售给消费者的那个古老酵母故事，也就原形毕露了。虽然这家酒业公司对于酵母的处理，绝对相当谨慎，但至于其是否保持了与 19 世纪时完全一致的酵母，这一点值得怀疑。

就像老宪章波本的酵母故事一样，自从瓶装的波本威士忌成为主流以来，那些本身不拥有酒厂的装瓶商们，一直都在故弄玄虚。另一个例子是麦克森与罗宾斯公司（McKesson & Robbins）旗下的"蔡平与戈尔"牌（Chapin & Gore）波本。该公司曾从肯塔基州巴兹敦镇的费尔菲尔德酒厂（Fairfield Distillery）购买按桶批发的威士忌。如同当今的很多非酒厂型生产商，麦克森与罗宾斯于 20 世纪 40 年代将该品牌卖给了申利蒸馏酒业集团，并开始在其酒标和广告中一派胡言，比如下面这段话：

吉姆·戈尔（Jim Gore）曾在 19 世纪 50 年代闯荡于美国西部，这样的冒险生活很早便教给他，从事任何事业都务必小心谨慎。他的马、他的枪、他的朋友，都必须是世界上最好的。

因此，他在晚年所独创出的知名肯塔基波本，人称"老吉姆戈尔牌，世上最棒威士忌"，也便不足为奇了。现在，经过多年精心准备，老吉姆戈尔牌波本威士忌（Old Jim Gore Bourbon Whiskey）又重新面市了！这一新酒款完全复刻了吉姆老爷子当年自己规定的三条配方：其一，必须是地道的肯塔基酸性发酵醪威士忌；其二，必须"为了获得更浓郁的风味而选用大量价格更贵的小颗粒谷物；最后，必须充满耐心地缓慢蒸馏，让酒体格外轻盈"。

在该波本的另一些广告中，麦克森与罗宾斯的营销团队随后又声称，正是吉姆·戈尔本人首创了"酸性发酵醪"这一术语。

如果麦克森公司在今日尝试进行这样的宣传，威士忌极客们会在脸书、推特和各个博客网站上，把它骂得狗血淋头。更糟的是，甚至连《纽约时报》都有可能来插一脚，对其展开抨击，因为它从来都不算一个有信誉的公司。1938年，美国证券交易委员会认定其账目作假，这家公司共计8700万美元的总资产里，有2000万的金额实乃子虚乌有。美国证券交易委员会基于麦克森与罗宾斯公司的这一丑闻，制定出了新的法规，不过，若只从威士忌的角度看，它与其他酒业公司没有什么不同。

对于"蔡平与戈尔"牌波本的真相，他们尽可能地夸大其词，同时又似乎从好几个酒厂购得威士忌。实际上，波本酒厂以按桶批发的方式去出售威士忌，始终是一门赚钱的生意。在1966年，巴顿酒厂向一些未经公开的公司客户，卖出总价245万美元的威士忌，并盈利653 740美元。这批买家之中，既有需要额外的威士忌库存以满足市场需求的酒厂同行，也有依靠虚假的背景故事来行销的装瓶厂商。不管怎样，向竞争对手和装瓶商转卖威士忌库存，都是美国威士忌业的一种由来已久的商业行为。这一情况至今仍在延续，许多公司就这样挺过了生意萧条的时期。

昨日的非酒厂型生产商与今天的同类相比，有一点有趣的差别：当今的这类公司，在营销时会对谷物类型和蒸馏方式有所保留。事实上，许多现代的波本生产商在其营销文案里都回避了以上话题，另外，一些公司不会谈到陈年工艺，而更多的则拒绝分享谷物比例配方。

只要看一看现今摆在货架上面的所有波本。你会看到背标上的逸事与聪明的营销词汇，例如"最柔顺的"、"最棒的"和"荣获奖项的"。可是，你却找不到谷物比例配方、橡木桶烧焦等级、谷物产地来源、真实的水源地、蒸馏技术方式、入桶陈年度数，或者其他生产信息。近年来，威士忌极客们发起了一场小规模的运动，自发地揭秘酒厂配方，并要求信息透明化。但就类似波本民间传说的诞生，波本的这种保密性，正来源于一些避免诉讼案和模仿者的保护性措施。当帝亚吉欧集团发售其"孤儿桶项目"（Orphan Barrel Project）的第四版时，透露这款波本威士忌是来自 20 世纪 90 年代初的乔治·T. 斯塔格酒厂。作为该酒厂的实际所有方和"斯塔格"（Stagg）商标的持有者，萨泽拉克集团对其做法提出了质疑，谴责"帝亚吉欧集团试图利用我们的声誉去做交易"。在萨泽拉克发出这一警告之后，铁杆的波本消费者们弄明白了一个冷冰冰的真相：他们心爱的这一酒类，可能永远都不会拥抱信息透明化。打个比方，假如一家叫作"约翰尼酒业"的非酒厂型生产商，从 X 酒厂购买了五百桶波本威士忌，而 X 酒厂却并不想让人知道这个事实，那么"约翰尼酒业"为何要冒着遭遇诉讼的风险，去披露他们的威士忌来源呢？

波本界想要真正实现信息透明化，决定权掌握在那些大酒厂手中——1792 巴顿、百富门酒业（拥有"老福里斯特"和"活福珍藏"这两家酒厂）、野牛仙踪、四玫瑰、爱汶山、金宾、美格和威凤凰。上述酒厂生产了这个国家的大部分波本，它们可以选择隐藏或者分享其产品的成分信息。

参照今日的标准，"蔡平与戈尔"牌畅销波本，应被视为非酒厂型生产商的出品，换句话说，该厂商购买并装瓶了别人生产的威士忌。然而，回到20世纪50年代，消费者们似乎并不关心威士忌的真实出处。为何如今变得关心了？可能因为酒厂游客中心和互联网在当时都还不存在吧。

# 美国的精神烈酒？

至此，你可能已经意识到，围绕波本这一话题，引发过大量激烈的辩论。当人们提及波本独有的美国传统时，时常把这种威士忌称作"美国的精神烈酒"。有趣的是，在赋予波本这一别称的1964年通过的产地限定条例中，却并未采用一模一样的措辞。尽管如此，当肯塔基州参议员思拉斯顿·莫顿（Thruston Morton）在美国众议院筹款委员会讨论到波本时，他称之为"我们自己的本土威士忌"。

有意思的是，这一说法也从未出现在实际的声明中。以下是这份声明的原文：

<u>波本威士忌被认定为美国的特有产品</u>

承认适用于各种进口酒类产品的原产地标记，是美国的一项商业政策。这一商业政策，通过颁布适当的法规而得以实施，而这类法规（除其他用途之外）则为这些进口酒类确立了本身的识别标准。对此，已经确立过的识别标准有："苏格兰威士忌"是一种苏格兰的特有产品，产自苏格兰，同时符合针对为英国市场生产这种威士忌产品所制定的英国法律；"加拿大威士忌"是一种加拿大的特有产品，不光产自加拿大，还需符合针对为加拿大市场生产这种威士忌产品所制定的加拿大自治领法律；"干邑"则是蒸馏于法国干邑地区的一类葡萄白兰地，而且必须符合法国政府认定这一酒类的相关法律和法规。然而，"波本威士忌"是一种美国的特有产品，它不同于来自国外或美国本土的其他酒类。有资格被认定为"波本威士忌"的产品，不光要遵循最高的生产标准，也必须符合为"波本威士忌"明确了标准定义的相关美国法律和法规。目前，波本威士忌作为一种独特的美国产品，已经在全世界范围内得到了认可和接受。鉴于上述事实，经过参议院的决定（众议院亦已同意），美国国会因此认为，美国政府的有关机构应当重视"波本威士忌是一种美国的特有产品"的这一认定，以便这些机构采取恰当的措施及行动，禁止将自诩为"波本"的威士忌进口到美国。

　　有一些品牌选择公布其威士忌的来源。不过，在大多数情况下，波本品牌都是先卖酒瓶上的名字，再卖瓶内的酒液。波本威士忌的品牌名称，是传说、真相与当代人物的织锦，吸引我去成为一名波本作家。是的，我喜欢每一款波本的风味特征，但我更爱上了酒标上的民间故事和历史真相。真实的品牌故事，就犹如神话一般有趣。

　　至此，是时候跳脱波本的历史和法规的框架，去认识真正重要的东西——酒瓶里的威士忌本身。话说回来，倘若波本没能在口味上赢得消费者的青睐，也无人会在意其历史。

# 第二部分

## 风味之源

PART TWO

# 第二章
# 发酵之前
## *Chapter Two*
## *Pre-Fermentation*

我们先将视线投向印第安纳州南部的一片玉米田——波本便起源于此。这片田地就位于一条州立公路的旁边，黑乌鸦群在其上空盘旋。长期从事玉米种植业的谷仓主兼经营者约翰·科尔克迈尔（John Kolkmeier）掰弯了一根玉米秆，剥掉包裹着玉米穗的叶片，展示出正在穗尖上爬来爬去的小

波本的谷物原料中，必须至少含有 51% 的玉米。肯塔基酒厂会从印第安纳州和肯塔基州的农户处购入玉米，有人将这两州之间的这一大片肥沃土地，称作"威士忌玉米带"（Whiskey Corn Belt）。

虫子。"你瞧，这不是转基因的，"他说，"这些虫子也知道这一点，它们会在几周之内把这株玉米活活吃掉。我们可能需要抓紧时间收割了。"

波本选用的玉米，与你日常能在商店买到的那种玉米棒子有所不同。你从杂货铺买回的玉米棒子，是丰满多汁的甜玉米，非常适合咬上一口。农户们为波本种植的却是一种非甜型玉米，也被称作"马齿玉米"（dent corn）。这种玉米也常被用于牲畜饲料、工业产品，以及像薯片、面粉、高果糖玉米糖浆之类的加工食品。马齿玉米不同于甜玉米之处在于，从田里采摘下来后，你不能直接用牙咬它——好吧，就算你敢这样做，但很可能因此磕掉一颗牙齿。这种玉米硬如岩石，其玉米粒自然要比甜玉米更干燥。

今天常用于制作波本的玉米，是 A1 或 A2 食品级的杂交马齿黄玉米，换言之，其品质足够用来制作一袋墨西哥脆玉米片或者出自五星总厨之手的玉米面包松饼。依靠异花授粉的杂交玉米，则发明于 20 世纪 30 年代，被认为是该世纪的伟大农业进步之一。杂交玉米不仅耐干旱，还可以抗虫害。

继开发出初代的杂交玉米品种之后，种子公司又建立起了集团化企业，并改善了玉米抵抗恶劣天气、杀虫剂和农药的能力，使其种子能在任何地方落地生长。首个转基因生物（GMO）的专利在 1980 年得以申请，16 年后，孟山都公司（Monsanto）又推出了一种名为"抗农达"（Roundup Ready）的转基因品种玉米。这种玉米本质上可以承受高剂量的农药，进而免于虫害，也为后来转基因品种垄断玉米田铺平了道路。种植转基因玉米能让农户获得更高产量，收获更多回报，代价却是牺牲掉出口海外的可能性，同时激起了强烈的公愤。中国和欧盟都出台了针对转基因品种的禁令，而反对孟山都的团体，也在华盛顿特区组织起了抵制该公司的抗议活动。即便如此，转基因玉米已逐渐占领了原本属于非转基因品种的田地，农户们也频频证实了其更丰厚的利润。

这不禁令我想起了科尔克迈尔先生从他自家田里拔出的那株玉米穗：

美国的玉米农户感到种植非转基因的玉米变得越来越困难。这些农户解释说，转基因玉米的生产成本更低，需求量也更大。但波本酒厂始终都是那些选种非转基因玉米的农户的最坚定支持者之一。

它已被虫子咬到遍体鳞伤，即将被摧残得不可挽救。他告诉我，非转基因的玉米田遍布着昆虫与杂草，想要最终有所收成，需付出更多的人工管理和资金成本。尽管公众对非转基因玉米充满了兴趣，农户们也愿意加大投入，并且该品种确实能借助适当的轮作种植而得以生长，但科尔克迈尔坦言，现实却是，买家们并不愿为非转基因玉米多花钱。如此，随着所谓的《孟山都保护法案》的通过，转基因玉米的合法性也从根本上被坐实了，玉米生产者们则纷纷低调种植起这一新品种。非转基因玉米的支持者于是开始聚焦波本。一部分酒厂，包括四玫瑰、野牛仙踪和威凤凰在内，声称会继续选用非转基因谷物。"在欧洲和亚洲市场，没人会为用转基因玉米制成的威士忌买单，"前四玫瑰酒厂的蒸馏大师吉姆·拉特利奇（Jim Rutledge）于 2012 年接受《谷物》（*Grist*）杂志的采访时说，"但鉴于有异花授粉的情况，即便是那些坚持不种植非转基因玉米的农户，最终也将不得不选择放弃。我不清楚，我们还能继续像这样多少年。"

正因感受到来自媒体和相关舆论的外部压力，百富门酒业针对为自家威士忌选用转基因玉米的做法，发表过如下一份声明，完美诠释了这一困境：

> 关于是否会将转基因作物用于蒸馏烈酒，我们的理念不仅考虑到蒸馏的科学原理，也照顾了消费者的看法和担忧。从科学的角度来看，我们从未担心在生产波本或其他威士忌时选用转基因谷物，因为任何转基因的成分，都不可能在经历蒸馏工序后，进入最终的产品。然而，时值 2000 年，我们的不少消费者，特别是身处欧洲的消费群体，清楚表明了更偏好非转基因的原料。考虑到他们的看法，我们决定只选用百分之百的非转基因玉米。这也正是杰克丹尼、活福珍藏、加拿大之雾（Canadian Mist）和百富门酒厂用于生产威士忌的主要谷物。尽

管我们知道蒸馏的过程会去除所有谷物的基因物质，还毅然采取这种做法，完全是为了迎合消费者的意愿。但如今，我们意识到自己正面临着新的现实，对于转基因谷物的运用，亟须进行持续的研究与思考。自 2000 年以来，北美的谷物市场已发生了巨变。非转基因玉米在北美的供应量迅速缩减，我们想为波本和其他威士忌获取足量的高品质玉米，也越发困难。举例来说，2000 年时，种植在美国的全部玉米之中，约有 25% 是转基因，在加拿大，这一比例约达 46%；而在今日，无论在美国还是加拿大，转基因玉米的总体种植比例，都超过了 90%。我们预计这一趋势会持续下去，不单非转基因玉米的种植面积将不断缩减，由于异花授粉现象的存在，市面上能够通过非转基因认证的玉米数量也将进一步减少。

对转基因玉米的需求，正如不停倒下的多米诺骨牌一般，这令非转基因玉米更加难以获得。值得注意的是，酒厂通常是反对转基因谷物的声势最大的企业，因为它影响到了酒类出口，不过，大型食品生产商们却保持缄默。巧合的是，波本酒厂在过去也同杂交玉米的崛起斗争过。前斯蒂泽尔-韦勒酒厂的蒸馏师埃德温·富特告诉我，酒厂曾经试图只选购非杂交型玉米，该品种也一度成为农户们特意首选种植的作物。但杂交型玉米能更好地承受源自化肥、杂草和气候的不良影响，在更高的种植密度下也能存活。这意味着依赖农户进行手工挑拣的非杂交玉米终会惨遭淘汰。杂交玉米的繁殖能力和寿命都更具优势，相较之下，非杂交品种的生产成本过高。这话听起来是不是很耳熟？

更具讽刺意味的是，转基因玉米正在逐步取代杂交型玉米，其原因与当初后者淘汰掉需要手工挑拣的非杂交玉米如出一辙。只是这一次，波本酒厂并非单打独斗，支持非转基因的社会活跃人士，从始至终都在抵制转基因产品。

这一话题的深度，已远远超越了波本，我也见过一些最离奇古怪的有关转基因的理论。各种假想主义的网络博主，推测它们终将触发人类沦为僵尸的末世，而更加可信的反对人士则提供了转基因作物如何导致帝王蝶的数量锐减的统计数据，并辩称消费者应当对某一产品是否为转基因保有知情权。不过，鉴于这本书是在讲波本，于是我做了几个实验，以便弄清选用非转基因玉米是否能得到更好的威士忌。

我很幸运，品鉴过数百款的威士忌老酒，有些来自 1935 年至 1960 年间，也有些来自 1970 年至 2000 年间。关于这批威士忌的生产工艺，我收集了尽可能多的数据。在一次对比实验中，我分别品鉴了 20 世纪 70 年代与今日出品的金宾白标和威凤凰 101 波本，这两款产品皆声称其原料配方、蒸馏方式和陈年技术，至今都保持与过去完全一致。不过，20 世纪 70 年代的金宾未选用转基因谷物，现今却改为转基因玉米；威凤凰则在不同时期都坚持采用非转基因玉米。

我在品鉴金宾波本时发现，20 世纪 70 年代的版本无疑更复杂，而现代版本的金宾白标中，则缺乏宛如涓涓细流的果香。我想，这一定是谷物的缘故。然后我又品鉴了威凤凰。请记住，这家酒厂声称仍然选用非转基因谷物，单从这个角度，不同时代的同一酒款绝不应有任何变化。20 世纪 70 年代的威凤凰，展现出了由烘焙香料、南瓜派香料、肉桂、焦糖和大量香草等风味构成的丰富层次——这是我喝过的最美味的波本之一。然后我又品鉴了现代版本的威凤凰 101。从生产工艺上看，现代的版本理应与 20 世纪 70 年代末的版本毫无二致，虽然新版的酒色很接近于老版，也依然不失水准，但却欠缺了那种撩人心脾的香调。产自两个不同年代的相同威凤凰酒款，仿佛是风格完全不同的两种波本。我并不清楚，在这个特定实验以及我所尝试过的很多类似实验中，为何 20 世纪 70 年代的威士忌总是更为出彩。同样，在我个人的所有品饮经验里，选用非转基因谷物若为统一基准，20 世纪 70 年代或是更早期的威士忌也普遍更好喝。对此，曾经任职于斯蒂泽尔－韦勒酒厂的富特先生认为，新旧风味之间的差别，更有可能是水质的改变所造成的——他指出，当今威士忌酒厂的用水，会要求彻底过滤；而其他一些老派的蒸馏师则告诉我，这仅仅是因为酒厂的蒸馏器在过去运转得更好。当然，旧时用于制作威士忌橡木桶的木材也不同于如今，这是事实。同样地，再考虑到酒厂调配师风格、品控标准，乃至氧化反应所带来的变化，诸多因素都可能造就出波本老酒与今日威士忌的风味差别。

为了进一步研究转基因谷物的这一问题，我继续品鉴了两款现代波本：两者同为 2 年酒龄，都采用了非常相似的高黑麦比例的谷物配方。不同之处在于，第一款酒出自产量很低的小规模的精馏酒厂，未选择转基因谷物；另一款则属于集团化大酒厂的出品，几乎无法掩饰从其瓶中溢出的转基因气息。结果表明，来自精馏酒厂的波本，玉米的谷物风味依然浓郁，而后一款大规模量产的波本，却几乎不带有任何玉米味。谈及独立运作的小酒厂相较于行业巨头旗下大酒厂的产品差异，会有许多变量的影响，但倘若选用玉米的目的之一是提供风味，那么上述对比品鉴实验所展示出的精馏波本的不同特点，或许表明了非转基因玉米会影响波本风味的一定依据。尽管如此，从发酵阶段的温度到蒸馏取酒的度数，所涉及的各种变量的范围太大，因此我们也无法确定选择非转基因的玉米品种，是否正是导致精馏波本具有以玉米为主的谷物风味的原因。一般而言，波本酒厂不希望桶陈 2 年以后，威士忌中的玉米味依旧明显挥之不去。

但我本人可以证实，非转基因玉米或者说本地玉米，会影响到威士忌的风味。直接去尝以这类谷物制得的新的原酒馏液，我总能感受到更明显的泥土气息，选用大型谷仓所提供的转基因玉米的威士忌，则没有这种生涩感。置身酒厂内时，我更喜欢亲身将手指伸进正在发酵中的发酵缸内，用自己的味蕾去感受醪液的味道。在发酵的各个阶段，你都能品尝到玉米的天然甜味。一开始超甜，几乎就像加入黄油和粽糖的玉米糁，到了后来，玉米尝起来开始有一丝泥土味，甜味倒成了底调。我注意到，相比非转基因玉米和本地玉米，大型谷仓的玉米欠缺了一定风味的复杂度。此外，非转基因玉米的谷物等级通常更高，意味着其品质要优于转基因品种。即便如此，转基因玉米仍然基于产量高、抗虫病、易收获的特征，而更广泛被选用。

虽然我的实验结果倾向于表明转基因谷物对波本的风味有着轻微影响，但仍要承认，我持续的努力尝试，并未得到任何确切的结论。需要考虑的变量太多，因而我无法构建一个明确的理论。假如非要我做出某个合理的猜测，我会支持如下观点：威士忌的蒸馏过程必定能处理干净转基因玉米之中任何可能有害的成分——包括某些人宣称会使我们在 2050 年变成僵尸的某种物质。再以"麸质"这一食品标签上的敏感词为例，即使富含这种谷蛋白的小麦、黑麦皆为波本的常用谷物原料，波本威士忌中也绝不可能有麸质，因为它早已完全被蒸馏掉了——至少我为《科学美国人》（*Scientific American*）杂志采访到的一批科学家是这样告诉我的。这里引用内布拉斯加大学的食品过敏研究与资源计划的联合主任斯蒂芬·泰勒（Stephen Taylor）博士的说法："烈酒，由于经历过蒸馏，应该不含可被检测到的麸质残留物或麸质肽残留物。蛋白质和肽不具有挥发性，因此不会被蒸馏出来。"

从市场角度来看，无论如何，转基因玉米都将占有一席之地。自 1978 年以来，位于印第安纳州费尔菲尔德市的科尔克迈尔兄弟饲料及谷物公司（Kolkmeier Brothers Feed & Grain）就为肯塔基州的波本酒厂供应着转基因和非转基因的玉米、黑麦、发芽大麦、小麦，或许还有其他一些谷物品种。

约翰·科尔克迈尔先生在印第安纳州的圣保罗市拥有一个内置升降运输设备的谷仓。他的这一产业，是为数不多尚未被集团化的上市农业公司所收购的小型谷仓之一。他主要将自己的谷物卖给肯塔基州的波本酒厂。

科尔克迈尔先生告诉我，非转基因谷物的销售市场一年比一年萎缩，他解释说："大多数的威士忌生产者已经摒弃了非转基因谷物。虽然他们之中仍有少数人在坚持，但大部分人早就放弃了。选择非转基因谷物的花费更高昂，他们只是不愿面对额外的成本开销。有些人辩解，非转基因玉米的产量比不上转基因玉米，但假如你懂得善用轮作种植不同谷物的方法，我自己真看不出这有多大区别。如果你只想在同一片田里反复种植玉米，可能就不得不选用对各种化学药剂来者不拒的转基因品种。"

也就是说，转基因玉米有碍于波本将其主要谷物的风土特色塑造成话题，就像葡萄酒庄谈论起各自如数家珍的葡萄品种时的那样。葡萄酒庄会以葡萄园的气候、海拔、土壤、栽培架式和其他诸多独特因素为卖点，因此酿酒葡萄本身的产地及起源，对一款葡萄酒而言就显得至关重要。更大众化的波本品牌，则永远不会有这种奢望。选用转基因玉米的唯一目的，是能在任何地方和任何条件下进行种植，这却使玉米这一威士忌原料的风土故事变得了无生趣。

事实上，大部分波本所用的玉米，无一例外都来自三家集团化的农业巨头公司，即嘉吉（Cargill）、康尼格拉（ConAgra）与简称 ADM 的阿彻丹尼尔斯米德兰（Archer Daniels Midland）。前文提到的科尔克迈尔公司，其实是幸存在大型上市公司的汪洋之中的最后一批小型谷仓之一。科尔克迈尔先生本人也是典型的老派作风：他不用电脑，仍然手写所有收据，并且总不时翻看自己的那台罗乐德斯牌（Rolodex）旋转名片架。他的谷仓可以随时为任何人供应任何谷物。"酒厂似乎总喜欢挑我人在教堂时给我打电话，"他调侃道，"他们会问：'你能在今晚 11 点之前给我们送一卡车的玉米过来吗？'我说行啊。我总回答他们没问题。我做的不是玉米生意，而是服务业。"

科尔克迈尔为金宾、威凤凰、爱汶山和四玫瑰等酒厂供应谷物，每次送货量可装满 5 到 20 辆半挂式卡车不等，而每辆半挂式卡车可以运送 1000 蒲式耳的玉米。所有谷物终将被酒厂蒸馏成波本。无论经济形势的好坏，波本酒厂收购玉米的价格，通常都高于其他买家——每蒲式耳会多付 50 美分到 1 美元。科尔克迈尔每年大约向各家酒厂供应共计 100 万蒲式耳（5600 万磅）的玉米，这些玉米除了来自他自己的田地，还有从该地区的其他农户处收购所获得的。

所有的肯塔基酒厂都从肯塔基州和印第安纳州购入玉米，而我喜欢将这两州之间的一大片肥沃土地，称作"威士忌玉米带"。农户们在这些玉米田的土壤里注入氮气以增肥，并尽量减少使用杀虫剂和除草剂。每当包裹住玉米穗的叶片露出棕褐色，并翻转开来时，就可以开始收割了。在印第安纳州和肯塔基州，玉米的收获期从 9 月中旬一直持续到感恩节。专业人士从最底部割下整株玉米穗，再将玉米粒从棒芯上悉数剥离。然后，玉米粒会被全部储藏起来，逐渐脱去水分。农户们要么不急于将玉米出手，坐等更好的市场，要么把存货都转卖给总是不缺玉米买家的科尔克迈尔。

酒厂要求玉米的水分含量低于 14.5%，未有破损或发霉，且不含毒素。"他们要求玉米足够干燥的原因在于，当他们进行碾磨时，会把玉米磨到像面粉一样细，"科尔克迈尔先生说，"但如果你去碾磨，比如说，水分含量在 15.5% 至 16% 的玉米，就只能磨出沙砾般的细度，这样玉米的残渣后续便会沉积在你的蒸馏容器里。这就是他们为什么一定要把玉米磨得像面粉一样细的原因，这样才不会造成阻塞。"酒厂购得的玉米都是很干净的，为了证明这点，科尔克迈尔从一个样品陈列桶中抓起一把玉米，继续说道："这里有些发霉了的黑玉米，看到了吗？威士忌酒厂是不会为这种品相买单的，但生产乙醇（工业酒精）的工厂却没那么挑剔，他们会照单全收。"当然了，乙醇是用来制作燃料（如汽油）和清洁用品的，应该没人去喝这

# 蒲式耳是什么单位？

卡车司机们将玉米从不同的谷仓运至酒厂以后，卡车拖车会先卸下这批谷物，使其倾泻到酒厂预备好的传送带上，随后，传送带将它们运送入大型存粮仓和螺旋输送机，最后，玉米在经过碾磨之后，等待被送入蒸煮谷物的糖化缸。

我为波本写报道时，很早便注意到，"蒲式耳"这个词被反复提及，正如谷物比例配方这一术语的频繁出现。不过，大多数人都不懂它是什么意思。我问过一家酒厂的首席导游，他承认自己也不知道蒲式耳的含义。我又问了一位波本的品牌经理，他也不解其意。这位品牌经理只是说，每个人都习惯了用这个单位术语来表达谷物的数量。

著名的《韦氏词典》（ Merriam-Webster's Dictionary ）为蒲式耳给出了两个定义：每一蒲式耳在美国相当于35.2升；而在英国，则相当于36.4升的体量。依据这部全世界最为广泛使用的字典，"蒲式耳"一词的本意为"大量的某种东西"。

鉴于在美国很少有人会用"升"这一单位，除非他们是在指苏打水饮料瓶的容量，所以我又跑去问美国农业部（United States Department of Agriculture），通过他们我了解到，秋葵每蒲式耳重 26 磅，茄子每蒲式耳重 33 磅，苹果每蒲式耳重 48 磅。至于酒厂选用的带壳的玉米，则是每蒲式耳重 56 磅。

现在，当你下一次去酒厂参观时，如果导游讲到他们每天会用掉 1.5 万蒲式耳的谷物，你大可告诉整个同行团队，那意味着每天消耗 84 万磅的玉米粒。

种东西。

酒厂喜欢告诉来访的游客，他们会手工检查每一车运来的玉米。没错，确有其事，但是更繁重的工作仍要依赖于技术。

我搭乘一辆科尔克迈尔公司派出的卡车，从印第安纳州南部的基地出发，沿着几条风景如画的州立公路和到处都在修路堵塞的 65 号州际公路，来到位于路易斯维尔市的伯恩海姆（Bernheim）酒厂。这里是爱汶山酒业的主要酒厂，所有送达的玉米，都会在此地被检查。玉米需分别就水分含量和黄曲霉毒素接受检测，以确保不会太潮或者仍含有农药。酒厂的质检员还特意搜寻有瑕疵的玉米粒，并闻一闻看是否带有霉菌。如果酒厂拒绝了这车货，科尔克迈尔先生只需将有瑕疵的与品质更好的玉米混合到一起，直到整车货满足酒厂可以接受的标准。倘若这样都还无法通过检查，他就拿这些玉米去喂自己的牛。科尔克迈尔开玩笑说："牛才不关心它们吃得好坏。"实际上，酒厂拒收玉米的情况鲜少发生，不过一旦发生，就会接踵而至。最常见的拒收原因是所含水分过多，在这种情况下，科尔克迈尔只需把玉米放回筒仓，等其干燥的时间再久一些。

与我同行的这车玉米，异常轻松地通过了所有检测，于是，装载着玉米、尾部带有料斗的拖车，被开到了地面上有开口的一处钢铁栅栏的跟前。司机跳下卡车，拉动拖车的控制杆，玉米纷纷倾泻出来，很快，一座黄色的小山在钢铁栅栏上堆积起来，进而落到栅栏底下的传送带上。站在负责运送玉米的卡车司机的角度，由于他的工作与所有酒厂都有交集，整个卸货的过程，也会让他区别看待不同的波本酒厂，而这些司机眼中每家酒厂之间的差别，往往无关于其威士忌产品的柔顺程度。伯恩海姆酒厂是司机们的最爱，大约只需 25 分钟就能卸完一车玉米。野牛仙踪酒厂则需大概 1 小时，有时甚至 3 个小时才能卸掉一整车玉米。而所有司机都喜欢威凤凰的新酒厂，因为它是完全自动化的，卸货只需大约 7 分钟。

在大酒厂，刚卸下卡车的玉米会被运送至筒仓或螺旋输送机，然后就地等候 1 小时到几天时间不等，直到传送带将它们送入蒸煮谷物的糖化缸。在较小的酒厂中，蒸馏师会直接将已经碾磨好的每袋重达 50 磅的袋装玉米成品倒入糖化发酵缸中。由于其规模很小，这些所谓的"精馏酒厂"往往在采购玉米时更精挑细选，经常购买在与酒厂相距不超过 25 英里的范围内出产的本地玉米。譬如，塔特希尔敦烈酒公司（Tuthilltown Spirits）这家纽约州酒厂，就清楚知道自家玉米的具体来源——该州加德纳镇的坦蒂略农场（Tantillo's Farm）。该酒厂的哈得孙波本，选用坦蒂略农场所出品的"瓦普西山谷"（Wapsie Valley）古早玉米品种和本地马齿玉米。位于肯塔基州西部的 MB 罗兰酒厂（MB Roland Distillery），则从距离该厂仅 10 英里的本地农场采购最高等级的美国白玉米。相较之下，大酒厂却无法告诉你他们的谷物究竟来自哪个农场，因为这类酒厂在采购时都直接联系谷仓主，而单个谷仓则从数百个农户那里收购谷物。

但归根结底，玉米的重要性或许远不及像黑麦或小麦这样的"次要谷物"——酒厂也经常把后两者称作"风味谷物"。

黑麦作为最常见的次要谷物，一般来自北达科他州、南达科他州、加拿大或者欧洲。黑麦曾是美国东北地区的一种根基农作物，但随着时间推移，玉米的价格逐渐上涨，导致黑麦的种植面积骤降。前四玫瑰酒厂的蒸馏大师吉姆·拉特利奇告诉我："考虑到风味的话，最适合用来蒸馏的黑麦生长在更寒冷的气候条件下。"这便是四玫瑰酒厂选择从德国、芬兰以及欧洲其他寒冷地区购入大部分黑麦的原因。在美国，黑麦通常只是被用来肥田的一种作物，但威士忌产业也的确激励了本土农户开始种植并售卖黑麦。

酒厂们正在寻求酶活性更低的黑麦，这一活性的测量标准则被称作"降落数值"（Falling Number），它是用来检测谷物发芽损失率的国际通行办法。依据拉特利奇的说法，黑麦拥有远远高于其他谷物的含酶比例，而

在波本的谷物比例配方之中，黑麦是最常用到的辅助性风味谷物。大多数酒厂从北达科他州、南达科他州、加拿大或者欧洲采购黑麦。黑麦是一种耐寒的谷物，经常被用于肥田。如上图的桶内，包含着已碾磨过的玉米和黑麦。

谷物的酶活性越高，在发酵过程中会产生的泡沫（俗称"起泡"）也越多。他说，假如酶含量过高，发酵时的剧烈"起泡"程度几乎是无法控制的。"我见过发酵缸只填满了一半，而泡沫都已经溢到缸外的情况，这就是酶活性太高造成的。所以，当挑选黑麦时，不光要达到感官上的满意，还要同时参考淀粉含量和含酶比例。过去的 15 到 18 年间，最好的黑麦出现在北欧国家。"拉特利奇接着解释，"每蒲式耳的成本，只是在考虑选择黑麦时的第一步，但在我看来，成本完全不如谷物的品质重要。我们当然可以通过其他来源获得更便宜的黑麦，但这将给我们的原酒馏液的风味带来负面影响，最终只会得到差劲的波本。"

至于小麦，肯塔基酒厂则几乎承包了本州农户们所种植的全部软红冬小麦。肯塔基州的农户会将小麦的种植周期安排在玉米或大豆之间，进行轮作。小麦也是该州的第四大经济作物，在经济低迷的时期，对小麦有需求的威士忌酒厂帮忙维持了本州农场的生计。在 20 世纪 80 年代和 90 年代，美格、W. L. 韦勒和老菲茨杰拉德（Old Fitzgerald）这三个肯塔基波本品牌，仍在配方中采用小麦，当时，由于玉米的利润变得更高，肯塔基州的农户们已经开始减少小麦的种植面积；即使这样，这些农户也都一直确保有超过 40 万英亩的小麦田面积，这绝对足以供应上述那些依赖小麦的波本品牌。说到地理环境，肯塔基州的土壤和气候都对种植小麦很友好，不过长期以来，农户们一直不认为小麦是一种利润可观的农作物。依照肯塔基大学农业拓展办公室的说法，就种植小麦而言，"可供任何农业企业创造出正向的管理收益的利润空间微乎其微"。不妨假设，如果不再生产小麦威士忌，肯塔基州的农户几乎就丧失了继续种植这种谷物的动力。

然而，发芽大麦这种原料，永远不可能大批量来自肯塔基州。除非酒厂选择添加人工的糖化酶，否则他们必须在发酵过程中用到发芽大麦，以帮助将淀粉分解为单糖。单纯从产量的角度来看，北美的大麦都集中种植在加拿大，以及美国中西部、西北部、北部平原，连同东北部的几个州。大麦是一种一年仅有一次收成的冷季作物，它实际上可以生长在许多地方，但当这种谷物来自更冷的气候环境时，往往更适合用来做威士忌。

制麦厂往往建在主要的大麦种植区和酿酒业发达的啤酒重镇。例如，威斯康星州的麦芽研究所（Malt Research Institute），成立于 1938 年；作为著名的米勒酿酒公司（Miller Brewing）的故乡，威斯康星州现在为波本威士忌业供应着大部分的发芽大麦。加拿大则是波本生产者获得发芽大麦的另一重要产区。不论怎样，波本所用的大麦，都来自北美。

北美大麦最初在 15 世纪被引入新大陆，如今已经成为欧洲大麦的远房表亲。根据北达科他州立大学的研究，在遗传、气候和育种实践等因素的共同作用下，北美已经诞生了丰富的大麦品种。北美产发芽大麦的培育结果，兼顾了酿酒师和蒸馏师的需求，同时创造出二棱（two-row）和

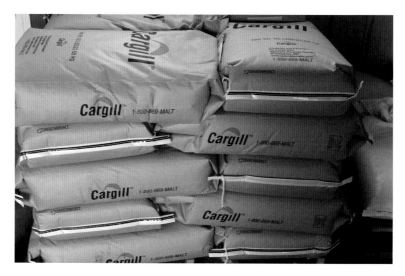

大麦需要先经过发芽制麦的过程，因此，小型酒厂所用到的大部分大麦原料，都是直接买入每袋重达 50 磅的预制成品。嘉吉公司正是为这类酒厂供应袋装的发芽大麦成品的众多大型供应商之一。

六棱（six-row）大麦这两个不同类型。北达科他州的保罗·施瓦茨（Paul Schwarz）教授和理查德·霍斯利（Richard Horsley）教授在一篇两人合著的题为《对比北美的二棱大麦与六棱大麦》的论文中写道："人们普遍认为，二棱大麦是用来制麦和酿酒的最佳之选。事实上，除北美以外的地区，在世界上大多数酿造啤酒的国度，都专门只用二棱大麦来进行制麦。至于六棱大麦，假如是在海外地区生产的，基本只会用作饲料。"

美国的威士忌生产者则选用六棱大麦，因为它比二棱大麦含有更高比例的蛋白质与酶。大部分的啤酒酿酒师会说，二棱大麦能产生更饱满浓郁的麦芽风味，而六棱大麦却赋予啤酒更明显的谷物基调。波本生产者期待有更高的糖化酶含量来加快发酵，同时却希望减少麦芽的风味——这两点诉求，和啤酒酿酒师正好相反。不过，即便大麦在发酵过程中会产生出特有的谷物风味，也会被玉米、小麦和黑麦等谷物的风味掩盖掉。"我们会使用高品质的发芽大麦，但与苏格兰威士忌不同，它并非提供风味的主要原料，"拉特利奇先生说，"选用大麦的理由，是因为它糖化酶含量很高，这有助于将玉米和其他次要谷物——比如黑麦和小麦——中的淀粉充分转化为可发酵的糖类。发芽大麦是会产生一些风味，但微弱到可以忽略不计，而且不同的酒厂在选用大麦这点上，基本没有任何差异。"

发芽大麦能将谷物中的淀粉转化为大量的酶、复杂的碳水化合物和易于发酵的糖类。制麦师会先将大麦浸湿 36 至 48 小时，待到发芽阶段持续 4 至 5 天以后，再用 180 至 190 华氏度（大约 82.2 至 87.8 摄氏度）的温度，烘干 2 至 4 小时以停止发芽。

每种谷物都能提供自身的风味。优质的玉米不会产生像腐烂的蔬菜般的不讨喜气味，并甘当真正左右波本个性的风味谷物（如黑麦或小麦）的陪衬。但一些老派的蒸馏师会争辩说，谷物对酒味的影响远远不及酵母。

为了让威士忌能被称作波本，它必须陈年于经烧焦处理过的全新橡木容器中。在位于路易斯维尔市的百富门酒业自营的制桶厂，连续不断的火焰令这些橡木桶内的木糖成分焦糖化。业内流行的第4级烧焦碳化（char no.4）标准，有时也被称作"鳄鱼皮纹烧焦碳化"（alligator char），需要以纯火焰不间断烤桶大约55秒。

# 第三章
# 酵母、蒸馏与木材

*Chapter Three*
*Yeast, Distillation, and Wood*

玉米、发芽大麦、黑麦和小麦等谷物原料相遇于发酵缸内之前，酒厂分别将它们储藏在存粮仓或螺旋输送机中，并碾磨成略粗的面粉状。玉米拥有专属的筒仓，大麦也是，但黑麦和小麦常常交替使用同一存粮仓。假如一家酒厂用不到小麦，那么黑麦就有专门的存放空间。已碾磨好的谷物，会存放1小时到3天不等，或者直到酒厂工人准备好开始蒸煮它们，以便糖化。

后续发生的每个步骤，取决于每家酒厂各自的生产流程。通常情况下，酒厂规模越小，制酒的过程就越依赖人工的亲力亲为。

在肯塔基州西部的MB罗兰酒厂，人员精简的工作团队将每袋50磅重的本地白玉米倒入锤磨机，磨好之后再送入蒸煮糖化锅。玉米、发芽大麦与小麦或黑麦混合而成的酸性发酵醪，看起来就像是超大锅的白玉米糁。MB罗兰酒厂的创始人保罗·托马谢夫斯基（Paul Tomaszewski）告诉我："这一锅固液混合物，将先在200华氏度（约93.3摄氏度）的温度下保存60分钟，再通过水泵式的换热器降至148华氏度（约64.4摄氏度），然后添加剩余的发芽大麦。厚重的块状淀粉将开始分解为单糖，发酵醪从浓稠的糨糊状逐渐变为更轻质的溶液状，同时飘散出谷物的香甜气息。接着发酵醪被降温至90华氏度（约32.2摄氏度），再用泵送入容量600美制加仑（约2271升）的发酵缸内，并在严格控温的室内环境中发酵5至7天。发酵完

成以后，继续用电动搅拌器人
工搅拌醪液，最后注入蒸馏器。"

MB 罗兰酒厂的发酵缸旁
边配有手持式搅拌器，而在自
动化的大酒厂，酒厂工人按下
某个按钮，就可以启动搅拌。
金宾位于肯塔基州克莱蒙特
（Clermont）的酒厂之内，配有
45 000 美制加仑（约170 344 升）
容量的大型发酵缸，数目高达
21 个。75 个 MB 罗兰酒厂的发
酵缸，才抵得上金宾酒厂单个
发酵缸的容量。这并不意味着
一家酒厂的生产流程就比另一
家更先进，只不过，大酒厂的

当你参观酒厂时，波本的生产过程看起来也
许只是一堆阀门与管道。图为路易斯维尔市
的伯恩海姆酒厂的管道特写。

外观看上去普遍更像是工厂，而所谓的精馏酒厂，往往会人工操作大部分
的发酵流程。

在爱汶山酒业的伯恩海姆，或者其他已完全自动化的酒厂，一名酒厂
工人端坐在电脑显示屏面前，检视着由半拖车所卸下的谷物，随后按下某
个按钮，将所有谷物依次转移入蒸煮糖化锅。伯恩海姆酒厂会先将玉米和
少量的发芽大麦加进糖化锅，以触发酶的活性，大约在同一时间，也会添
入酵母与水。

美格酒厂的蒸馏大师丹尼·波特说："当糖化缸被加热升温时，我们
会往里添加玉米和少量发芽大麦，继续加热到 212 华氏度（100 摄氏度），
然后等待一段时间。冷却到大约 170 华氏度（约 76.7 摄氏度）时，我们将

在野牛仙踪酒厂，发酵是通过在上方安装能吸走二氧化碳的排气导管的巨大发酵缸中进行的。酵母除了将糖类转化为乙醇，还有二氧化碳，后者会迅速冒泡并冲破醪液的液面，进而释放到空气中。

加入风味谷物，即黑麦或小麦。最后，当温度低于 150 华氏度（约 65.6 摄氏度）时，加入发芽大麦。"

正是在上述蒸煮糖化和发酵的过程中，波本的风味开始得以成形。当加入酵母后，发酵缸内开始产生乙醇酒精、（丙醇与丁醇等）其他类酒精、酯类、醛类，以及其他化合物——它们被统称为"风味物质"（congeners）。这些风味物质受到酵母、谷物、粒水比（grain-to-water ratio）、水质、蒸煮温度、发酵条件及时长、有效含氧量等因素的影响，并极大左右了波本在嗅觉与味觉上的呈现。

你可以说，酵母是首要的风味要素，或是风味的触发物，这取决于你同谁谈到这一话题。在蒸煮糖化时，谷物的淀粉被转化为糖类。酵母则是一种有生命的、以糖为食的单细胞微生物。它在发酵的过程中创造了乙醇酒精，作为其进食糖类大餐的副产物。

酵母简直无处不在，它们就活在我们的身上及身边，包括我们吃饭、

# 人与电脑的较量

自从知名蒸馏师詹姆斯·C. 克罗博士于19世纪中期引入温度计、测量含糖量的糖度计和标准化的卫生流程以来，酒厂一直都在加强技术以期提高产量。

继克罗博士的发明创新之后的一个世纪里，威士忌生产者们不但沿袭了他的技术，还新增了一些诀窍。蒸馏设备逐渐变得更加工业化。不够结实的铜制蒸馏壶开始被高耸如塔状的柱式蒸馏器所取代，并诞生了专用于陈年波本的特殊制式的威士忌仓库。今日，电脑已经关联着波本生产的方方面面。

2013年，身为波本名人堂成员的传奇人物埃尔默·T. 李逝世，享年93岁，在其生前，他曾被问到不喜欢波本行业的哪一点。李的回答是电脑，并补充说，他担心蒸馏师们过于依赖机器而非人类自身的感官。另一位波本名人堂成员，前老菲茨杰拉德品牌的蒸馏大师埃德温·富特也讲过类似的话，他告诉我，"人类的感官可以如此敏锐"，还不忘强调，一台机器无法取代一个人灵敏的嗅觉。

李和富特，分别在1985年和1990年代末退休。他们二位都见证了电脑接管整个行业，在这一过程中，实现了自动化的酒厂开始将工作重点放到与酒厂设备相连的电脑机器上。不过，围绕酒厂技术的争论，可以追溯到更早以前。

早在1943年，斯蒂泽尔－韦勒酒厂的蒸馏大师、绰号"老板"的W. H. 麦吉尔（W. H. "Boss" McGill）就与施格兰公司的研究与品控部总监 E. H. 斯科菲尔德博士（Dr. E. H. Scofield）针锋相对，展开了一场有关自然人为因素相比科学方法的激烈辩论。作为一个纯粹的经验主义者，麦吉尔将自己的手指伸入发酵缸内蘸一蘸，就能立即知道醪液是否已经可以被蒸馏了。同样，他会亲口品尝（然后吐出）原酒馏液，亲自去嗅闻陈年过的威士忌，再次亲口品尝然后吐出，如此这般，他总能得知波本何时可以装瓶或是需要继续陈年更久。斯科菲尔德则对这种做法嗤之以鼻。"你怎么能靠这个办法来确保产品的一致性？"他质疑了麦吉尔，"有太多因素会影响到你的味蕾。你可能当天胃不舒服，或是感冒了，也许你还刚抽过一根雪茄，或者吃过一个洋葱。"[1]

麦吉尔将蒸馏视作一门艺术，斯科菲尔德却认为它是一门科学。时至今日，大酒厂可能更倾向于科学的观念，但工匠的精神仍旧非常风行。我注意到在主流酒厂，每当涉及限量酒款、单桶装瓶和高端产品时，艺术家的身份便会凌驾于科学家之上。不过，一旦涉及日常的平价酒款，为了实现产品的稳定一致，科学通常才是赢家。

睡觉、喝酒、驾车和游泳的地方。早期的埃及人和其他古文明的先民，已将酵母用于制作面包与酿酒。但直至19世纪60年代末，路易·巴斯德（Louis Pasteur）才发现了这一活体微生物，世人才知晓其存在。通过显微镜，巴斯德确认了酵母是产生酒精发酵的原因；从那时起，它便成为波本生产中最被低估但或许也是最为重要的环节。它为威士忌赋予风味，决定着其花香或辛香料等特征。

酵母分两个基本大类：面包酵母

酒厂使用两种类型的酵母：繁殖型湿酵母（如顶图）和干酵母（如上图）。这两种类型各有优点。干酵母在每次发酵时都忠实于原始母菌；而繁殖型湿酵母的表现虽然不那么稳定，却能更快地开始发酵。

和酿酒酵母。酿酒酵母又包含数个种类，分别从发芽大麦、发酵过的葡萄汁、蒸馏过的葡萄酒、发酵过的糖蜜和发酵过的发芽黑麦之中繁育出来。今天，专业实验室替已有或潜在的威士忌客户，保存着从干酵母到繁殖型酵母的各式菌种。"弗姆解决方案公司"（Ferm Solutions）便是这类酵母供应商之一，它也是位于肯塔基州丹维尔市的荒野小径酒厂（Wilderness Trail Distillery）的姐妹机构。

依据弗姆解决方案公司的说法，干酵母和繁殖型酵母各有其独特优势。前者令每次发酵都保持一致，因为蒸馏师用于新旧发酵批次的干酵母，都源自同一原始母菌。这种一致性限制了变异，确保即使经过十代或二十代的繁育，干酵母的菌种也不会有所改变。活性干酵母让酒厂更省事，而采用繁殖型酵母则要求高度的专注和熟练的技艺。尽管后者更费事，但每次繁殖酵母却是一项值得投入热情的劳动，因为这样后续能够更快地激活整个发酵过程。至于到底选择何种酵母，实际上只是一个偏好问题。像爱汉山酒业这样的干酵母用户，会赞扬这种酵母的稳定不变，而如 MGP 和四玫瑰这两家前施格兰集团旗下酒厂，则坚信采用先经蒸馏师人工繁殖的湿酵母能产出更好的威士忌。

但是，所有酒厂都无一例外地重视自家的酵母菌种。

大多数历时已久的波本品牌，数十年来都始终如一地选用特定的酵母菌种，并在储存自家酵母时小心谨慎，不仅相当专业还极其保密。譬如，金宾酒厂至今仍在使用可追溯到禁酒令时期的同一酵母，并于几名担任生产要职的员工家中储存菌株。其中就有吉姆·比姆（Jim Beam）的曾孙弗雷德·诺埃（Fred Noe），他将该酵母保存在其私人空间一角的冰箱里，毕竟，对待自己家族世代相传的酵母菌种，再小心也不为过。

酵母有助于塑造出品牌所期待的风味轮廓，对此，没有哪个波本品牌能比四玫瑰更好地讲述这一故事。事实上，通过酵母就能识别出威士忌生产者的身份。四玫瑰如今使用着五种专属酵母，这些酵母都与这间酒厂的前母公司施格兰集团有关。施格兰曾在肯塔基州经营五家酒厂，分别是辛西亚纳（Cynthiana）、费尔菲尔德、阿瑟顿维尔（Athertonville）、卡尔弗特（Calvert）以及作为今日四玫瑰酒厂前身的老普伦蒂斯（Old Prentice）。该集团在当时的生产策略是，用十种独特的原酒配方来调制波本，随着所谓的 V 型酵母搭配两种不同谷物比例组合的配方，施格兰最终实现了这一目标。后来，它的这些肯塔基酒厂逐一关闭，但每次施格兰都创造出一款新酵母，来弥补所失去的那家酒厂的独特配方，以继续确保十种原酒素材的完整。等到整个集团宣告破产时，四玫瑰酒厂已累积拥有五种个性迥异的酵母，它们让这家幸存下来的前施格兰酒厂的威士忌相当与众不同：V 型酵母带来淡淡的果香，Q 型酵母呈花香调，K 型酵母是肉豆蔻与肉桂很明显的辛香料调，O 型酵母呈现稍带牛奶世涛啤酒味的果香调，F 型酵母则为草本调。如果你对比品鉴分别采用上述五种酵母的四玫瑰原酒，绝对可以感受到它们彼此的明显差别。

但四玫瑰其实只是波本酒厂中的另类。其他酒厂不会同时使用五种酵母菌株，或者说，至少没人承认他们在这么做。发酵过程中汇集了如此多的影响风味的因素，以至于任何单个品牌都很难如实了解到自家酵母对于风味物质的形成，究竟起到了何种作用。"由于每种谷物所含糖分和蛋白质的成分不同，它们在发酵时便会展现出各自不同的鲜明风味，所以一款波本的谷物比例配方，肯定会影响到风味物质的产生。这点很容易理解，就像你分别拿黑麦和小麦来做面包，结果当然味道不同。"肯塔基州丹维尔市的荒野小径酒厂兼弗姆解决方案公司的创始人帕特·海斯特（Pat Heist）博士称，"一种谷物相对于另一种谷物的比例，只构成了配方的一部分。另一重要因素则是，需要在总共多少的谷物中加入总量多少的水？例如，我们酒厂所采用的谷物比例是 65% 的玉米、25% 的小麦，搭配

10% 的发芽大麦。把全部谷物加入水中，我们所得到的含糖量约为 18% 白利糖度（Brix）；糖分的浓度当然也可用另一单位去表示，即以度数计量的波林糖度（Balling）。其他酒厂可能用到更多或更少的水，若以白利糖度来计算，从而得到比我们酒厂更高或更低的含糖量。糖分的浓度越高，发酵所得的乙醇和风味物质的浓度就越高。风味物质生成得越多，也就越有可能在最终的烈酒成品中被展现得很明显。尽管如此，在陈年过程中还会发生许多化学变化，这显然也是影响风味的重要因素，或许还是最关键的原因。"

谷物在碾磨之后的颗粒大小，会影响到淀粉分解成可发酵型糖的速度，而人们则希望酵母能迅速作用于糖类，以减缓细菌的生长。细菌进食糖类后，它们自己也会生成一系列的代谢副产物，进而也能影响原酒馏液的风味。海斯特博士透露，一些酒厂会故意在发酵时添加细菌：他们要么减少蒸煮发芽大麦的时间以使细菌存活，要么在一旁单独用细菌额外进行一批发酵，再把结果加回到发酵醪液，这很类似在制作酸性发酵醪时的"逆流"做法。"有机酸类的化合物，为原酒馏液贡献了很多风味。酵母和细菌都能生成有机酸，不光每个菌种对应有各自独特的酸，不同菌种也会产生共同的酸类。"海斯特说，"大部分的有机酸类和其他风味物质是由酵母菌种来控制的。但也不乏存在着其他决定因素，例如，发酵的温度、酸碱度（以 pH 值计量）、渗透胁迫（osmotic stress）、溶氧水平、氮及其他宏观或微观营养素的可用量、发酵时是否搅拌、是否含有污染性细菌或野生酵母、发酵的时长，以及在发酵结束后与蒸馏开始前选择如何保存发酵醪液，比如说，若将醪液转移进开盖式的储存缸，就会导致乙醇的蒸发与氧气的注入。此外，糖化酶的种类决定了可发酵型糖更多会以麦芽糖（二糖）还是葡萄糖（单糖）的形态存在，这也造成了发酵副产物的风味差异。"

换言之，发酵期间会发生很多事。不过，鉴于四玫瑰对其五种酵母菌株的成功营销，我推测其他品牌也将开始更侧重于宣传自家的酵母——他们也不缺值得一讲的精彩故事。譬如，当老比尔·塞缪尔斯关闭掉其家族酒厂之后，他于美国中西部的某处，妥善保存了属于塞缪尔斯家族的酵母菌。后来，在他创建美格酒厂时，他又把这种酵母找了出来，与其他酵母进行比较测试，包括斯蒂泽尔－韦勒酒厂的原创酵母。最终，老塞缪尔斯的品鉴小组敲定了一款成功胜出的酵母菌，并在美格酒厂使用至今。至于脱颖而出的究竟是哪一种酵母，这要取决于你去问谁。然而，美格从未在营销中炒作过这则故事。

波本酒厂倒都非常热衷于吹捧其水源的水质。事实上，阅读一份肯塔基波本的宣传册后，你会以为肯塔基的水，仿佛生命之精华，能使无论男人或女人都更加健壮。来听听肯塔基旅游部（Kentucky Department of Travel）这一州立官方机构的说辞："即便可能未经科学证实，但大家都普遍相信，过滤纯净的肯塔基石灰岩水，赋予了该州纯血马竞争优势，使其频繁成为赛马界的赢家。"凭什么让科学来妨碍讲述一个这么好的故事？

肯塔基同伊利诺伊、印第安纳、俄亥俄、田纳西等诸州一样，享有可追溯到古生代时期（约距今 5.7 亿年至 2.45 亿年）的地下含水层，这是事实。但肯塔基州通过对溪水、泉水与河水的开发利用，更早实现了这些通过石灰岩过滤的水源的商业应用。流经石灰岩的水，被滤除了多余的矿物质和铁元素，使水质非常适合用于生产威士忌，这便是很多酒厂纷纷选在肯塔基州安家落户的主要原因之一。如今，酒厂并不直接从湖泊或溪流中取水送入蒸馏器，他们必须先要净化水质。目前，大多数酒厂设施内都建有净化系统，但最初的选址理由，则是该地临近优质且洁净的水源。一些坐落在市区范围内的酒厂，如位于路易斯维尔市的伯恩海姆酒厂或百富门酒业（注册编号为 354）的主酒厂，就直接将城市自来水用于蒸馏。美格酒厂的丹尼·波特说："把水加入发酵醪之前，我们会先做一次炭过滤，所以，

肯塔基州享有经过石灰岩过滤的得天独厚的水资源。哪怕是从如图所示的露天水源取水，州法律和联邦法律仍然要求进行工业标准的过滤。大多数酒厂会在厂区内再次过滤生产用水。

它早就被充分消毒、清洁过了，甚至远超正常饮用水的标准。炭过滤的效果是，我们除掉了这些水中任何可能存在的味道或气味。"

经过石灰岩过滤又再度被净化的水，通过酒厂的输送泵，与玉米、发芽大麦和酵母一道，差不多同时被加入发酵缸。待到缸内被填满至一定程度时，蒸馏师再添加次要谷物（如黑麦或小麦）和"逆流液"。所谓的逆流液，也时常被酒厂的人称为"废料啤酒"（spent beer）或"酸醪"，是指上一次蒸馏残留下来的一种稀薄如牛乳状的特制液体，有助于加速发酵的开始。借助回加逆流液的办法，蒸馏师得以将上一次发酵产生的谷物风味和酵母风味，添加到当前的发酵之中。另外，这道工序还减少了细菌感染的可能。由于谷物的高糖分与高淀粉含量，原本会导致发酵醪液的 pH 值增高，"逆流"则可以调低 pH 值，起到中和酸碱度的作用，而适当的酸碱度就能抑制细菌的生长。当然，蒸馏师也可添入食用级的酸类，以降

# 1973 年的老祖父酒厂的酵母繁殖流程

在现已关闭的"老祖父酒厂"（Old Grand-Dad Distillery）的一份运营报告中，对如何制作用于波本发酵的酵母，这里有着逐字描述。这套做法，至今都未有多少改变。

1. 在每平方英寸承受 15 磅力（15 P.S.I.）的压强条件下，对作为培养皿的试管消毒 1 小时。

2. 抽取填满容器内 15 英寸高度的水，然后加热至 120 华氏度（约 48.9 摄氏度）。

3. 在搅拌的同时加入指定量的发芽大麦。

4. 继续搅拌并加热至 145 华氏度（约 62.8 摄氏度），然后静置 1 小时。

5. 测量培养液中种子酵母的数量，并在报告上做记录。

6. 冷却至 128 华氏度（约 53.3 摄氏度），接着再加入 3 美制加仑（约 11.36 升）的乳酸菌群。

7. 搅拌均匀，取样，测量波林糖度，在报告上做记录。

8. 以 128 华氏度（约 53.3 摄氏度）静置 7 小时。

9. 再过 4 小时后，移除乳酸菌群。

10. 待到繁殖酵母的培养液呈理想的酸碱度——pH 值呈 2.8 至 3.0 之间时，通过加热至 235 华氏度（约 112.8 摄氏度）完成巴氏杀菌，并在该温度下静置 1 小时。

11. 立即冷却到指定的温度，并进行酵母接种（到种子酵母罐）。

12. 搅拌均匀，再次测量波林糖度，然后记录结果。

13. 为使酵母充分工作，需把温度保持在 86 华氏度（30 摄氏度）以下。

14. 照此继续，直至（种子酵母罐内的醪液）含糖量正好比目标波林糖度值的一半低两个糖度。此时此刻，将种子酵母（的醪液）冷却至60华氏度（约15.6摄氏度），在把酵母正式用于发酵之前，保持这一温度。

15. 使用完种子酵母罐炭之后，先以净水冲洗，然后注入填满罐内60英寸高度的水，并加热至212华氏度（100摄氏度）。静置90分钟，再用泵将水排出所有的管路。

注意：在醪液已被接种过酵母培养物之后，千万不要使用蒸汽提高温度。

已遭长期废弃的国民酒业时期的老乌鸦酒厂（即20世纪下半叶的老祖父酒厂）废墟（陈年仓库）/ Photo by 谢韬

低 pH 值，但对波本生产者而言，采用逆流液的办法无疑更加经济和传统。

在伯恩海姆酒厂，等蒸馏器把酒精成分彻底转化成酒精蒸气后，对逆流液的收集就开始了。残余的醪液都会因重力作用而落到蒸馏器的底部，然后被送入进行固液分离的区域。"这就像一个简单的筛板，我们让醪液尝试通过它。"丹尼·波特解释，"一部分的纯液体会穿透筛板而顺利落下，再汇集到我们专门准备的逆流液储存缸中，剩余无法穿过的谷物残渣及水的糊状混合物，会沿筛板流入另一个缸状容器，在那里，它们要么等着被农户领走（用作牲畜饲料），要么经过中和处理之后，再被排入下水道。"数小时以内，通过上述过程所收集的逆流液，就会被用泵送入发酵缸或糖化锅内。但偶尔也有不用逆流液的时候，这便体现出运营一间自动化酒厂的好处了。波特继续说："这种情况倒不常发生，因为我们都要遵守酸性发酵醪的生产规范。不过，一些罕见的情况下，如果某批逆流液有很高风险会招致细菌感染，你就必须倒掉它。"

在理想状态下，酒厂的人希望发酵缸内的 pH 值为 5.4，逆流液的 pH 值为 3.7 左右——取值范围在 0 至 14 之间（pH 值等于 7 时，即为酸碱度呈中性）。许多酒厂会设法让发酵缸内的 pH 值保持在 4.8 至 5.4 之间。在伯恩海姆酒厂，当整批发酵醪液的 pH 值都低于 3.7 时，就亮起了危险信号：出现这种状况时，醪液的酸性太强，不单增加了污染的风险，还会损害酵母，从而引发令人不悦的风味。如果发酵醪液的 pH 值很低，倘若再加入 pH 值徘徊于 3.5 左右的逆流液，将进一步降低酸碱度 pH 值，从而急剧增加细菌感染的可能。届时，一名守在电脑屏幕前、全盘操纵着每个发酵步骤的酒厂工人，只需按下一个标识为"水性发酵醪"（water mash）而非"酸性发酵醪"的按钮，随后，中性的纯水就会被注入发酵缸内。"我们在使用逆流液时试图有所节制，至少不如过去那样频繁了，"波特告诉我，"某些时候，逆流液的办法根本不适用，比如在酒厂长时间停工之后，你才刚刚重启它时就没有逆流液可用，你只能被迫用水。在创造营销术语这一方面，有些酒厂很能润色，他们管上述情况叫'甜性发酵醪'（sweet mash），但这只意味着：他们用纯水替代了逆流液。一般来说，人们不会故意这么做。"

另一名伯恩海姆酒厂的工人，守在所谓的"井口室"（Head House）里，密切关注着水性发酵醪的醪液情况，随时注意降温以确保酸碱平衡，即让 pH 值稳定在 5.4 左右。酒厂都坚持采用酸性发酵醪这种传统技术的另一原因在于，发酵后残余的废液将会被排入城市的下水管道系统（由于采用水性发酵醪时的废液量更多），这就可能导致每月昂贵的下水道账单。

当伯恩海姆酒厂的可控温式的发酵缸内开始冒泡，释放二氧化碳的同时也生成了酒精，或许正如一名伯恩海姆的员工告诉我的那样，"酵母尿出了酒精，拉出了二氧化碳"。发酵的第一天，酵母活性很高，正忙于将淀粉转化为糖类，这时冒泡程度最剧烈，就像一锅煮熟的燕麦片粥。随着发酵的进行，冒泡越来越慢，更不活跃，因为酵母所排出的、冲破液面的气体也越来越少。在发酵的最后一天（通常是第五天左右），醪液看起来就更像一锅清汤了。蒸馏师们喜欢把发酵完的醪液称为"啤酒"，根据他们的需要，整个发酵周期既可短至三天，也可长至七天。人手和橡木桶的充足程度，决定了伯恩海姆酒厂会用多久将谷物原料发酵为蒸馏所需的醪液——行话里说的"蒸馏师的啤酒"（distiller's beer）。总之，发酵的总时长因酒厂而异，但一部分人认为，发酵更久能带给波本更多的果香风味。

一旦蒸馏师的啤酒准备就绪，它就会被用泵送入蒸馏器。与创造波本的其他工序一样，蒸馏在塑造威士忌风味的过程中，也留下了独有的印记。酒厂曾将一模一样的发酵醪液分别注入两组蒸馏器，然后设置完全相同的温度，只是为了确认不同的蒸馏器是否能够产出一模一样的威士忌。事实却是，没有哪两个蒸馏器能蒸馏出完全一样的原酒馏液。每个蒸馏器各有细微差异，所得到的结果都与众不同。

首先需要注意的是，波本一般都是经过两次蒸馏的。爱尔兰威士忌以经过三次蒸馏而闻名，伏特加制作者则会蒸馏多达几十次。传统决定了波本酒厂只进行两次蒸馏，确保保留住一些（谷物中的）植物性油脂。虽然位于肯塔基州凡尔赛市的活福珍藏酒厂使用壶式蒸馏器进行三次蒸馏，但其最终装瓶的产品还融合了来自路易斯维尔市的百富门主酒厂的波本，而后一家酒厂依然在采用传统的连续柱式蒸馏器。

大多数大酒厂使用的是高耸如塔状的柱式蒸馏器，这就是常说的连续柱式蒸馏器，其原型是爱尔兰人埃尼亚斯·科菲（Aeneas Coffey）于 1830 年发明的。科菲先生的设计理念，本质上是利用带孔隙的铜制托盘，在蒸馏过程中去除分子结构较重的油脂类风味物质，这样便可获得酒精度更高的原酒馏液，而且工作效率相比壶式蒸馏器要高出很多。科菲的蒸馏器设计，重新定义了酒精蒸馏这门工艺，这项技术最终传入美国。

蒸馏的原理很简单："啤酒"（发酵完的醪液）被注入蒸馏容器，再加热至沸腾，达到沸点的乙醇就会与谷物和水相分离。每一种化合物都有不同的沸点。甲醇（英文写作 methyl alcohol 或 methanol）是发酵的副产物之一，也天然存在于一些蔬果中。因此，该化合物也将进入蒸馏，并在 148 华氏度（约 64.4 摄氏度）时达到沸点。如果蒸馏的温度始终低于 148 华氏度，将无法获得足够多的蒸馏师所想要的风味物质，甲醇的比例也将增高。人体摄入过多量的甲醇，常常引发视觉神经的损伤或失明。这便是私自从事蒸馏属于非法行为的原因，政府也在严厉打击那些在自家地下室里偷偷制作威士忌的人。所幸，波本酒厂在加热蒸馏器时给足了热量——远高于乙醇的沸点，即 173.1 华氏度（约 78.4 摄氏度），在这一温度值以上，乙醇将全部从液体变为蒸气。一旦沸点偏低的化合物都转化成了蒸气，它们就会被冷却，凝结为液态的"馏液"（distillate）。在采用柱式蒸馏器时，

大型波本酒厂使用连续柱式蒸馏器。如图所示的这一很工厂化的啤酒蒸馏器，能为 MGP 综合原料公司位于印第安纳州劳伦斯堡市的主体酒厂批量生产威士忌。

在纳什维尔市的"海盗船酒厂"（Corsair Distillery），如图所示的壶式蒸馏器能生产很多种威士忌。偏爱壶式蒸馏器的人深信，这些设备能够保留谷物在风味上的细微差异，但也承认它们比柱式蒸馏器更难清洗。

酒厂会再蒸馏一次，以进一步去除甲醇。倘若使用壶式蒸馏器，蒸馏师则会在第一道蒸馏之后，舍弃被称为"酒头"（heads）和"酒尾"（tails）部分的馏液——它们分别产生于蒸馏的开头和结尾阶段，并且酒头中的甲醇含量很高；然后，蒸馏师再对被保留下来的"酒心"（heart）部分的馏液，进行第二道蒸馏。

柱式蒸馏器的内部通常置有 15 到 20 个带孔隙的托盘，它们能从"已发酵完的啤酒"中剥离出酒精，形成酒精蒸气。这一部分的蒸馏柱，被称作"啤酒蒸馏器"（beer still），其主要用途是分离醪液中的固体成分与高浓度的乙醇酒精。离开啤酒蒸馏器后，酒精会进入"啤酒冷凝器"（beer condenser）。在此处，换热器将减慢热力的流动性，使所有酒精蒸气重新转变为液态。这样便收集到了名为"低度馏液"（low wine）的第一道馏液，其度数大致在 90 至 125 美制酒度（45% 至 62.5% 酒精浓度）之间，品质粗糙且不适合直接饮用。

依照大多数的连续式蒸馏器的操作流程，随后低度馏液将被注入第二道蒸馏的容器，即"再馏壶"（doubler）或"暴鸣壶"（thumper）。两者的区别在于：再馏壶只接收冷凝过后呈液态的低度馏液，暴鸣壶则直接接收（未经冷凝的）馏液蒸气。尽管波本酒厂所用的柱式蒸馏器的建筑高度，在美国中西部小镇上都勉强可以充当摩天大楼了，但再馏壶或暴鸣壶通常却是一个外观更精巧、体积小得多的壶式蒸馏器，它能进一步去除杂质，进而将低度馏液蒸馏成所谓的"高度馏液"（high wine）。

肯塔基所有主要波本酒厂的柱式蒸馏器，都由旺多姆纯铜及黄铜工艺厂（Vendome Copper & Brass Works）负责制作和翻新。该公司的迈克·谢尔曼（Mike Sherman）告诉我，每当涉及其蒸馏器时，酒厂都不希望有任何改变，即便改变意味着更有效率。举例而言，大多数肯塔基酒厂的柱式蒸馏器的直径，从威凤凰的 60 英寸（152.4 厘米）到野牛仙踪的 84 英寸（213.36 厘米）不等。而美格的三个柱式蒸馏器是迄今为止所有大酒厂之中尺寸最小的，柱宽直径仅为 36 英寸（91.44 厘米）。当美格酒厂进行扩建时，谢尔曼先生曾提议打造一个更大号的蒸馏器，以配合增大产能的需求。"我们试图说服美格，如果换成比直径 36 英寸更大的尺寸，就能让单个蒸馏器的产能翻倍。但他们不愿这么做。"谢尔曼继续说，"他们只想增添另一个一模一样的 36 英寸设备……通常，当有酒厂的人打来电话说，'嘿，我家的啤酒蒸馏器该报废了，我们要重新定做一个'，你根本不必问他们是否要有任何改变，因为答案永远为否。他们想要的，和他们过去

大部分的美国产蒸馏器，都是由肯塔基州路易斯维尔市的旺多姆纯铜及黄铜工艺厂制造的。自从在 20 世纪之初开业以来，旺多姆公司就雇用着专业的焊工和铜匠。铜焊接这门技艺是一项罕见的才能，因为铜是一种要求同时兼顾精细与牢固特质的软金属。

使用的毫无二致。"

　　但旺多姆公司在微型酒厂的圈子——所谓的精馏酒厂行业——里找到了愿意接受实验性尝试的客户。根据美国蒸馏协会（The American Distilling Institute）的规定，只有年销量不超过 52 000 箱（折合为 750 毫升瓶装的 624 000 瓶）的自主经营的独立酒厂，才可以在酒标上使用"精馏"（craft）一词。针对这类酒厂，旺多姆公司打造出了更小号的柱式蒸馏器、半柱半壶式的混合型蒸馏器，以及传统的壶式蒸馏器。"当客户找上门来，我们首先要向他们了解清楚的是，他们想要生产多大的量。更具体一点，

巴顿（Barton）1792 酒厂的一间陈年仓库里，堆砌着的橡木桶一直延伸到目所能及的尽头。在陈年威士忌这方面，每家酒厂都有自己的方法，如图所示的就是一间全天然（气候）型的仓库，只有偶尔打开窗户才能调节室温。

他们打算每年或每天生产多少箱，或者说多少标准美制酒度加仑的量。酒厂建成多大的规模。一旦我们对客户所希望的产量有了清晰认识——这不光是指酒厂开始运转的第一年，还包括后续的第二年、第三年、第四年，总之，他们得做出一个商业规划——然后，我们才会最终确定蒸馏器的尺寸大小，这样，他们酒厂的产量才能逐渐达到该设备的上限。"谢尔曼先生解释，"大部分小型酒厂都在使用壶式蒸馏器，但他们之中也有越来越多人开始选择更小巧的连续式蒸馏设备。"

　　与野牛仙踪酒厂的直径84英寸的连续式蒸馏器相比，小型酒厂所使用的柱式蒸馏器，则通常直径为12至24英寸（30.48至60.96厘米）不等。但无论具体的尺寸大小，柱式蒸馏器在运转时都比壶式蒸馏器具有更稳定的一致性。在很多方面，柱式蒸馏器就如同配备给蒸馏师们的自动驾驶仪：当蒸馏师按自己的意愿设定好设备参数，并注入加热的蒸汽以后，余下的都将自动运行。壶式蒸馏器的运转，则更多依赖蒸馏师的亲手操作，才可保持馏液的顺畅流动。

　　倘若选用壶式蒸馏法，酒厂会配置两个蒸馏壶，一个叫作"酒醪蒸馏器"（wash still），另一个叫作"烈酒蒸馏器"（spirit still），两者都在壶底采用蒸汽盘管（steam coils）或者直火加热。酒醪（wash），即行业术语中的"蒸馏师的啤酒"，被注入蒸馏壶并加热煮沸，随后所形成的酒精蒸气先后通过蒸馏器上方狭窄的颈部以及一部水冷式的冷凝器。这种冷凝器名为"虫桶"（worm tub），其造型就像一条自上而下蜿蜒盘旋的铜蛇。虫桶冷凝器将蒸气冷却，就得到了低度馏液；接着注入容量更小的烈酒蒸馏器，进行第二道蒸馏，再度经过冷凝，最后获得高度馏液。如果在第一道蒸馏时就使用了柱式蒸馏器，所收集到的低度馏液已很接近于蒸馏师的目标酒精度数，尽管如此，继续用壶式蒸

美国首屈一指的铜制蒸馏器制造商、工匠作坊式家族企业旺多姆纯铜及黄铜工艺厂的内景 / Photo by 谢韬

# 无可替代的铜

所有的优质蒸馏器都由铜制成。

打造早期蒸馏器的人就懂得使用铜，因为他们意识到，铜能在最大程度上减少蒸馏所产生的不良气味。后来人们发现，科学也证明了这一事实的真相：铜可以避免硫黄类和硫化物进入原酒馏液。

依据研究铜制蒸馏器在苏格兰威士忌业运用的《酿造研究所期刊》（*Journal of the Institute of Brewing*）的说法，威士忌中含有的活性硫化物主要为二甲基三硫醚（英文简称为 DMTS），这种化合物的气味就像腐烂的蔬菜。该期刊曾于2011年总结道："与烈酒蒸馏器配套的冷凝设备中的铜，似乎也在控制硫黄味和肉质类气味这方面发挥着作用，但（我们）至今还不清楚这种效应的机制。这些研究结果表明，如果工业化规模的蒸馏设备中的任一部位去除了铜，都很有可能会对蒸馏新酒的风味产生最显著的影响。"

铜还具有防腐蚀性，足以承受在威士忌生产过程中所造成的对金属的冲击，而且铜还是一种上佳的导体，导热性能比其他金属更好。

虽然酒厂有时会使用其他金属来制造蒸馏器，例如不锈钢，但其设备内部能接触到醪液和馏液的部位，始终会用铜。旺多姆公司的迈克·谢尔曼说："每家波本酒厂都在它们的蒸馏系统中使用铜。有些酒厂从啤酒蒸馏器，到酒精蒸气的传输管路，再到配套的冷凝器，最后到整个再馏壶，都是完全铜制。另一些酒厂则将不锈钢用在柱式蒸馏器负责初馏的部位，但其蒸馏器的顶部、蒸气传输管路以及冷凝器等处，依旧采用全铜。"

馏器进行第二道蒸馏，最终的原酒馏液（高度馏液）往往还会有 5 个美制酒度（折合为 2.5% 酒精浓度）范围以内的度数变化。

不管酒厂选择何种蒸馏器，波本的法规都明确规定：完成最后一道蒸馏后的原酒度数，不得超过 160 美制酒度（80% 酒精浓度）。但实际上，大多数酒厂都喜欢把最终的原酒控制在 120 至 140 美制酒度（60% 至 70% 酒精浓度）之间。原酒馏液的度数越低，会保留住越多源自发酵醪液的风味特性和植物性油脂。相比之下，伏特加的原酒度数则为 190 美制酒度（95% 酒精浓度）左右。美国政府之所以将伏特加定义成"无气味""无味道"，正是因为没有多少风味或香气能够残存于高达 190 美制酒度的原酒馏液之中。好吧，让我尽量更客观公正地谈论伏特加——波兰、俄罗斯、瑞典等国的不同生产工艺，的确为各自的伏特加产品赋予了更多细微差异，另外，在美国的烈酒专卖店里，确实有卖品质还不错的伏特加。

一旦结束了蒸馏取酒，原酒馏液就会被加水稀释，然后装入橡木桶中。许多老派的蒸馏师会说，大部分的威士忌风味源于顶尖水准的蒸馏技艺，但当代研究表明他们弄错了。波本的（风味）问题完全在于橡木桶。

## 陈年

刚刚装桶的原酒，原本清澈如水。但木材会改变威士忌的化学成分与颜色，过滤掉不需要的原酒特质，并添加焦糖、香草、椰子、柑橘、果类和你可能想象到的最引人入胜的香气和风味。木材就如同威士忌的一切，一些研究表明，它决定了最终产品风味的 75%。对于一款优质威士忌而言，陈年酒桶的木材种类总是至关重要。

美国的烈酒法规规定，必须使用橡木（来制作陈年酒桶）。但为何是橡木？早期的蒸馏业者曾尝试过其他种类的木材，不过事实证明，橡木更耐用也更不容易漏酒，而且不像某些木质那样会带来硫味和酸臭味。实际上，橡木提供了讨人喜爱的风味和香气，并成为所有威士忌的主要风味标签。

经过大量研究，制桶厂及林业员们已确定，橡木的化学构成对于陈年威士忌而言堪称完美。依照当前全世界最大的制桶厂"独立桶板公司"（Independent Stave Company）的说法，橡木大约由45% 的纤维素（cellulose）、25% 的木质素（lignin）、22% 的半纤维素（hemicellulose）和8% 的橡木单宁（oak tannins）组成——上述比例的实际误差会在几个百分点以内。

如图所示的原木材料，被指定在未来用于制作陈年活福珍藏波本的橡木桶。林业员寻找的是高大笔直的树木，树龄在75 年上下，且所用的木段在4 至 6 英尺（121.92 至 182.88 厘米）的范围内，没有任何结疤或其他缺陷。

他们已经确认，木质素能给威士忌增加香草味特征，同时去除植物气味（类似青草或蔬菜的植物性味道）；半纤维素则带来了焦糖或木糖类的风味。当橡木被烧焦时，呈现香草、香料、吐司、烟熏、椰子、摩卡（咖啡）等各种特征的风味物质，就被锁在木质层中，等待桶内原酒的萃取。

橡木有数个品种，而波本的法规并未硬性规定必须使用何种橡木（来制桶）。但是，美国白橡木，特别是拉丁学名为 *Quercus alba* 的美洲白栎，由于广泛的可用性与成功性，现在成为制作威士忌酒桶的主要木材。然而，很多酒厂目前也在使用由法国橡木——拉丁学名为 *Quercus petraea* 的无梗花栎和拉丁学名为 *Quercus robur* 的夏栎——制成的酒桶，来陈年日常的波

一旦原木材料被切割成桶板木条，它们就会被放置在户外进行风干，或者说"自然干燥"（air-seasoned），以去除橡木桶不需要的木料中的微生物颗粒物质。这一过程的长短因品牌而异，但通常需要6个月至2年的时间。

本酒款。法国橡木的单宁含量为美国橡木的9倍，会赋予波本更辛辣的风味。在陈年实验性的产品时，一些酒厂还会使用蒙古橡木（又称蒙古栎，拉丁学名为 *Quercus mongolica*——译者注）或日本橡木（英文名为 Mizunara 的水楢木，品种及拉丁学名其实与蒙古栎完全相同——译者注），但这种特殊橡木的供应源极少，且成本高昂，永远不可能真正流行。事实上，即使是美国白橡木，如今供应源也越来越少。自2012年以来，橡木桶就一直短缺，不光老牌酒厂遭受影响，新生酒厂更难获得用于陈年新的原酒馏液的桶源。

波本的市场需求增加，固然是造成桶源短缺的原因之一，但优质木材的匮乏更是罪魁祸首。波本酒桶所采用的大部分橡木，来自欧扎克山脉（Ozarks）和阿巴拉契亚山脉（Appalachian）的森林地带。在这些地区，暴雨天气会阻碍伐木工进入林区，而寒冬、强风、龙卷风等恶劣天气也会损害有机会用于波本酒桶的木材质量。在为波本酒桶挑选橡木时，林业员会先分析树木的缺陷。树木结疤、断枝，或树身弯曲、树皮脱落等情况都表明，树内的矿物质与水分有被重新定向分配，以弥补这棵树本身的瑕疵。

假如一棵树在暴风雪中损失掉一根树枝，那它就会为了补偿断枝，而重新分配自身的能量。

桶匠们对于用来制作波本酒桶的木材有着如下要求：木段的结疤处之间相距大约 4 至 6 英尺（121.92 至 182.88 厘米）；主枝以下部位必须干净而没有瑕疵；每英寸（2.54 厘米）的树干半径中须包含 10 至 12 道年轮。在旧时，伐木工在砍伐树木时几乎不做挑选，就切割出桶板的原木材料。这种随意性导致出现了不少漏酒的橡木桶，因为木材要么过软要么过硬。今天，具有科学头脑的林业员，开始为波本行业寻找树龄大致在 60 至 75 年的橡木。

"老树的光合作用，不如现在普遍用来制作橡木桶板的 60 至 75 年的树木活跃。"来自与百富门酒业签约合作的木板工厂之一的达纳韦林木公司（Dunaway Timber Company）的林业员约翰·威廉斯（John Williams）说道，"老树中营养素的沉积，会变得缓慢。"[2]一棵有缺陷或年老的树木，其内部伤痕累累，所能产生的木糖物质更少，而这些糖分正是赋予波本丰富的香草、焦糖风味的必要成分。

波本酒桶所需的最理想的原木材料，也备受高档家具制造商们的青睐。全美国共有 20 家木板工厂，为了给橡木桶寻觅到优质木料，这些工厂与私有土地所有者们签订合约，并负责将原木预制成桶板的木条。尽管不缺买家，这些木板工厂却愿意多花费成本，以确保一棵合格的树木被用于制作波本酒桶而非企业高管们的办公桌。

一旦木板工厂将原木切割成 37 英寸（93.98 厘米）长、5.5 英寸（13.97 厘米）宽的木条，这些桶板的雏形就会被露天存放在木板工厂或制桶厂的户外，进行所谓的风干处理。我坚信，这一风干的过程，便是打造能够陈年出绝佳威士忌的橡木桶的最关键步骤。

"所谓风干，实际上我们就是将橡木桶的桶板木条，成堆地堆积在户外，"负责制作绝大多数美国威士忌酒桶的独立桶板公司的老板布拉德·博斯韦尔（Brad Boswell）解释说，"由于存在以进食木料为生的微生物活动，木材会缓慢降解。雨雪等诸多自然元素，也将逐渐滤除掉橡木中的单宁。"

根据我的经验，桶板木条的风干时间越久，威士忌的风味就越复杂。像杰克丹尼和金宾这类日常酒款所用的橡木桶板，一般是风干 6 个月左右；而像活福珍藏这样的高级酒款，则至少会风干 9 个月。一些波本的橡木桶板，在制桶前甚至要经过长达 3 年的风干处理。

风干完后的桶板木条，会用蒸汽加热，以使木质软化，再被手工组装成橡木桶，最终经过特定的烘烤和烧焦处理。波本品牌都在电视广告中吹嘘各自烧焦橡木桶的方法，但事实是，在这道工艺上，所有人的做法都大同小异。所有主要波本品牌的橡木桶，要么采用直接以火焰不间断烤桶大约 45 秒的第 3 级烧焦碳化，要么采用将烤桶的持续时长改为 55 秒的第 4 级烧焦碳化。野牛仙踪酒厂的"实验收藏系列"（Experimental Collection）在 2013 年发售了一款"第 7 级重度烧焦碳化桶波本"（#7 Heavy Char Barrel Bourbon），便尝试过用纯火焰连续烤桶 210 秒（3 分半）的第 7 级烧焦碳化。这款波本的橡木桶内壁，

风干 6 个月与风干 20 个月的橡木桶桶板木条的效果对比 / Photo by 谢韬

已经被烧焦到极限，木材的脆度仅够勉强维持威士忌酒桶的形状。野牛仙踪的蒸馏大师哈伦·惠特利（Harlen Wheately）说，如果再多烤30秒，整个木桶就散架了。

正常烧焦程度的橡木桶，在制作完成的一天之内，就会被装满新的原酒馏液。当威士忌开始渗入木质，通常会穿透桶板75%左右的厚度。"随着酒桶的呼吸，即空气的进出，威士忌的酯化作用被引发，"活福珍藏酒厂的蒸馏大师克里斯·莫里斯（Chris Morris）说，"当我们发现某个橡木桶能带给威士忌浓郁的果味时，我知道这个桶有一部分的橡木，

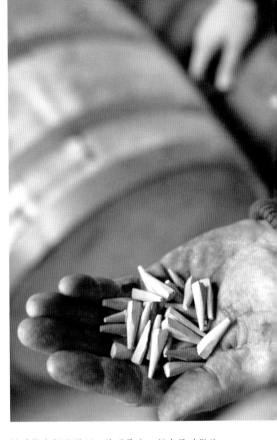

搜寻橡木桶的漏洞，并不是这一行中最时髦的工作。相关专业人士在仓库里走来走去，同时靠嗅觉和视觉去找；假如发现某个桶漏了，那就意味着威士忌的损失。"桶洞猎手"（leak hunters）使用老式的雪松木钉、特制小锤及其他工具，来修复那些人人心爱的橡木桶，防止它们再次漏出威士忌好酒。

是来自生长更快、木质更软的橡树。橡木桶的某部分呼吸越多，用它陈年出的威士忌的果香就越明显。有时候，这一类的桶板更容易漏酒。"

说到漏酒，随着威士忌在橡木桶内陈年，每年会因蒸发失去大约3%至5%的酒液。这些按百分比来计算损失的威士忌，被亲切地称为"天使的分享"（angel's share）。蒸馏烈酒的分子密度比水更小，因此能够穿透橡木层蒸发掉。酒液也会从桶里漏出来，尤其当木材上留有电锯造成的微小裂

肯塔基路易斯维尔市的凯尔文制桶厂（Kelvin Cooperage）内景（烧焦过程）

Photo by 谢韬

## 陈年过波本的旧桶

当把陈年完的波本从桶内清空以后，酒厂将这些使用过的旧桶卖给葡萄酒酿酒师、苏格兰威士忌酒厂、龙舌兰酒厂、啤酒厂和食品生产商。作为波本旧桶的最大食品公司买家之一，塔巴斯科（Tabasco）辣酱的常规产品至少会在肯塔基波本用过的旧桶中陈年 3 年，其珍藏级的辣酱则需要桶陈 8 年。塔巴斯科在广告中宣称，他家产品是依照犹太教饮食规定制作的，鉴于波本业是唯一仍在使用符合犹太教教规的橡木的行业，这家公司的橡木桶都是从威士忌厂商那里购买的。

当这些旧桶抵达塔巴斯科公司位于路易斯安那州的炎热仓库，在装入辣酱以前，工人们需先往桶中注满水，并等水分完全渗出桶外。但在业内众所周知的是，他们（为了偷懒）会把自己已经用的旧桶混入其中。"直到他们被人抓包。"塔巴斯科公司的运营副总裁图克·奥斯本（Took Osborn）如是说。

缝，然后有小虫子顺势钻透这道缝时，或者啄木鸟曾用其坚硬的鸟喙凿打过原木，那么桶板上就会存在制桶厂无法检测出来或肉眼不可见的小孔洞。如有上述情况，威士忌都将慢慢滴到桶外。有时，木材中的糖分会包裹住酒桶出现泄漏的地方，形成一种质地如钟乳石的汁液状焦油层，封住漏酒的孔洞。当酒桶的自然防御机制无法修复漏洞时，酒厂偶尔会聘用人称"桶洞猎手"的特殊技工。这种技工携带着一把边缘锋利到足以轻松刮破木质纤维的 8 盎司（约 226.8 克）重小锤、一大包雪松木削成的木钉，和一根两端分别为圆头截面与细小尖头的不锈钢打孔棒，而最后这一样工具，能将木钉最精确地深深压入橡木桶板以堵住漏洞。假如没有特制小锤、打孔钢棒和雪松木钉这三样简单的工具，漏桶就会漏干最后一滴酒。

漏桶一旦被修补好以后，将非常吸引那些旨在为他们的零售商铺、酒吧或者个人享用目的而购买私人包桶的买家。野牛仙踪的前员工、桶洞猎手安东尼·曼斯（Anthony Manns）注意到，当酒厂在为私人包桶而准备样酒时，取自越是"长相不堪"的桶，结果反倒越好卖。"一个看起来就像地狱般糟糕的桶，相比一个完好如初的桶，所陈年出的威士忌更甜美也更柔顺，"曼斯说，"你不会碰到有多少人会放过一个'遍体鳞伤'的漏桶。"

理论上讲，漏酒的桶中会进入更多的氧气，倘若漏洞未被及时修补，将使每年蒸发损失的酒液比例从 3% 到 5%，陡升至 15% 左右。不过，这真会影响到威士忌的风味吗？"总的来说，通常漏桶并不会漏到足以改变风味的地步，尽管如此，也存在某个漏酒量的上限值，一旦超过这个值，桶内酒液体积与表面积的相对比例的改变，就足以产生影响，"蒸馏大师哈伦·惠特利曾在接受我为《威士忌倡导家》杂志所做的采访时回答，"如果漏掉了半桶的量，伴随着陈年，风味就有变化。"

关于如何邂逅到陈年于漏桶的波本，我希望有办法为你指明一点方向，但当你在商店里选购一瓶酒时，根本无从得知上述信息。我品尝过数百桶的波本原酒，正如桶洞猎手曼斯所言，其中酒质最棒的那些，的确出自表面有磨损痕迹的橡木桶。当然，直接品尝刚从桶中取出的原酒，对味蕾可能会是一种冲击。

原桶度数（barrel-proof）的威士忌原酒，酒精度可高达 140 美制酒度（70% 酒精浓度），同时内含橡木桶在烧焦碳化过程中产生的微小颗粒状的黑色炭渣。你从烈酒专卖店买到某款威士忌产品时，它往往已经被过滤并且加水稀释了。因此也可以说，装瓶度数和过滤方式，对一款波本的风味具有关键性影响。

　　最常见的过滤方式是冷凝过滤（chill filtration）。若选用此法，酒厂会先将陈年过的波本冷却至 18 华氏度（约零下 7.78 摄氏度）左右，然后利用纤维素纸（cellulose paper）这类材质来滤除酒液中的某些醛类、油脂类、蛋白质类和酯类化合物；如果不过滤掉这些物质，当温度较低时，它们便会使瓶内的威士忌变得浑浊，或出现粉笔灰状的絮状物。冷凝过滤或许造成了波本风味的细微改变，但假设酒厂不这么做，就会收到大批退货。因为每当那些不懂行的波本爱好者看见未开瓶的威士忌酒体浑浊时，他们很可能无法理解这是由于含有油脂类风味物质，他们只会要求退货，从此不再购买该产品，并认定是酒的质量有问题。基于这种原因，酒厂才不得过滤波本。酒厂偶尔也不会对装瓶产品进行冷凝过滤，但有这种情况时，他们几乎总会在酒标上标明这一事实。诸如一些四玫瑰的私人选桶、爱利加原桶强度（Elijah Craig Barrel Strength）和乔治·T. 斯塔格，都是装瓶前未经冷凝过滤的波本酒款的范例，你可以很容易发现这些产品的不同。

　　还有其他一些过滤方式，例如只是简单去除桶内焦炭和杂质颗粒的过滤装置。除了冷凝过滤外，活性炭处理过滤（carbon treatment filtration）则是波本最常用的另一种过滤工艺。使用得当的话，这种活性炭过滤法既可以去除杂质，又不会带走任何酒精成分。活福珍藏和天使之翼（Angel's Envy）都选用了活性炭处理过滤，这两个品牌的波本，都能够在有效滤除原酒中不想要的风味特性的同时，不改变所含乙醇（酒精）的百分比。

　　很可惜，各家品牌从未在营销中对过滤方式大力推广。这确实是个遗憾，因为有些威士忌在真正意义上便可视为其过滤系统的产物。举例来说，酩帝诗酒厂就拥有一套最先进的过滤设备，而正是该系统使其装瓶的威士忌，非常不同于向他们供应原酒的那些酒厂的出品。酩帝诗的已故蒸馏大师威利·普拉特（Willie Pratt），有办法既能避免在产品中出现浑浊的絮状物，又保留住会引发这种浑浊现象的主要风味物质。他曾经尝试用 32 种方法去过滤同一款黑麦威士忌，然后再品尝采用不同方法得出的样品，结果每一种都像一款独特的产品。另外，酩帝诗的威士忌，喝起来就仿佛它们从未被过滤过一样。尽管如此，这家酒厂并未在酒标上谈起他们在这方面的独特工艺。

我发现，威士忌公司明明可将其产品所涉及的真实技术作为营销谈资，却往往选择回避，他们反倒喜欢引用诸如"肯塔基州"或者"手工精馏"这样的浪漫概念，因而，也引发了有关技术到底在威士忌生产中处于何种地位的激烈辩论。就我看来，假如依赖技术就能使威士忌的品质变得更好、更稳定，那么我要为高科技过滤系统和自动化酒厂高呼万岁！

将陈年完的波本酒液从橡木桶中倒出时，会伴有焦炭渣，后续需进行过滤处理。
Photo by 谢韬

在爱汶山酒业的一间传统制式仓库里，陈年着波本的酒桶享受着巴兹敦镇上的一抹阳光。每个桶内的酒液每年会因蒸发而损失掉其容量的 3% 至 5%，这些份额被称作"天使的分享"。

# 陈年仓库

货架式的波本陈年仓库，英文名称通常写作 rick warehouse、rackhouse 或者 rickhouse。在肯塔基州，极少能闻到比置身于这类仓库面前和内部时更美妙的气味——空气里弥漫着橡木、香草、椰子、焦糖与香料的气息。倘若这些波本的芳香不至于导致酒驾（指控）的话，酒厂们可能会制作出这种仓库香味的车内空气清新剂。

这类由厚实木梁和坚固木地板所组成的19世纪风格的美丽建筑，遵循每层楼可垂直堆放三个桶的标准，最多能存放九层楼高的橡木桶，且进深足以容纳十多列的桶架。不过，仓库建筑的具体制式会因酒厂而异。某些酒厂如金宾，外墙采用铝皮的壁板。另一些酒厂像野牛仙踪和 MGP 综合原料公司，更偏爱旧式的砖墙或石墙。有的酒厂选择开窗以增强仓库内的空气流通；有的则为了控制室温而保持窗户紧闭。

这些陈年仓库既像是科学产物，又充满神秘色彩。它们作为活生生、会呼吸的酒桶的住所，决定着波本的风味轮廓。四玫瑰酒厂采用单楼层的仓库，因为这样会使威士忌的陈年结果更一致，而金宾及其他酒厂则更青睐多楼层的仓库，并承认位于仓库顶部的第七层的陈年环境明显要比最底层更为炎热，因此上下楼层产出的威士忌也不同。活福珍藏酒厂和野牛仙踪酒厂会严格控制仓库的温度，从不让仓库过热或过冷。

肯塔基州反差强烈的极端气候，促使威士忌酒液渗入橡木桶内壁的更深处，而酒桶本身会在夏季膨胀，在冬季收缩。偶尔，桶内的压力变得如此之大，导致桶塞会自行弹出。酒桶在仓库内所处的具体位置，也影响着它所承受的压力大小。仓库之中存在所谓的"宝藏角落"（honey holes），满足最适宜威士忌陈年的冷热温差条件。

在金宾酒厂，传奇的蒸馏大师布克·诺埃称第七层到第九层为仓库的黄金区域，因为这部分的陈年效果更加稳定。诺埃先生的理论是，个性更鲜明的风味来自仓库的上层。直至不久之前，这些理论还仅仅于蒸馏师之间代代相传，而如今，他们已在对此进行切实的研究。

野牛仙踪酒厂将"编号 X 仓库"（Warehouse X）作为研究不同类型仓库的陈年效果的实验室。这座迷你型的砖混结构仓库，最多只能存放 150 个橡木桶，但其内部空间又分割为四个独立的小间，允许通过设置变量来测试不同的陈年方法。这些变量包括自然光照、仓库温度、气流和空气湿度等。

自从野牛仙踪于 2013 年开始上述研究性的尝试以来，肯塔基大学也投入精力针对橡木桶陈年开展独立研究。波本的陈年，曾是一种奥秘，现在则为一门科学。

肯塔基的波本仓库，也被称为货架式陈年仓库，是所有魔法的发生之处。刚装入橡木桶的威士忌原酒，就像从你家水龙头流出的净水一般透明清澈，随着酒液在橡木层里进进出出，它获得了酒色，并塑造出风味。

野牛仙踪酒厂内的"波本庞贝"（Bourbon Pompeii）——
19世纪 O.F.C. 酒厂遗址——正在修复中的纯铜制发酵槽
Photo by 谢稆

# 蒸馏季节

很久以前，大自然决定了蒸馏季节，通常是从当年9月到次年6月。那时候，酒厂从湖泊和其他地表水源处抽取冷水，然后将水注入酒厂的冷凝过滤和设备冷却系统。夏季的气温让水温变热，远超80华氏度（约26.7摄氏度），为了在每年7月和8月也可利用自然的水源，酒厂需要先对其进行冷却处理。"随着制冷器和冷却塔的进化，这只是一个你愿意花多少钱来保持这些设备的运转，以确保酒厂继续工作的问题，"美格酒厂的蒸馏大师丹尼·波特说，"在夏季，为了让制冷设备维持运转，的确要多花一点钱，因为它们必须运行得更加费力。"

现今，酒厂们也愿意为生产威士忌投入额外的资金。由于市场需求的增加，大多数酒厂一整年都保持着每周6或7天的运转。更精良的蒸馏设备能有助于酒厂避免火灾风险，并尽量降低蒸馏房内令人汗流浃背的高温。一些酒厂甚至增加了一轮夜班，使蒸馏器在夜间也能不间断地运作。波特说："调整到每天有三轮班次以后，你知道，基本上这相当于我们新增了每天多装320个橡木桶的产能。"

按现代标准，每年酒厂暂停运营的周期为两周到一个月。在停工期间，工程师们会修整蒸馏器，调试软件程序，同时让酒厂工人享受急需的休息。

但是，夏季的威士忌生产效率完全比不上冬季。"毫无疑问，生产威士忌的最佳时间还是在冬季，因为你不会让酒厂设备承受同样重的负荷。"波特继续说，"（冬季的）发酵也更容易维持稳定，但实际上，如果你选对了合适的设备，这并没有太大区别。"

# 新世纪波本

40年前，假如波本蒸馏师试图用旧桶去陈年波本，那么他们将会失去工作。但今天，如果某位蒸馏师不在旧桶陈年这方面有所尝试，他则可能失业。受到苏格兰威士忌业的"过桶"（barrel finishing）项目的影响，美国大多数主流蒸馏师现在也用旧桶来二次陈年波本，以推出实验性或限量版的酒款，而这些使用过的橡木桶，往往源自欧洲。金宾酒厂就发售过用雪利桶来再次陈年波本的"蒸馏大师杰作"（Distiller's Masterpiece）酒款；由爱汶山酒业推出的"帕克遗产传承系列"第五版（Parker's Heritage Collection Fifth Edition），则以把10年酒龄的波本放入法国干邑旧桶中二次陈年为亮点。

"帕克遗产传承系列"第五版
© 爱汶山酒业

野牛仙踪和活福珍藏也发售过几款"过桶"产品。作为年度酒款"大师收藏系列"（Master's Collection）中的一员，活福珍藏"四木"（Four Wood）是这一系列在2012年推出的第七版，该酒款采用枫木桶、波特桶和雪利桶进行再次陈年，创造出几乎很难存在于波本中的令人难以置信的复杂风味。虽然以上的例子都是特别发售的酒款，但这股新兴的过桶热潮也催生了某些主流产品：美格就在现有的橡木桶内，添加经过烘烤处理的法国白橡木板条，由此创造了"美格46号"（Maker's 46）这一常规酒款。

由2013年离世的前活福珍藏蒸馏大师林肯·亨德森（Lincoln Henderson）与其子韦斯·亨德森（Wes Henderson）所创造的"天使之翼"，也许是最有名的过桶酒款：它用波特桶二次陈年了6年酒龄的波本威士忌。"天使之翼"在酒标上标有"肯塔基纯正波本威士忌"（Kentucky Straight Bourbon Whiskey）的标签，从而引发了"波本纯粹主义者"们的强烈不满。如果一款威士忌被放进旧桶陈年，你怎么能够称其为波本呢？

关于这个问题，林肯·亨德森年轻的孙子，凯尔·亨德森（Kyle Henderson）有着自己的答案。"人们看到波特（port）这个词，就认定我们只用波特桶来陈年。但我们的威士忌有95%的陈年时间，其实是在烧焦处理过的白橡木桶中度过的。它符合波本的所有规范。我们唯一所做的不同，是增加了一道过桶的工艺，"小亨德森解释说，"（联邦政府）已为我们开了绿灯，我们并不想要误导他人，在酒瓶上的明显位置，也清楚写明了我们在做的事情。我们没有试图绕过规则，只是努力做到特立独行。"

# 第三部分

## 品　鉴

PART THREE

# 第四章
# 如何品饮波本

*Chapter Four*
*How to Taste Bourbon*

波本并不意味着使人望而却步。但你确实可以借助一些品鉴方法，来帮你更快辨识出各种香气和风味的细微差别。

当我为烈酒竞赛评选波本，或为杂志撰写酒评时，我会先分析酒液的颜色。酒色越深，意味着威士忌陈年越久，酒精度数也越高。威士忌在橡木桶中每度过一年，颜色便会更深一点。为降低酒精度数（或浓度）而加入的水越多，威士忌被稀释得也就越多，颜色也变得越淡。我为威士忌的酒色评分时，会着眼于它看上去的活力和丰满程度，还有当旋转晃动酒液时偶尔所展现出的色调。

评完酒色后，我会旋转晃动杯中的波本，以便分析"挂杯"（legs）。在葡萄酒的世界里，挂杯有时也被称作"葡萄酒的酒泪"，因其在顺着杯壁流淌下来的时候形似眼泪。挂杯或者说酒泪，是吉布斯 - 马兰戈尼效应（Gibbs-Marangoni effect）所具有的特征，成因是由于蒸发而产生的流体表面的张力。就葡萄酒而言，挂杯越明显，表明了含糖量越高；但对波本来说，它则预示着酒款的个性和复杂度，能使人略微看出，有多少油脂类的风味物质在通过蒸馏和过滤之后被保留下来。根据威凤凰酒厂的长年蒸馏大师吉米·拉塞尔（Jimmy Russell）的观察，波本的挂杯时间越久，其风味就越浓烈。我还发现，每圈挂杯的印迹之间的间隔越短，从威士忌的香气到

JUST ADD BOURBON

波本自有办法在阳光下闪闪发光。由于每次都使用烧焦过的全新橡木桶去陈年，在日落或日出时分，波本都会被映衬出令人难以置信的美妙颜色。图中所示的是专为品鉴威士忌而量身打造的格伦凯恩（Glencairn）酒杯。

尾韵，就越富有层次与个性。话虽如此，我也喜欢过几乎没有任何挂杯的波本，所以分析挂杯这一现象，更多只是一种观察，而非一种评分方法。

端详完波本的挂杯，我就将鼻子探入杯中，同时张开嘴，开始细闻。保持嘴巴张开，你会使自身的嗅觉腺体得到放松。我们要承认现实：波本在一定程度上会刺激你的嗅觉，尤其当你在面对度数超过 100 美制酒度（50% 酒精浓度）的酒款时。通过张嘴，你的身体上便有两个可以呼吸氧气的进出口，这样你的鼻子就不会单独吸入大量刺鼻的酒精气味。这一方法也能使你真正专注于品评香气。

当你足够相信自己的嗅觉能力，就有可能在你的某杯威士忌中发现这些香气。

然后，我亲口品尝，体会威士忌酒液带给舌头的感受，并密切留意它触及我上腭的位置。已故的伟大蒸馏大师戴夫·皮克雷尔曾告诉我，风味触发在上腭中的具体位置，是他在甄选威士忌进行装瓶时的决定因素之一。"我不喜欢来自上腭后部的灼烧感。"逝世于 2018 年的皮克雷尔曾这样说过，而他在生前，先后担任过美格、口哨猪（WhistlePig）和希尔洛克酒厂的蒸馏大师。除此以外，我自己也喜欢寻思：这款酒入口后的味道是否与闻香时的香气相称？又或，是否感到酒精仿佛在舌头上自行燃烧？酒精的灼烧感当然并不受青睐；你更想要的是享受威士忌的味道，而非体验一个萦绕在唇齿之间的艰涩噩梦。如果你不习惯于纯饮烈酒（所谓"纯饮"的意思是，既不加冰也不兑水），我建议你还是加一些水或者一小块冰，这样你的舌头就不至于感觉烧得太厉害。品饮威士忌应当是一种愉快的体验，而非一次痛苦的经历。尽管如此，酒精的灼烧感仍有别于属于香料风味的辛辣感，而后一种特点，则多出现于大多数以黑麦为次要谷物的波本。

波本的酒精灼烧感往往发生在酒液流经舌头中央的时候，仿佛被 1 节 9 伏电压的电池（相当于 6 节普通 5 号电池——译者注）给电了一下，刺痛感一直延续到舌根。而香料辛辣感，则是一种舌头微微发麻的体验，就像吃辣椒时的辣感。一旦你习惯了烈酒展现在舌头上的口感，并能理解灼烧感与辛辣感之间的不同，那你就有能力去品评分析波本的微妙之处。

| | | |
|---|---|---|
| Allspice<br>多香果（西班牙甘椒） | Bleach<br>漂白剂 | Cigar box<br>雪茄盒 |
| Anise<br>茴芹（洋茴香） | Blueberry<br>蓝莓 | Cilantro<br>芫荽叶（香菜叶） |
| Anise seed<br>茴芹籽 | Brown sugar<br>红糖 | Cinnamon<br>肉桂 |
| Apples<br>苹果 | Butterscotch<br>奶油糖果 | Citrus, general<br>柑橘水果 |
| Apricot<br>杏子 | Campfire<br>篝火 | Citrus, lemon<br>柑橘属黄柠檬 |
| Baked and fried pie crust<br>烘烤和油炸的馅饼酥皮 | Caramel<br>焦糖 | Citrus, lime<br>柑橘属青柠 |
| Bananas<br>香蕉 | Caraway<br>葛缕子籽（藏茴香籽） | Citrus, orange<br>橙子类柑橘水果 |
| Basil<br>罗勒 | Cardamom<br>小豆蔻 | Clove<br>丁香 |
| Bay leaf<br>月桂叶 | Cedar<br>雪松木 | Cocoa<br>可可粉 |
| Bell pepper<br>甜椒（灯笼椒） | Celery<br>西芹 | Coconut<br>椰子 |
| Black pepper<br>黑胡椒 | Cherry<br>樱桃 | Coffee<br>咖啡 |
| Blackberry<br>黑莓 | Chocolate<br>巧克力 | Coriander<br>芫荽籽（香菜籽） |

Corn
玉米

Green pepper
青椒

Mint
薄荷

Cornbread
玉米面包

Heated caramel syrup
加热了的焦糖糖浆

Mustard
芥末酱

Cornmeal
玉米面粉（玉米面）

Herbs
药草

Nutmeg
肉豆蔻

Crème brûlée
焦糖布蕾

Honey
蜂蜜

Oak
橡木

Crushed grapes
捣碎的葡萄

Lavender
薰衣草

Oatmeal
燕麦片

Cumin
孜然（小茴香）

Leather
皮革

Orange
橙子

Dill
莳萝

Lemon zest
黄柠檬皮

Orange juice
橙汁

Eucalyptus
尤加利（桉树）

Licorice
甘草

Oregano
牛至

Fennel
茴香

Lilac
丁香花（紫丁香）

Pan-melted caramel
在煎锅中融化的焦糖

Fenugreek
胡芦巴

Mace
肉豆蔻皮

Parsley
欧芹

Floral
花香

Malt-O-Meal
美多麦牌即食谷物麦片

Pear
梨子

Fresh-baked biscuits
刚烤好的饼干

Maple syrup
枫糖浆

Pecans
山核桃

Fresh-baked bread
刚烤好的面包

Marjoram
马郁兰

Pepper
胡椒

Geranium
天竺葵

Marijuana (yes, really)
大麻（是的，没错）

Peppermint
胡椒薄荷

Ginger
姜

Marzipan
杏仁蛋白软糖

Petrol
汽油

Pine
松木

Sassafras
檫木

Wheat
小麦

Pineapple
菠萝

Savory
香薄荷（留兰香）

White pepper
白胡椒

Pink pepper
粉红胡椒（加州胡椒）

Sesame
芝麻

Plum
李子

Sweaty gym socks
有汗味的健身袜

Poppy
罂粟花

Tarragon
龙蒿

Praline
果仁糖夹心

Tea
茶叶

Pumpkin pie
南瓜馅饼（南瓜派）

Thyme
百里香

Raisins
葡萄干

Toasted nuts
烘烤过的坚果

Raspberry
树莓（覆盆子）

Tobacco
烟草

Rose petals
玫瑰花瓣

Toffee
太妃糖

Rosemary
迷迭香

Turmeric
姜黄

Rye
黑麦

Turpentine
松节油（松脂）

Rye meal
黑麦面粉

Vanilla
香草

Saffron
藏红花

Varnish
清漆

Sage
鼠尾草

Walnut
胡桃

如果你真的想让自己品鉴波本的嗅觉能力更上一层楼，就去你当地的天然食品杂货铺买回一些香味物质，然后边闻边训练自己的嗅觉。

　　波本的风味特征，倾向于由橡木桶陈年和谷物比例配方这两个因素所主导。换句话说，这些就是我们身为品酒师，在品鉴波本时所能识别与对比出来的最有共通性的风味要素。举个例子，年轻一点的波本会有更多谷物的风味；而如四玫瑰这样的所含黑麦比例偏高的波本，则通常带有一种易于识别的肉桂风味。另外，在至少桶陈两年的波本里，你总能找到一种风味，那便是焦糖。假如你在一款纯正波本中品不出任何焦糖味，那它一定有所缺陷。烧焦处理过的橡木桶，为每一款波本都赋予了焦糖和香草的气息，即便是那些劣等货。

　　至于你在波本中发现的细微差别，这就是使它变得有趣的地方。你的品饮感受可能与你的朋友截然不同。在威士忌专业人士圈内，我们所有人往往都能品出某些显而易见的相同风味，例如谷物、焦糖、肉桂、肉豆蔻和香草；但我们在辨识那些更为复杂的风味时，却彼此大相径庭。《肯塔基波本鸡尾酒之书》（*The Kentucky Bourbon Cocktail Book*）的作者、传奇调酒师乔伊·珀赖因（Joy Perrine），发现老福里斯特波本具有香蕉的风味。珀赖因曾生活在加勒比海地区，会亲手采摘热带水果并直接食用，她的味觉以及她对香蕉的认知，当然和我非常不同。我的同事马克·吉莱斯皮（Mark Gillespie）则在陈年更久的波本之中，频繁辨识出了正在冒着烟的篝火气息，而我只将其描述为烟熏味。为何偏偏是冒烟的篝火呢？这是个好问题。马克在小时候经常到户外露营，所以便能有效分辨出他所闻到的烟熏味的具体种类。至于我呢，我从小在农业区长大，饲养过猪和马。我能详细描述出某种谷物类的风味，如果它令我回想起了我曾经用来喂马的甜饲料。在我的品鉴笔记里，可能还会提及我儿时很爱嚼的杰瑞快乐牧场（Jolly Ranchers）牌水果糖。

也就是说，作为品酒师，除了相信自己的直觉之外，我们别无选择。你的味蕾与记忆是相互交织在一起的，而波本则会挖掘你的味蕾记忆。如果你辨识出了饼干和肉酱汁的味道，先务必找办法把它记录下来，但随后也要再挑战自己，进一步确认该味道的细节特征。是饼干配上加了胡椒的猪肉酱汁？还是饼干搭配更清淡的少盐肉汤汁？当你在品鉴某样东西的同时也在真正思考它时，你会惊奇地发觉，自己的脑海中是多么容易浮现出各式品鉴笔记。

等你完成了对口感部分的品鉴，最后就只剩评估尾韵了。所谓尾韵，是指把威士忌咽入喉咙以后，所留给你的感受。如果你饮尽了一杯威士忌，却没有感到灼烧感，这就代表着柔顺的尾韵。有时候，尾韵中会带有一些微妙的末段风味，实际上这时威士忌已经滑入食道了，但你的舌头仍会捕捉到这些最后的风味；一般来说，它们在品鉴一开始时的识别度也最高。这些风味在舌头上持续的时间越长，代表尾韵的表现越好。

# 我的评奖标准

以下一部分内容最初曾发表在 FredMinnick.com 网站。

作为旧金山世界烈酒竞赛( San Francisco World Spirits Competition )的一名评委，我对评委团在为烈酒评奖这方面所做的工作感到自豪。实话实说：我们会颁发出非常多的奖牌。但倘若一款酒获得了双金牌的奖项，那么对我们评委而言，它一定是芳醇可口的。当我在给烈酒产品颁发奖牌时，如下是我的评奖标准：

---

**没有奖牌（ No Medal ）** ............... 不能代表该酒类

**铜牌（ Bronze ）** ............... 能恰当代表该酒类，没有令人反感的风味

**银牌（ Silver ）** ............... 风味不错

**金牌（ Gold ）** ............... 风味非常不错

**双金牌（ Double Gold ）** ............... 风味极佳

**同类别最佳（ Best of Class ）** ............ 达到优异的星级品质，并且其风味轮廓为自身的类别定义了杰出标准（例如，最佳小批量波本）

**同酒类最佳 (Best of Category)** ....... 在自身所属的酒类之中具备了超乎寻常的复杂性（例如，最佳波本）

**最佳烈酒( Best of the Spirit )** ............... 人生中你一定要尝试一回的那种产品( 例如，最佳威士忌 )。如果你是一名语法爱好者，你可能不禁想知道：加 "e" 和不加 "e" 的威士忌，彼此有区别吗？

# 更容易接受波本的窍门

在各式品鉴课堂上，我经常发现有人在尝了一口波本之后，做出个鬼脸，接着说："啊，我没办法接受这个。"对他们而言，波本的酒精度实在太高了。让我们面对现实吧——波本的装瓶度数至少有80美制酒度，或者说40%酒精浓度。假如你在品饮一款100美制酒度（50%酒精浓度）的烈酒，那么你喝入口的半数酒液都是纯酒精，当你第一次尝试它时，就仿佛像在你的舌头上放鞭炮。正如你要在走路之前先学会爬一样，你也不可能立即去喝直接从橡木桶里倒出的波本。

1. 从味道更容易令你轻松接受的低酒精度的波本开始尝试。我最喜欢的入门款波本是巴兹海顿（Basil Hayden's），因为它以80美制酒度（40%酒精浓度）装瓶，并有一些细腻的风味。

2. 兑水和加冰。这样做，显然稀释了酒精浓度，但也降低了酒液温度，使你的舌头能够重获专心致志于品鉴的知觉。

3. 当你在闻香时，保持张开嘴，这样你的嗅觉就不至于被刺鼻的酒精气味所淹没。

4. 在你不进行品鉴时，通过往舌头上滴一点辣酱的办法，来训练自己适应波本的辣度。这么做的目的是让你的舌头准备好能淡然应对辣感，无论这种辣是胡椒般的辛辣还是酒精的刺痛感。

接下来，让我们看看波本中的常见香气：焦糖、谷物、香料、香草、果香、花香和木质调。这一练习旨在让你熟悉这些常见的波本香气，以及它们各自不同的呈现形式。你可以在食品杂货店和大自然里找到下列物品中的大部分，然后亲自去闻闻它们的气味：

## CARAMEL
**焦糖调香气**

焦糖气味的香薰蜡烛 / 焦糖布蕾 / 巧克力焦糖 / 加热了的焦糖糖浆 / 在煎锅中融化的焦糖

## GRAINS
**谷物调香气**

玉米面粉（玉米面）/ 美多麦牌即食谷物麦片 / 燕麦片 / 黑麦面粉 / 小麦面粉

## NUTS
**坚果调香气**

杏仁 / 烘烤过的杏仁 / 山核桃 / 山核桃壳 / 杏仁蛋白软糖（杏仁膏）/ 松仁（松子）

## VANILLA
**香草调香气**

香草荚 / 香草精 / 香草冰激凌 / 香草糖霜 / 香草布丁

## SPICES
**香料调香气**

多香果（西班牙甘椒）/ 茴芹籽（洋茴香籽）/ 罗勒 / 月桂叶 / 黑胡椒 / 葛缕子籽（藏茴香籽）/ 小豆蔻 / 西芹籽 / 芫荽叶（香菜叶）/ 肉桂 / 丁香 / 芫荽籽（香菜籽）/ 孜然（小茴香）/ 莳萝籽 / 莳萝叶 / 茴香 / 胡芦巴 / 姜 / 青椒 / 肉豆蔻皮 / 马郁兰 / 芥末酱 / 肉豆蔻 / 牛至 / 欧芹 / 粉红胡椒（加州胡椒）/ 罂粟花 / 迷迭香 / 藏红花 / 鼠尾草 / 檫木 / 香薄荷（留兰香）/ 芝麻 / 龙蒿 / 百里香 / 姜黄 / 白胡椒 / 玫瑰

## FRUITS AND FLORAL
**果香和花香调香气**

烤苹果 / 李子 / 梨子 / 杏子 / 桃子 / 天竺葵 / 薰衣草 / 黄柠檬皮 / 橙汁

## WOOD
**木质调香气**

雪松木 / 长苔藓的原木 / 橡木 / 松木 / 胶合板 / 碎木屑

我有最后一个品鉴小贴士送给你，那就是去关注威士忌的口感。这不是所有专业品酒师都会运用的评估方法，即使在葡萄酒的测评中这很常见，因为口感能帮助品酒师判断葡萄酒的酒精度数与糖分含量。但对威士忌而言，口感实际上是评估酒精的灼烧感和风味所触及口腔部位的有效依据。一些威士忌的口感只集中在舌头上，而另一些则可以遍布整个口腔——从舌系带下方的软组织一直到上腭的顶部。通过辨别波本的口感，可以让你更好区分出"品质不错""品质优秀"与"品质最佳"这三种不同档次的酒款。不像在葡萄酒界存在着"高级侍酒师理事会"（Court of Master Sommeliers）这一特殊阶层，波本界不喜欢能以口感、尾韵或常见品鉴笔记用语等定义具体标准的那种权威品酒师组织。这种像葡萄酒侍酒师组织的专业群体的缺失——一如波本世界里的常态——导致各家品牌都在各行其是地推广自家的品鉴笔记和口感描述。我对口感的定义，稍微借鉴了葡萄酒的经验，却是专门为波本量身打造的。

**黏口的（Adhesive）**——感觉黏在整个口腔里，是一种当你咽下酒液很久之后，还仿佛黏在脸颊上的口感。请不要同"长尾韵"相混淆，这种黏稠的口感会令与酒液有接触的口腔部位发干。

**涩口的（Astringent）**——拥有涩味口感的波本的酒精味很强烈，就像漱口水一样。

**有嚼劲的（Chewy）**——带有嚼劲口感的波本会呈现出大量木质调的"桶味"以及随之而来的木桶单宁。

**奶油般的（Creamy）**——这类威士忌在进入口腔时就如丝般柔顺，然后顺着舌头两侧滑落，仿佛你吞下了一勺酸奶。奶油般的口感通常只属于最上乘的波本，你将感受到各种风味在味蕾上的持续变化。

**香脆的（Crispy）**——这种口感通常伴随有柑橘类水果的味道，并带来在春季或炎热夏季时令人神清气爽的味蕾体验。口感香脆的波本，一般酒精度较低，大概仅有80美制酒度（40%酒精浓度）左右。

**发干的（Dry）**——当这种令人口干的口感袭来，你会立刻想要喝上一杯水、牛奶、可乐，或者其他能够润湿你整个舌头的饮品。有些波本会吸走你舌头上的水分，关于这一点，没有固定的原因。

**包裹口腔的（Mouth Coating）**——你能感到这类波本令人温暖而惬意地遍布整个舌头。不同于会长时间停留在舌头上的奶油般的口感，包裹口腔的口感则从舌系带的底部延伸到左脸颊的前侧，同时留下轻微的刺痛感。

**粗粝的（Rough）**——这种口感能刺痛你的口腔，仿佛会咬人般的辣口，而且一旦咬上了便不松口。假如某款波本原本有着粗粝的口感，建议你加入冰块之后再尝试。

**噼啪发麻的（Snap-Crackle-Pop）**——正如字面的意思，就像你在嚼口香糖时舌头上所出现的噼啪发麻的感觉。你会在高酒精度的波本中遇到这样的口感，但一旦当你习惯了这么高的度数，很可能会注意到这种口感的变化。

**温润的（Soft）**——在你口中的感觉会是轻盈而短促的，并伴有令人愉悦的味道。温润的口感往往容易消逝，不会持续到尾韵部分。

毫无疑问，这些参考表格中并未涵盖每一种香气或风味的感觉，而你对口感的评判也有赖于你自身品鉴威士忌的经验水平，但通过我所提议的这个简单练习，希望能将你的嗅觉和味觉与大脑绑定在一起，开始考量你所品饮的酒款。也许你会在金宾黑标（Jim Beam Black）波本中发现，如同涂有厚厚一层孟菲斯烤肉酱的猪肋排与杏仁黄油冻糕的风味，并享受其香脆的口感和辛辣的长尾韵。在布莱特10年波本中，你可能发现有特殊的太妃糖或者像是你祖母制作的奶油蛋羹般的风味，以及一种几乎遍布舌头的口感和一段相当长的尾韵。重点是，品酒这件事，归根结底还是你的个人体验，当你训练好了自己的嗅觉和味觉，能写出你的个人品鉴笔记时，我的品鉴笔记也只仅供你参考。在接下来的品鉴章节中，我会带你对各式酒款逐一探究竟，以便将你的个人品鉴笔记与波本的不同风味类型搭配起来。

富优烈酒（FEW Spirits）创始人保罗·赫莱特科（Paul Hletko）在酒厂品鉴室 / Photo by 谢韬

# 第五章
# 谷物风味突出型波本

*Chapter Five*
*Grain-Forward Bourbons*

你啜了一口波本，发现它有玉米面包、燕麦片以及涂抹着些许黄油的烤黑麦吐司的味道，上述皆为谷物调突出的风味特征，往往来自酒龄相对年轻的波本。

刚蒸馏完的威士忌原酒，谷物风味尤为突出。随着威士忌静置在烧焦过的全新橡木桶中，木质会逐渐过滤掉一些谷物特性，缓慢淡化玉米的味道。橡木桶以焦糖或香草风味完全取代突出的玉米味，通常需要4年左右的时间。话虽如此，天然且未经加工的谷物风味还是相当吸引人的，某些消费者就偏爱谷物风味突出的年轻波本，而非那些桶陈至少4年的酒款。

事实上，我曾为一场婚礼主持过威士忌品鉴，在这次活动中，面对50位非波本消费者与50位波本死忠粉，我进行了一次实验。我的选酒阵容包括哈得孙幼年波本（Hudson Baby Bourbon）、天使之翼波特桶过桶波本（Angel's Envy Port Barrel Finished Bourbon）、四玫瑰小批量（Four Roses Small Batch）和布兰顿波本。大约有75%的非波本消费者严重偏爱明显要年轻许多的来自纽约州的哈得孙幼年波本，而传统波本酒客则一边倒地将四玫瑰和布兰顿波本选为当天最爱。

波本新手会喜欢更年轻酒款的这一概念，激起了我的兴趣，于是我安排了另一款酒龄年轻的波本同四玫瑰小批量和美格波本的较量。这次

谷物风味很突出的波本，往往来自一些小型酒厂，或者说酒龄要比传统的肯塔基波本更加年轻。除了从 MGP 综合原料公司位于印第安纳州的劳伦斯堡酒厂获取美味威士忌原酒的救赎（Redemption）品牌之外，本书提及的这类酒款基本出自精馏酒厂。尽管这些波本很年轻，桶陈时间普遍都在 2 至 4 年之间，但它们也可能价格相当高昂并且很难在市面上找到。

登场的，是来自西肯塔基的 MB 罗兰单桶波本（MB Roland Single Barrel Bourbon）。在相关的品酒活动上，我向 500 名与会者传播波本知识，而他们中的大多数人对波本一无所知，我也无法像在上次婚礼活动时那样真正体察到每一位消费者。但我搭设了三个酒水站，每处站点都有调酒师负责倒酒。等到当晚活动结束时，MB 罗兰是唯一每瓶酒都被倒光的品牌。

虽然我的理论需要更多测试，才能得出完整的结论，但我相信谷物风味突出的波本，明显更加迎合对波本不甚熟悉的人的口味。在我们生活中的某个时刻，我们都啃过烤玉米棒子，或舀上一勺冒着热气的奶油玉米。喝酒之人对焦糖和香草风味不会感到陌生，不过，谷物风味突出的波本所展现出的一种几乎未经加工的硬朗特质，比陈年更久的产品更能吸引到一部分的消费者。

诚然，在不同波本之中，谷物风味的呈现形式也各不相同。有时候，它会很像玉米棒子、奶油玉米、玉米面包、黑麦面包、甜味小麦片，或者，也许更类似生的大麦谷粒（假如你曾经吃过这种东西）。谷物的风味越偏甜，越接近于受陈年过程的影响而转变为焦糖、香草或肉豆蔻的风味。

# Bourbon Sour
## 波本酸鸡尾酒

1 液量盎司（约 28 毫升）鲜榨黄柠檬汁

1 汤匙（12 克）细白砂糖

1 整个鸡蛋的蛋清

1.5 液量盎司（约 42 毫升）谷物风味突出型波本

先用干摇法（dry-shake）混合前三种原料，直至形成均匀的泡沫状质地。再往摇酒壶中添加冰块，同时加入 1.5 液量盎司（约 42 毫升）的谷物风味突出型波本，然后开始用力摇酒。最后过滤并倒入盛好冰块的杯内。

# *Hudson Baby Bourbon*
## 哈得孙幼年波本

酒厂：塔特希尔敦烈酒公司，加德纳镇，纽约州。

首席蒸馏师：布伦达·奥罗克（Brendan O'Rourke）。

装瓶度数和陈年时间：92美制酒度（46%酒精浓度）装瓶。虽然哈得孙幼年波本没有标明陈年时间，但据说选用了桶陈1至2.5年之间的原酒库存。

谷物比例配方：90%玉米和10%发芽大麦。

酒厂谷物来源：所用玉米来自当地谷物供应商坦蒂略农场，包括"瓦普西山谷"这一古早玉米品种和该酒厂自种的本地马齿玉米；发芽大麦则来自加拿大。

蒸馏方式：使用由专业酒厂设备供应商德国卡尔（CARL）公司所打造的、单独配有一段铜制分馏柱的复合式铜壶蒸馏器。采用两次蒸馏。

蒸馏取酒度数：140美制酒度（70%酒精浓度）。

入桶陈年度数：114美制酒度（57%酒精浓度）。

陈年方式：采用容量为15至53美制加仑（约56.8至200.6升），中度烘烤过的第3级烧焦碳化橡木桶。陈年时长因酒桶大小而异：15美制加仑容量的桶平均陈年2年左右；传统的26至53美制加仑（约98.4至200.6升）的桶则陈年2.5至3.5年不等，甚至更久。

每个批次装瓶的桶数：就哈得孙的酒款产品而言，每次装瓶的用桶数量皆不尽相同，因为他们会调和陈年于4种不同尺寸大小的橡木桶内的原酒——从15美制加仑到53美制加仑的桶不等。尽管如此，平均每一个装瓶批次的威士忌用量大约为800美制加仑（约3028升）左右。

过滤方式：使用棉制的微米级过滤器去除橡木桶中的焦炭渣。哈得孙的产品线不使用冷凝过滤法或木炭过滤法。

M
B
R

PEMBROKÉ **STILL & BARREL PROOF**
CHRISTIAN CO. KY. **STILL & BARREL PROOF**

# KENT
# BOU
# WHI

## DISTILLER'S REGIST

| BATCH | |
|-------|---|
| 14 | 7 |
| BARREL | |
| #4 Char | |
| 52.105 ALC/VO | |

Uncut & ung
still to the ba

**酒色：**对一款装瓶度数只有46% 酒精浓度的年轻波本来说，哈得孙幼年波本的酒体颜色格外深，甚至可以与一些桶陈时间为其三倍的波本媲美。

**闻香：**初闻即有扑面而来的木类纤维气味，这明显是使用小号橡木桶陈年的特征。木质气息消散之后，浮现丰盛且甜甜的谷物气味，以及些许的小豆蔻、焦糖和香草气味。

**口味：**除了存在于闻香中的那些风味之外，哈得孙波本还有一种独特的烟熏味，很像是焦糖布蕾顶层的焦香味道，你可能会觉得它类似点燃的香草荚或者烤焦的棉花糖。如果已经习惯了肯塔基波本，这款纽约州波本的有趣特质，倒能让你换一换口味。其口感稍微有点温润。

**尾韵：**咽下威士忌后，淡淡的香料气息呈现出令人愉悦的尾韵。


## *Tom's Foolery Bourbon Brands*
## 汤姆的愚蠢行为波本品牌

**酒厂：**汤姆的愚蠢行为酒厂，伯顿镇，俄亥俄州。

**首席蒸馏师：**汤姆·霍尔布鲁克（Tom Houbrook）。

**装瓶度数和陈年时间：**100美制酒度（50% 酒精浓度）装瓶。桶陈4年。

**谷物比例配方：**53% 马齿型黄玉米、26% 冬黑麦和21% 六棱大麦。

**酒厂谷物来源：**玉米和黑麦来自酒厂自有的"汤姆的愚蠢行为"农场（Tom's Foolery Farm），发芽大麦则来自加拿大和俄亥俄州。

**蒸馏方式：**使用壶式蒸馏器。

**蒸馏取酒度数：**各不相同，但该酒厂目前的蒸馏器设备所生产出的新酒度数大约在145至150美制酒度（72.5% 至75% 酒精浓度）之间。

**入桶陈年度数：**108美制酒度（54% 酒精浓度）。

## *Tom's Foolery Bonded Bourbon*
## 汤姆的愚蠢行为保税波本

◆ **桶号233，2013年9月蒸馏，2018年4月装瓶**

*每个批次装瓶的桶数：* 单桶酒款；选自1个由"独立桶板公司"桶厂制作、容量53美制加仑（约200.6升）、采用第4级烧焦碳化的全新美国橡木桶。

*酒色：* 琥珀色。

*闻香：* 黑麦，吐司，燕麦片，水果和巧克力。

*口味：* 入口展现的味道层次，与闻香时的特征以及各种香气所浮现的顺序几乎保持一致，除了随后而来的一股久久徘徊于口腔中的焦糖味。这显然是一种美好的味蕾体验，让人非常期待这款波本陈年更久之后的结果。

*尾韵：* 中等长度，伴有少许的杏仁蛋白软糖味。


## *Tom's Foolery Ohio Straight Bourbon*
## 汤姆的愚蠢行为俄亥俄纯正波本

◆ **桶号287**

*装瓶度数和陈年时间：* 90美制酒度（45%酒精浓度）装瓶。2014年2月蒸馏，2018年5月装瓶。

*每个批次装瓶的桶数：* 单桶酒款，选自1个由"独立桶板公司"桶厂制作、容量53美制加仑（约200.6升）、采用第4级烧焦碳化的全新美国橡木桶。

*酒色：* 桃红色。

*闻香：* 刚刚砍伐的木材、玉米面包、苹果和些许的薄荷。

*口味：* 有烟熏味，并带着淡淡的甜味和草本植物的气息。在一点点咖啡味的衬托之下，香草和玉米面包的味道最为突出。

尾韵：余味短暂，有一种草本的风味。

## *Old Soul Bourbon Whiskey, Inaugural Release*
## 古老灵魂波本威士忌，首版发售款

**酒厂：** 猫首酒厂（Cathead Distillery），杰克逊市，密西西比州。

**蒸馏师：** 这是一款调和产品，但猫首酒厂的蒸馏师是菲利普·拉德纳（Phillip Ladner）。

**装瓶度数和陈年时间：** 90美制酒度（45% 酒精浓度）装瓶。这款产品实际上调和了两种波本：其中一种占比24%，在密西西比州蒸馏，至少桶陈15个月；而另一种占比76%，在印第安纳州蒸馏，至少桶陈4年。

**谷物比例配方：** 75% 玉米、21% 黑麦和4% 发芽大麦。

**酒厂谷物来源：** 所用的玉米来自密西西比州的亚祖县（仅针对该酒厂在密西西比州蒸馏的威士忌），黑麦和大麦都来自美国境内。

**蒸馏方式：** 柱式蒸馏，调和装瓶。

**蒸馏取酒度数：** 132至152美制酒度（66% 至76% 酒精浓度）。

**入桶陈年度数：** 120美制酒度（60% 酒精浓度）。

**陈年方式：** 古老灵魂波本是两种谷物比例配方完全一样的高黑麦比例波本威士忌的调和结果，两者分别来自印第安纳和密西西比。在该调和产品的首版发售酒款中，有24% 的酒液是在密西西比州蒸馏、至少桶陈15个月的波本威士忌，另外76% 的酒液则是在印第安纳州的劳伦斯堡市蒸馏、至少桶陈4年的纯正波本。

**每个批次装瓶的桶数：** 单个发酵批次平均能够产出1.5桶威士忌。就古老灵魂波本威士忌的首版发售酒款而言，选酒来自共计22个桶，其中既有第3

级也有第4级烧焦碳化的橡木桶。

过滤方式：未知。

酒色：褐色。

闻香：玉米、土味、巧克力以及红糖。

口味：谷物风味很突出，但玉米、黑麦和燕麦等味道之下，透出了迷人的花生酱、焦糖、肉桂和玉米软糖的气息。

尾韵：相对偏短的余味，有一点焦糖味口香糖的味道。

## *Cardinal Spirits Bourbon*
## 红雀烈酒波本

酒厂：红雀烈酒公司，布卢明顿市，印第安纳州。

首席蒸馏师：贾斯廷·休伊（Justin Hughey）。

装瓶度数和陈年时间：90美制酒度（45%酒精浓度）装瓶。

谷物比例配方：60%黄玉米、20%发过芽的六棱大麦、10%黑麦和10%小麦。

酒厂谷物来源：黄玉米来自印第安纳州哥伦布市的格利克种子公司（Glick Seed），发过芽的六棱大麦、黑麦和小麦来自印第安纳州莱巴嫩市的舒格克里克（Sugar Creek）。

蒸馏方式：红雀烈酒公司酒厂拥有一项独特的蒸馏技术。他们使用一部容量500美制加仑（约1892.7升）的壶式蒸馏器进行第一道蒸馏，在第二道蒸馏时却采用了连续柱式蒸馏器。蒸馏师休伊解释说，"我们的柱式蒸馏器不能接收任何固体的谷物颗粒"，这样便限制了该酒厂以柱式设备直接蒸馏发酵醪液的能力。正因为他们使用壶式蒸馏器和柱式蒸馏器的先后顺序与大多数酒厂截然相反，红雀烈酒才显得非常与众不同。

**蒸馏取酒度数：** 153 美制酒度（76.5% 酒精浓度）。

**入桶陈年度数：** 124.7 美制酒度（62.35% 酒精浓度）。

**每个批次装瓶的桶数：** 选酒自 2 个容量 53 美制加仑（约 200.6 升）的全新美国橡木桶。

**酒色：** 黄褐色（茶色）。

**闻香：** 谷物和橡木的风味很突出。

**口味：** 这款年轻的波本的味道会让人想到生玉米、爆米花、香草味蛋糕和晒干的大豆。它带有一点油脂感的独特的黏性口感，显得很有趣。

**尾韵：** 余味短暂，有一丝玉米面包的味道。


## *Sons of Liberty Beer & Spirits Co.*
## 自由之子啤酒与烈酒公司

**酒厂：** 自由之子啤酒与烈酒公司，南金斯顿镇，罗得岛州。

**蒸馏师：** 克里斯·吉耶特（Chris Guillette）是负责日常运营的蒸馏师，另一名蒸馏师则是酒厂主兼创始人迈克·雷普奇（Mike Reppucci）。

**谷物比例配方：** 采用百分之百种植于罗得岛州境内的玉米。

**酒厂谷物来源：** 所用玉米都来自罗得岛州的沙尔特纳农场（Schartner Farms）。

**蒸馏取酒度数：** 大概为 124 至 130 美制酒度（62% 至 65% 酒精浓度）。

**入桶陈年度数：** 124 美制酒度（62% 酒精浓度）。

**过滤方式：** 非冷凝过滤。

## *Sons of Liberty Beechwood Smoked Bourbon*
## 自由之子山毛榉木烟熏波本

装瓶度数和陈年时间：92美制酒度（46%酒精浓度）装瓶。

每个批次装瓶的桶数：2016年装瓶的批次，选酒自3至4个陈年于南金斯顿镇的酒厂内的美国白橡木桶，并且混用了10、15、25美制加仑（约37.9、56.8、94.6升）这三种容量大小的桶。

酒色：红褐色。

闻香：篝火的烟熏气息飘浮于甜味类的香气之上，然后是玉米、用作烧烤时的柴火的牧豆树、山核桃木和清漆味。

口味：想象你置身户外，走近一团刚刚燃尽的篝火，摇曳在空气里的灰烬气息朝你迎面而来。你仿佛能亲口尝到这种烟灰味（事实上你不会真的用嘴去尝）。就是这样的感觉：正如一场户外篝火会的结尾。但这款酒的烟熏感算不上强烈，相反，它是淡雅的，让人享受的，对美式烤肉爱好者来说，则等同于生活中必要的美好事物。烟熏味过后，出现了大量玉米、焦糖、香草和黄油的味道。

尾韵：中等长度，留下满嘴的烟熏味。

## *Sons of Liberty Maple Finished Bourbon*
## 自由之子枫木桶过桶波本

装瓶度数和陈年时间：84美制酒度（42%酒精浓度）装瓶。

酒色：带着红色光泽的琥珀色。

闻香：焦糖、枫木、水果和香料气息。

口味：深邃的枫木气息，伴随些许的焦糖、香料、杏仁蛋白软糖、香草和水果味。这是一款杰出的过桶陈年作品。枫木桶对风味的影响自始至终清晰存在，却不喧宾夺主。

尾韵：悠长，有一丝山核桃味。

### *Sons of Liberty Cask Strength Peat Smoked Bourbon*
### 自由之子原桶度数泥煤烟熏波本

装瓶度数和陈年时间：126美制酒度（63%酒精浓度）装瓶。

谷物比例配方：70%种植于罗得岛州的玉米和30%用泥煤烟熏过的发芽大麦。

每个批次装瓶的桶数：单桶酒款；选酒自1个容量10美制加仑（约37.9升）、陈年于罗得岛州南金斯顿镇的酒厂内的美国白橡木桶。

酒色：琥珀色。

闻香：一连串由糖果点心、草药、泥煤及水果气息所组成的令人愉悦的芳香体验。

口味：泥煤味虽然不乏存在感，却不咄咄逼人或者盖过其他味道。依次明显浮现在口中的是焦糖、草药、水果、冬南瓜、松仁和柑橘味。

尾韵：悠长，有一丝橡木味。

### *Sons of Liberty High Rye Bourbon*
### 自由之子高黑麦比例波本

装瓶度数和陈年时间：92美制酒度（46%酒精浓度）装瓶。

谷物比例配方：55%种植于罗得岛州的玉米、25%黑麦和20%发芽大麦。

**每个批次装瓶的桶数：** 选酒自5至10个橡木桶；按照每瓶容量为750毫升（25.5液量盎司），装瓶数为600瓶左右。

**酒色：** 黄褐色（茶色）。

**闻香：** 香气非常美妙——糖果点心、现烤的黑麦面包、啤酒花、柑橘类以及橡木。

**口味：** 最初浮现在口中的风味里，有一种是波本不常有的，尤其对于一款高黑麦比例的波本而言，那便是十分突出的啤酒花味——爱喝啤酒的人并不会感到陌生。随后出现了黄柠檬、橙子和杏仁蛋白软糖的味道，伴随着一些焦糖、肉桂和香草味。

**尾韵：** 悠长且带有橡木气息。


### *Huber's Starlight Distillery Single Barrel #1483*
## 休伯家族星光酒厂单桶波本（桶号1483）

**酒厂：** 休伯家族星光酒厂，"星光"定居点，印第安纳州。

**蒸馏师：** 一共有三位蒸馏师。贾森·海利根贝格（Jason Heiligenberg）负责操作由德国卡尔公司打造的克里斯蒂安型壶式蒸馏器（Christian CARL pot still），杰西·威廉斯（Jesse Williams）负责操作由肯塔基州旺多姆公司打造的铜制蒸馏器组（Vendome still）；蒸馏运营的首席主管则为酒厂主特德·休伯（Ted Huber）。

**装瓶度数和陈年时间：** 95美制酒度（47.5%酒精浓度）装瓶。

**谷物比例配方：** 51%玉米、20%发芽大麦、20%黑麦和9%小麦。

**酒厂谷物来源：** 所用的谷物全都产自美国境内。供应来源中有一些是个体户农场主，另一些是地区性的印第安纳州谷物种植商。

**蒸馏方式：**酒厂使用两部蒸馏器，一部是由德国卡尔公司打造的克里斯蒂安型壶式蒸馏器，另一部是由肯塔基州旺多姆公司打造的铜制蒸馏器组。

**蒸馏取酒度数：**140至150美制酒度（70%至75%酒精浓度）。

**入桶陈年度数：**112至116美制酒度（56%至58%酒精浓度）。

**每个批次装瓶的桶数：**选酒自6至16个橡木桶，且每个桶的容量都为53美制加仑（约200.6升）。

**过滤方式：**冷凝过滤。

**酒色：**深褐色。

**闻香：**玉米、焦糖、香草和黑麦面包。

**口味：**玉米面包的味道很明显，此外还有橡木、奶油糖果、枫糖浆、树莓和烘焙香料味。

**尾韵：**在上腭后部徘徊的尾韵，带有些许的肉桂味。

# 测评精馏酒厂的波本

尽管这本书并非一部威士忌评分指南，但曾在我的酒评里得分不俗的那些精馏波本酒款，理应获得一点表扬（下载名为 BRBN 的手机 app，可查看我的全部酒评与评分）。

**评分：80/100**

**Breckenridge Bourbon Whiskey Single Barrel，92 Proof**
**布雷肯里奇单桶波本威士忌，92 美制酒度（46% 酒精浓度）装瓶**
**简述**：这款酒在科罗拉多州蒸馏，虽然未公开谷物比例配方，但确定含有黑麦、玉米和发芽大麦。

仿佛刚从烤箱中端出来的玉米面包，飘香四溢，并衬托着肉桂、榛子和雪茄盒的气息。然后，浮现了盐水太妃糖、山核桃派和烤焦的黑麦吐司味，接着是青苹果、红茶和西梅味，继而出现了厚重的橡木风味。最后，短短的尾韵令这款酒有些归于平庸。这是一款用来调制鸡尾酒将会很出色的波本。

**评分：90/100**

**Coppercraft Straight Bourbon Whiskey，97 Proof**
**铜艺纯正波本威士忌，97 美制酒度（48.5% 酒精浓度）装瓶**
**简述**：这款酒是南希·弗雷利（Nancy Fraley）的调和作品，融合了10年酒龄和桶陈更久的波本原酒。

由糊状（未烤熟）的玉米面包、爆米花与融化的黄油，开启了这一段风味之旅，随后变成了伴有焦糖、香蕉和盐水太妃糖风味的油炸面包。在末段又浮现出令人愉悦的奶油糖果味，一直持续到相对偏长的尾韵中。这款酒展现了精妙的调和技艺。

**评分：87/100**

**St Augustine Single Barrel 181，113.2 Proof**
**圣奥古斯丁单桶波本（桶号181），113.2 美制酒度（56.6% 酒精浓**

度）装瓶

**简述：** 这款波本在佛罗里达州蒸馏，一共陈年了41个月。

这款酒分明是我品鉴过的圣奥古斯丁酒厂的最佳出品。它有一种带着坚果味的甜味。起初，些许的奶油糖果和红糖味，与同时出现的西柚和啤酒花味，确实形成了一定的风味平衡。然后有焦糖、生核桃和烤山核桃，而在中等长度的辛辣尾韵之前，还有一些蜂蜜与无花果的气息。

**评分：89/100**

Moylan's Bourbon Whiskey Cask Strength, 112.6 Proof
**莫伊伦原桶强度波本威士忌，112.6美制酒度（56.3%酒精浓度）装瓶**
**简述：** 这款酒在加利福尼亚州蒸馏。

这款既不复杂也不传统但很优秀的威士忌，具有非常明显的根汁汽水（root beer）和姜的风味。它独特的口感，类似于可乐类软饮带给口腔的嘶嘶冒泡的触感，微微发麻的感觉沿着舌头中央移向舌根，同时舌尖上留有一抹甜味。随后，烘焙香料的气息浮现于舌头两侧，最终以香草味的尾韵结束。

**评分：84/100**

A. D. Laws Secale Straight Rye Bottled In Bond, 100 Proof
**A. D. 劳斯保税装瓶纯正黑麦威士忌，100美制酒度（50%酒精浓度）装瓶**
**简述：** 这款酒在科罗拉多州蒸馏，桶陈4年，其谷物比例配方为95%黑麦搭配5%大麦。所用谷物来自科罗拉多州。

一开始，有啤酒花、烘烤过的黑麦与加入了些许焦糖的黄油的风味。然后，是烘烤过的肉桂麦片、红糖和甘草糖，接着出现大麦粒和姜糖的味道。最后短暂的尾韵，带着一丝留兰香薄荷的气息。

**评分：78/100**

Cardinal Spirits Straight Bourbon, 90 Proof
**红雀烈酒纯正波本，90美制酒度（45%酒精浓度）装瓶**

**简述**：这款酒在印第安纳州的布卢明顿市蒸馏和装瓶。

这款年轻波本的风味会让人想到生玉米、爆米花、香草味蛋糕和晒干的大豆。它带有一点油脂感的独特的黏性口感，显得很有趣。

**评分：78/100**

Whistling Andy Straight Bourbon Whiskey, 80 Proof
**吹哨者安迪纯正波本威士忌，80 美制酒度（40% 酒精浓度）装瓶**
**简述**：在蒙大拿州的比格福克村（Big Fork）蒸馏，只选用产自蒙大拿的谷物。

尽管这款威士忌并非来自被誉为"波本应许之地"的肯塔基州，但它展现了许多肯塔基波本的标志性风味——焦糖、多汁水果、玉米、黄油、红糖和山核桃派。虽然其风味平衡性很好，但入口后的味道却很平淡，且口感很薄。话虽如此，对这么一家新酒厂来说，能出品这样的酒款也算成功迈出了第一步。

**评分：77/100**

Dettling Bourbon, 80 Proof
**德特兰波本，80 美制酒度（40% 酒精浓度）装瓶**
**简述**：其谷物比例配方的详细组成为 70% 亚拉巴马玉米、15%（用滚磨机）磨好的黑麦（rolled rye）、12%（用滚磨机）磨好的燕麦（rolled oats），和 3% 三种烘烤过的麦芽混拼（包括中度烘烤的发芽大麦、中度烘烤的发芽小麦与深度烘烤的发芽黑麦）。这家酒厂只从肯塔基州的察克制桶厂（ZAK Cooperage）定制容量 53 美制加仑（约 200.6 升）、第 3 级烧焦碳化的橡木桶。

作为来自新兴的亚拉巴马州蒸馏烈酒界的首批酒厂之一的出品，这款酒显然很年轻，却并不令人扫兴。即便你发现过于强烈的橡木气息盖过了焦糖和香草的风味，但优质波本的基因依旧存在。例如大米、黑麦和玉米软糖这些味道都很不错，再加上些许淡淡的红糖风味，说明这家酒厂的波本在今后值得期待。德特兰品牌已拥有一个好的开始，至少它很有趣。

## *Ironroot Harbinger*
# 铁根先驱者波本威士忌

**酒厂**：铁根共和国蒸馏公司（Ironroot Republic Distilling），丹尼森市，得克萨斯州。

**首席蒸馏师**：罗伯特·利卡里什（Robert Likarish）。

**装瓶度数和陈年时间**：116.8美制酒度（58.4%酒精浓度）装瓶。桶陈时间不足4年。

**谷物比例配方**：因为这家酒厂的产品其实调和了四种不同谷物比例配方的原酒，所以每年的谷物比例配方皆有所差异。"先驱者"波本大概使用了75%黄玉米、5%紫玉米（purple corn）、5%"血腥屠夫红玉米"（bloody butcher corn）、5%硬粒玉米（flint corn）、5%黑麦和5%发芽大麦。"普罗米修斯主义"（Promethean）波本则大概使用了75%黄玉米、10%硬粒玉米、10%黑麦和5%紫玉米。

**酒厂谷物来源**：所用到的95%的谷物都产自得克萨斯州境内，并且其中一大部分来自距离酒厂仅有20英里（约32.2公里）的得州萨德勒市的几处农场。这家酒厂也从得州潘汉德尔市获取大麦，从俄克拉何马州的"46号谷物公司"（46 Grain Company）采购黑麦。

**蒸馏方式**：使用传统苏格兰样式的铜壶蒸馏器进行两次蒸馏；这个容量1200美制加仑（约4542升）的蒸馏器，由旺多姆公司打造。

**蒸馏取酒度数**：136至140美制酒度（68%至70%酒精浓度）之间。

**入桶陈年度数**：114或118美制酒度（57%或59%酒精浓度），取决于具体的谷物比例配方。

**陈年方式**：采用由美国、欧洲或法国橡木制成的容量53美制加仑（约200.6升）或60美制加仑（约227.1升）的酒桶，至少陈年12个月。"我们倾向于使用第1级与第2级烧焦碳化的桶，因为在我们这个地区，相对温度较高，气压变化也很明显，从而增加了酒液与橡木桶的互动反应。"

*每个批次装瓶的桶数*：未知。

*过滤方式*：未知。

*酒色*：淡琥珀色。

*闻香*：黑麦、小麦、大麦粒及泥土味，再带有一些焦糖气息。

*口味*：起初占据主导的是橡木和烟熏味，但随后如焦糖和香草这类的甜味成了味道骨架。

*尾韵*：余味短暂，有一点烤苹果味。

## *Cedar Ridge Bourbon*
# 雪松岭波本

*酒厂*：雪松岭葡萄酒庄与烈酒厂，斯威舍市，艾奥瓦州。

*首席蒸馏师*：杰夫·昆特（Jeff Quint）。

*装瓶度数和陈年时间*：80美制酒度（40% 酒精浓度）装瓶。桶陈时间不足4年。

*谷物比例配方*：74% 玉米、14% 黑麦和12% 大麦。

*酒厂谷物来源*：玉米来自艾奥瓦州温斯罗普市的一个家庭农场，其他所有谷物则从嘉吉公司购买。

*蒸馏方式*：两次壶式蒸馏。

*蒸馏取酒度数*：120美制酒度（60% 酒精浓度）。

入桶陈年度数：120 美制酒度（60% 酒精浓度）。

陈年方式：采用容量 53 美制加仑（约 200.6 升）的橡木桶，存放于建在酒厂之内的不控制温度（天然气温）的陈年棚屋中。

每个批次装瓶的桶数：未知。

酒色：黄褐色（茶色）。

闻香：大量谷物气味。

口味：完全就是各式各样的玉米味，从爆米花到坚果玉米仁（corn nuts），玉米风味主导了闻香与味道，稍稍缓和了轻微的酒精灼烧感。接着，出现了木炭、橡木和苦味，并夹杂一点点的香草威化饼干味道。尾段的烘焙香料，表明这款波本仍然具备有待挖掘的亮点，但需要更多时间。它只是现在还没准备好。

尾韵：余味短暂，有一点玉米味。


## *MBR Kentucky Bourbon Whiskey*
# MBR 肯塔基波本威士忌

◆ 第 14 批次 / 瓶号 73（本次一共装瓶 120 瓶）

酒厂：MB 罗兰酒厂，彭布罗克市，肯塔基州。

蒸馏大师：保罗·托马谢夫斯基。

装瓶度数和陈年时间：104.21 美制酒度（约为 52.1% 酒精浓度）装瓶。这款波本没有标明陈年时间，但大概桶陈了 2 年。

谷物比例配方：75% 白玉米、15% 黑麦和 10% 发芽大麦。

**酒厂谷物来源:** 从距离酒厂仅5英里(约8公里)的克里斯琴县谷物公司(Christian County Grain)采购袋装的本地白玉米,黑麦和发芽大麦都来自美国中西部。

**蒸馏方式:** 使用容量600美制加仑(约2271升)的壶式蒸馏器进行两次蒸馏,最终的蒸馏取酒度数为110美制酒度(55%酒精浓度),并直接以该度数装桶。

**入桶陈年度数:** 110美制酒度(55%酒精浓度)。

**陈年方式:** MB罗兰酒厂从独立桶板公司购入葡萄酒桶级别的橡木桶,该制桶厂的白橡木来源遍及北美地区。

**每个批次装瓶的桶数:** 单桶酒款。

**过滤方式:** 非冷凝过滤。

**酒色:** 这款威士忌的酒精度超过100美制酒度(50%酒精浓度),却只桶陈2年左右。相比陈年时间更久但装瓶度数相差不多的威凤凰101波本,它的酒色更浅。尽管如此,其酒液所呈现的纯正的淡褐色,说明这款威士忌最大化了在橡木桶内的陈年效率。

**闻香:** 这是你在面对一款年轻的波本时所能邂逅的最美妙的酒香之一。大量让人振奋的香草蛋糕糊、烤杏仁、果仁糖夹心、焦糖,以及些许的柑橘类气息,这是MB罗兰酒厂带给正在寻找与众不同的波本的那类威士忌爱好者的纯粹快乐。

**口味:** 尽管香气中有一大碗蛋糕糊的气息,但味道尝起来却像是将手指伸入碗内,再拿出来舔一下的感觉。继焦糖、香草、皮革和烟草风味之后,又有一丝肉桂味袭来。

**尾韵:** 余味温润,我不禁畅想,假如这款威士忌再多桶陈几年,尝起来会是怎样——毫无疑问,它未来可期。

## *MB Roland Kentucky Straight Bourbon Whiskey*
# MB 罗兰肯塔基纯正波本威士忌

◆ 桶号52

酒厂：MB 罗兰酒厂，彭布罗克市，肯塔基州。

蒸馏大师：保罗·托马谢夫斯基。

装瓶度数和陈年时间：113 美制酒度（56.5% 酒精浓度）装瓶，桶陈 2 年。

谷物比例配方：78% 白玉米、17% 黑麦和5% 发芽大麦。

酒厂谷物来源：克里斯琴县谷物公司。

蒸馏方式：使用由美国工匠制造的"三叉戟"（Trident）牌壶式蒸馏器组，进行两次蒸馏。

蒸馏取酒度数：107 美制酒度（53.5% 酒精浓度）。

入桶陈年度数：107 美制酒度（53.5% 酒精浓度）。

陈年方式：采用容量53 美制加仑（约200.6升）的橡木桶，陈年在一间空气流通集中化的前阿米什人的谷仓内。

每个批次装瓶的桶数：单桶酒款。

过滤方式：无。

酒色：它都快接近红色了，天哪，对这样一款年轻威士忌来说，它的酒色已经很深了。

闻香：爆米花、融化的黄油、花生酱和橡木。

口味：枫糖浆、玉米、咖啡、榛子和黑麦面包。

尾韵：中等长度，有一些太妃糖味。

## *Balcones Bourbon Brands*
## 巴尔科内斯波本品牌

酒厂：巴尔科内斯酒厂，韦科市，得克萨斯州。

首席蒸馏师：贾里德·希姆施泰特（Jared Himstedt）。

谷物比例配方：巴尔科内斯的做法很独特，除了一款在配方中使用51% 蓝玉米（blue corn）、31% 得克萨斯州产红冬小麦与11% "黄金诺言"（Golden Promise）大麦的 "小麦波本"（wheated bourbon），酒厂的其余谷物比例配方都是分别发酵百分之百的单一谷物。

酒厂谷物来源：所用的蓝玉米来自新墨西哥州，"黄金诺言"发芽大麦来自苏格兰，黑麦则来自得克萨斯州和德国。

蒸馏方式：壶式蒸馏器。

蒸馏取酒度数：140 美制酒度（70% 酒精浓度）。

入桶陈年度数：124 美制酒度（62% 酒精浓度）。

陈年方式：采用由美国橡木、法国橡木或欧洲橡木制成的容量为225升的酒桶。

## *Balcones Texas Wheated Bourbon*
## 巴尔科内斯得克萨斯小麦波本

### ◆ 酒厂十周年纪念酒款

装瓶度数和陈年时间：122 美制酒度（61% 酒精浓度）装瓶，桶陈29个月。

每个批次装瓶的桶数：每批次有所不同，选酒自2至60个橡木桶不等。

过滤方式：利用过滤屏障进行非冷凝过滤。

酒色：带着紫色光泽的琥珀色。

闻香：就像纯粹的黄油，我的意思是，仿佛它直接融化在炖锅里，慢慢将那种美好的芳香释放到空气中。随后，是橡木、太妃糖和榛子的香气。

口味：小麦面包、巧克力、咖啡、香草、花生酱夹心曲奇饼干，以及橡木。

尾韵：余味的口感偏涩，带有少许橡木气息。

## *Balcones Texas Blue Corn Bourbon*
## 巴尔科内斯得克萨斯蓝玉米波本

### ◆ 纯壶式蒸馏的酒厂十周年纪念酒款

装瓶度数和陈年时间：129.8美制酒度（64.9% 酒精浓度）装瓶，桶陈3年。

酒色：深褐色。

闻香：泥土味、膨发的酵母面包、玉米、篝火的烟熏味和香草气息。

口味：烟熏玉米莎莎酱、墨西哥脆玉米片、烤棉花糖和香草的味道。这款酒口感发干，它先让口腔里的水分流失，然后带来刺痛感。当一些烘焙香料味浮现之后，这款酒真的越发迷人，甚至令人满意。

尾韵：悠长，有一点肉桂味。

## *New Riff Bourbon Bottled-in-Bond*
## 新里夫保税装瓶波本 ▪▪▪▪▪▪▪▪▪▪▪▪▪▪▪▪▪▪▪▪▪▪▪▪▪▪▪▪▪▪▪▪▪▪▪▪▪▪▪▪▪▪▪▪

酒厂：新里夫酒厂（New Riff Distillery），纽波特县，肯塔基州。

首席蒸馏师：杰伊·埃里斯曼（Jay Erisman）。

装瓶度数和陈年时间：100美制酒度（50% 酒精浓度）装瓶，桶陈4年。

谷物比例配方：65% 玉米、30% 黑麦和5% 发芽大麦。

酒厂谷物来源：所用的洁净的非转基因玉米，来自印第安纳州迪凯特城（Decatur City）的一个家庭农场；黑麦来自北欧；发芽大麦则来自明尼苏达州。

蒸馏方式：使用直径24英寸（约61厘米）的铜制柱式啤酒蒸馏器（copper column beer still）和容量350美制加仑（约1324.9升）的铜制再馏壶（copper doubler），以及一个容量500美制加仑（约1892.7升）的铜制壶式蒸馏器（主要用于生产金酒，偶尔也用来做威士忌）。所有蒸馏设备都由旺多姆纯铜及黄铜工艺厂打造。

蒸馏取酒度数：以135美制酒度（67.5% 酒精浓度）从再馏壶取酒；以120美制酒度（60% 酒精浓度）从啤酒蒸馏器取酒。

入桶陈年度数：110美制酒度（55% 酒精浓度）。

陈年方式：从独立桶板公司的密苏里州制桶厂和位于肯塔基州路易斯维尔市的凯尔文制桶厂定制的容量为53加仑（约200.6升）、先烘烤处理再烧焦碳化的全新美国白橡木桶。酒厂现有的陈年仓库中，包括一栋始建于1890年代的单层砖砌建筑，橡木桶在其中以托盘固定的方式竖立堆放，可堆至4个橡木桶的高度；另外，酒厂也于2017年12月开始新建一间采用混凝土楼板结构的货架式陈年仓库，共有5层楼，每层的层高可容纳竖直堆放3个橡木桶。

肯塔基路易斯维尔市的凯尔文制桶厂内景（53加仑容量新桶成品）
Photo by 谢韬

每个批次装瓶的桶数：每次常规装瓶一般选酒自22到23个橡木桶，且酒液桶陈4年。

过滤方式：非冷凝过滤。除了用简单的屏障过滤器（barrier filter）以去除焦炭渣等固体杂质之外，再无其他任何过滤方法。

酒色：黄褐色（茶色）。

闻香：玉米面包、南瓜派（南瓜馅饼）、香草、焙烤坚果类和杏子的香气。

口味：味道令人愉悦，圆润而平衡的风味之中包含着焦糖爆米花、山药、巧克力、烘焙香料和黄油味。虽然仅仅桶陈了4年，这款尚且年幼的威士忌却展现出某些陈年时间为其3倍的波本所缺乏的复杂度。每一种风味之后，都紧随着另一种风味。奶油般的口感同样令人很惬意。

尾韵：中等长度，有一些烤棉花糖味。


## *Whiskey Acres Artisan Series Bourbon*
# 威士忌英亩匠人系列波本

### ◆ 使用采收过枫糖浆的木桶来过桶陈年

酒厂：威士忌英亩酒厂，迪卡尔布县，伊利诺伊州。

首席蒸馏师：尼克·纳盖利（Nick Nagele）。

装瓶度数和陈年时间：87美制酒度（43.5%酒精浓度）装瓶，桶陈时间不足4年。

谷物比例配方：波本威士忌的配方为75%玉米、15%软红冬小麦和10%发芽大麦，黑麦威士忌的配方为75%黑麦和25%玉米。

酒厂谷物来源：伊利诺伊州迪卡尔布县的沃尔特农场（Walter Farms）。

蒸馏取酒度数：135 美制酒度（67.5% 酒精浓度）。

入桶陈年度数：120 美制酒度（60% 酒精浓度）。

陈年方式：截至本书出版前所装瓶的各个批次，在陈年时使用了由凯尔文制桶厂制作的容量 25 美制加仑（约 94.6 升）的第 3 级烧焦碳化的白橡木桶，且每次选酒自 6 至 10 个已陈年 30 到 40 个月的桶。从 2019 年起，新的批次改为选酒自容量 53 美制加仑（约 200.6 升）、桶内酒液至少陈年 4 年的橡木桶。

每个批次装瓶的桶数：（2019 年之前）选酒自 6 至 10 个容量 25 美制加仑的橡木桶；（截至本书出版时）每一个装瓶批次所需容量 53 美制加仑的橡木桶的数量待定。

酒色：说实话，也许正是由于它的酒名在我脑海里烙下了这一印象，但其酒色看起来真的很像淋在薄煎饼上的淡淡一层的枫糖浆。

闻香：有一些烟熏、山核桃派、枫糖浆、玉米面包和黄油的气息。这股香气的确很特别。

口味：开场的红糖、山核桃、炸甜面团和香草味令人愉悦。同样，我可能再次受到了酒名的影响，但这味道真的很像是淋上了枫糖浆的山核桃薄煎饼。或许，我单纯只是想吃薄煎饼了。

尾韵：中等长度，有些许的……你猜对了，正是枫糖浆味。


### *Whiskey Acres Blue Popcorn Bourbon Whiskey*
### 威士忌英亩蓝色爆米花波本威士忌

装瓶度数和陈年时间：87 美制酒度（43.5% 酒精浓度）装瓶，桶陈时间不足 4 年。

酒色：淡褐色。

闻香：柑橘类、橡木和咖啡。

口味：主要都是橡木味，但也有一点焦糖、玉米面包和红糖的味道。

尾韵：余味短暂，有一点红糖味。

### *Whiskey Acres Sweet Corn Bourbon Whiskey*
## 威士忌英亩甜玉米波本威士忌

装瓶度数和陈年时间：87美制酒度（43.5%酒精浓度）装瓶，桶陈时间不足4年。

酒色：麦秆色。

闻香：天然未加工的谷物、泥土味和橡木味。

口味：非常重的橡木味。木质的味道始终在口中挥之不去，但隐约间却有一些宜人的糖果点心味。

尾韵：余味短暂，微微涩口。

### *Redemption High Rye Bourbon*
## 救赎高黑麦比例波本

酒厂：品牌所有方为"多伊奇父子公司"（Deutsch and Sons），但这款威士忌实际上委托了MGP综合原料公司位于印第安纳州劳伦斯堡市的酒厂进行生产。

装瓶度数和陈年时间：92美制酒度（46%酒精浓度）装瓶，桶陈时间在5年以内。

*169*

**谷物比例配方：** 60% 玉米、38.2% 黑麦和1.8% 发芽大麦。

**酒厂谷物来源：** 玉米来自印第安纳州，黑麦源自欧洲，而发芽大麦则从位于威斯康星州密尔沃基市的欧麦集团（Malteurop）美国分部购买。

**蒸馏方式：** MGP 综合原料公司的劳伦斯堡酒厂在生产威士忌时会进行两次蒸馏，使用旺多姆公司打造的直径48英寸（约121.9厘米）的柱式蒸馏器搭配一个容量15 000美制加仑（约56 781.1升）的再馏壶，或者以直径72英寸（约182.9厘米）的旺多姆柱式蒸馏器搭配另一个容量40 000美制加仑（约151 416.5升）的再馏壶。

**蒸馏取酒度数：** 130至140美制酒度（65% 至70% 酒精浓度）。

**入桶陈年度数：** 120美制酒度（60% 酒精浓度）。

**陈年方式：** 使用 MGP 综合原料公司从独立桶板公司购入的常规桶型，即第3级烧焦碳化或第4级烧焦碳化的美国白橡木桶。

**每个批次装瓶的桶数：** 选酒自7至10个橡木桶。

**过滤方式：** 冷凝过滤。

**酒色：** 类似存放在谷仓里的麦秆的颜色。

**闻香：** 鉴于这款年轻的威士忌含有相对而言比例很高的黑麦，那么在闻香时出现的香水味就一点不奇怪了。此外，它还有一些香料和一点点焦糖的气味。

**口味：** 入口的味觉体验，与它的香气大不相同。其口感香脆，有着草药、烤焦的玉米以及香料的味道。

**尾韵：** 短暂的带有肉桂味的余味。

## *FEW Bourbon Whiskey*
# 富优波本威士忌 ::::::::::::::::::::::::::::::::::::::::::::::::::::::::::::::::::::

### ◆ 酒厂提供给媒体人士的小份样酒

酒厂：富优烈酒公司，埃文斯顿市，伊利诺伊州。

蒸馏大师：保罗·赫莱特科。

装瓶度数和陈年时间：93美制酒度（46.5% 酒精浓度）装瓶，这款波本没有标明陈年时间，但桶陈时间不足4年。

谷物比例配方：蒸馏师从未透露过配方，该信息也不对外公开。但有两点已知：第一，该酒厂使用能产生辛香料风味的酵母；第二，其波本酒款含有黑麦的比例相对很高。

酒厂谷物来源：选用种植地点距离酒厂100英里（约161公里）范围以内的非转基因玉米与黑麦，发芽大麦则从布里斯麦芽及原料公司（Briess Malt & Ingredients Company）购买。

蒸馏方式：用旺多姆公司打造的直径12英寸（30.5厘米）的柱式蒸馏器来生产"低度馏液"；第二道蒸馏工序则使用一部容量1500升（约396.3美制加仑）的复合式蒸馏器。

蒸馏取酒度数：135美制酒度（65% 酒精浓度）。

入桶陈年度数：118美制酒度（59% 酒精浓度）。

陈年方式：富优选用容量15、30和53美制加仑（约56.8、113.6和200.6升）的第3级烧焦碳化的橡木桶；为酒厂供应酒桶的两家制桶厂，从密苏里州和其他美国北部诸州获取美国白橡木。

每个批次装瓶的桶数：鉴于酒厂使用这么多种尺寸的橡木桶，这一问题很难回答。尽管如此，富优每次装瓶的目标威士忌用量大约为75至100美制加仑（约284至378.5升），或200至300美制加仑（约757至1135.6升）。

过滤方式：用垫式过滤器（pad filter）去除焦炭渣。

酒色：深麦秆色。

闻香：太棒了，这股酒香本身就充满了生命力，会让人不禁想到新鲜出炉的玉米面包、香草、剁碎的红辣椒、丁香以及少许的小豆蔻。

口味：在淡淡的玉米面包味之后，木质和马鞍（皮）革的味道瞬间温暖了口腔。然后是带有香草和焦糖气息的草药风味。

尾韵：富优波本作为这样一款年轻的威士忌，在一饮而尽之后，余味还能经久不散，实属难得。从如此令人享受的尾韵中，我感受到了一丝淡淡的橡木和香草味。

## *Mckenzie*
## 麦肯齐

### ◆ 单桶波本威士忌 / 桶号413

酒厂：芬格湖群蒸馏公司（Finger Lakes Distilling），伯德特村，纽约州。

装瓶度数和陈年时间：92美制酒度（46% 酒精浓度）装瓶，桶陈时间在5年以内。

谷物比例配方：70% 玉米、20% 白小麦和10% 发芽大麦。

酒厂谷物来源：玉米和小麦来自距离酒厂仅有5英里（8公里）的一处农场。发芽大麦采用一款产自加拿大的蒸馏师麦芽（distiller's malt）。

蒸馏方式：这款威士忌只经过单次壶式蒸馏，但馏液蒸气会通过一小段的精馏柱（rectifying column）进行蒸馏。

蒸馏取酒度数：115美制酒度（57.5%酒精浓度）。

入桶陈年度数：100美制酒度（50%酒精浓度）。

陈年方式：选用容量53美制加仑（约200.6升）、桶板在制桶之前风干长达36个月的第4级烧焦碳化的美国白橡木桶，供桶方为麦金尼斯木材产品公司。酒桶的堆放方式很类似葡萄酒庄所使用的桶架，此外，麦肯齐波本的陈年仓库在冬季时还会采用热循环控温法。

每个批次装瓶的桶数：单桶酒款。

过滤方式：无。

酒色：淡褐色。

闻香：扑面而来的新鲜谷物与草本植物的芳香，让我产生了想要成为素食主义者的冲动。它的蔬菜气味和草药气息可谓成熟得恰到好处。

口味：口感充满嚼劲，诱人的谷物风味就如同抹上了黄油、盐和胡椒的煮玉米棒子。草药味依旧很重，出现了牛至与罗勒的味道，大量的草本植物气息突如其来。

尾韵：中等长度。


*Mckenzie Bottled in Bond*
## 麦肯齐保税装瓶波本

装瓶度数和陈年时间：100美制酒度（50%酒精浓度）装瓶，桶陈4年。

酒色：琥珀色。

闻香：干松泥土、汽油、油煎菌菇和玉米。

口味：风味先触及上腭的最前端，再带着爽口的草药、谷物与甜味向后延伸。就在上腭中部，有一种像是蘸了黄油的咸味面包的味道开始绽放，一丝淡淡的肉桂味则出现在末段。

尾韵：中等长度，带有烘焙香料味。

## Smooth Ambler Family of Brands
## 平缓马步品牌家族

酒厂：平缓马步酒厂，马克斯韦尔顿市，西弗吉尼亚州。

首席蒸馏师：约翰·利特尔（John Little）。

谷物比例配方：该酒厂在西弗吉尼亚州生产一款自己的"小麦波本"，其配方为71% 玉米、21% 小麦和8% 发芽大麦；同时，从田纳西州购入采用84% 玉、8% 黑麦和8% 发芽大麦的波本；另外也从印第安纳州购入第三种波本，配方为75% 玉米、21% 黑麦和4% 发芽大麦。

酒厂谷物来源：小麦和玉米来自西弗吉尼亚州，而发芽大麦则使用嘉吉公司出品的蒸馏师麦芽。当为其供应原料的合作农户发生断货时，酒厂偶尔也从美国中西部补购谷物。

蒸馏方式：使用直径12英寸（约30.5厘米）的柱式蒸馏器与容量50美制加仑（约189.3升）的再馏壶，进行两次蒸馏。

蒸馏取酒度数：140至142美制酒度（70% 至71% 酒精浓度）。

入桶陈年度数：120美制酒度（60% 酒精浓度）。

过滤方式：用简单的纸质过滤器（paper filter）去除焦炭渣。

陈年方式：使用容量53美制加仑（约200.6升）的第3级和第4级烧焦碳化的美国白橡木桶，其中一部分桶的桶板在制桶之前风干长达1年。这些酒桶存放于酒厂的混凝土陈年仓库中。

## *Smooth Ambler Contradiction*
## 平缓马步矛盾波本

◆ 矛盾波本是一款调和纯正威士忌，特别是融合了分别来自 MGP 综合原料公司的印第安纳州酒厂与平缓马步自家酒厂的威士忌。

装瓶度数和陈年时间：92 美制酒度（46% 酒精浓度）装瓶，调和了桶陈时间 4 年至 13 年的三种纯正波本威士忌。

每个批次装瓶的桶数：选酒自 4 至 6 个橡木桶。

过滤方式：利用不锈钢网格去除橡木桶内的杂物。威士忌先经过一个小型过滤器，以去除所有的焦炭渣，然后在即将装瓶之前会再进行一次过滤。"我们尽可能地轻度过滤，以尽量多地保留源自橡木桶的风味特征。"蒸馏师利特尔解释说。

酒色：琥珀色。

闻香：烤杏仁、蜂蜜、花香、柑橘类、太妃糖和榛子。

口味：杏仁蛋白软糖、烘焙香料、黑醋栗和草本植物的味道依次展开，另外还有一种很迷人的特殊的矿物质感。

尾韵：余味悠长且浓郁，有一些杏仁蛋白软糖味。

### *Smooth Ambler Yearling Bourbon*
### 平缓马步周岁版波本

**装瓶度数和陈年时间：** 92美制酒度（46% 酒精浓度）装瓶，桶陈1年。尽管该酒款现已停产，但在市面上仍然有整瓶出售。

**每个批次装瓶的桶数：** 单桶酒款。

**过滤方式：** 使用纸质过滤器。

**酒色：** 就像带有焦糖色光泽的纯金条的颜色。

**闻香：** 这款波本的闻香特征在成组的品鉴中很容易显得逊色，因为它展现出的香气不如陈年更久的波本鲜明。我闻到了花香，和刚刚磨碎的玉米、焦糖、香草以及一丝烤棉花糖的气息。

**口味：** 它有一种嚼劲十足的烤玉米味，相当令人垂涎，我不禁想起了在篝火堆边烧烤的玉米棒子。随后是焦糖、香草和香料茶，伴随一些肉桂与薰衣草的味道。其口感既偏向温和又伴随着干燥。

**尾韵：** 短暂而辛辣。


### *Pennington Distilling Co. Tennessee Bourbon*
### 彭宁顿蒸馏公司田纳西波本

**酒厂：** 彭宁顿酒厂，纳什维尔市，田纳西州。

**首席蒸馏师：** 卡特·科林斯（Carter Collins）。

**装瓶度数和陈年时间：** 100.4美制酒度（50.2% 酒精浓度）装瓶，桶陈2年。

**谷物比例配方：** 60% 田纳西白玉米、18% 田纳西红冬小麦和22% 发芽大麦。

**酒厂谷物来源：**该酒厂从位于田纳西州亨廷登镇的伦夫罗农场（Renfroe Farms）购得大部分谷物（玉米、黑麦和小麦）。唯一例外的是大麦，他们从布里斯麦芽及原料公司购买——因为大麦并不适宜生长在田纳西州。

**蒸馏方式：**采用两次蒸馏，且这两道工序都使用同一部由旺多姆公司打造的容量500美制加仑（1892.7升）的铜制壶式蒸馏器。

**蒸馏取酒度数：**通常为135至140美制酒度（67.5%至70%酒精浓度）。

**入桶陈年度数：**115美制酒度（57.5%酒精浓度）。

**陈年方式：**使用容量53美制加仑（约200.6升）的第4级烧焦碳化的美国白橡木新桶，其制桶的橡木拥有多个来源地，包括密苏里州、亚拉巴马州和南卡罗来纳州。

**每个批次装瓶的桶数：**数目各异。

**过滤方式：**使用5微米级过滤器。

**酒色：**淡琥珀色。

**闻香：**这美妙的香气彻底令人愉悦，洋溢着甜味谷物、存放马具的房间以及水果的气息。

**口味：**它在味蕾上的触发方式简直独一无二。大多数的威士忌会从舌尖出发，再向后延伸。这款酒不知为何却从舌根开始，然后一直往前，并始终散发着诸如玉米面包、美式熏肋排、烤棉花糖和丰盛的烘焙香料等风味。

**尾韵：**悠长，有一些杏仁蛋白软糖味。

# *Town Branch*
# 小镇分部

◆ **肯塔基纯正波本威士忌**

**酒厂：** 小镇分部酒厂，列克星敦市，肯塔基州。

**蒸馏大师：** 马克·科夫曼（Mark Coffman）。

**装瓶度数和陈年时间：** 80美制酒度（40%酒精浓度）装瓶，桶陈至少2年。

**谷物比例配方：** 72%玉米、15%发芽黑麦和13%发芽大麦。

**酒厂谷物来源：** 该酒厂从嘉吉公司购买糊化玉米淀粉（gelatinized corn）、发芽大麦和发芽黑麦。

**蒸馏方式：** 使用由苏格兰福赛思（Forsyths）公司打造的容量5000升（约1320.9美制加仑）的酒醪蒸馏器与容量3200升（约845.4美制加仑）的烈酒蒸馏器来进行两次蒸馏。

**蒸馏取酒度数：** 139美制酒度（69.5%酒精浓度）。

**入桶陈年度数：** 120美制酒度（60%酒精浓度）。

**陈年方式：** 小镇分部品牌从独立桶板公司定购第5级烧焦碳化的橡木桶，并签约租用肯塔基波本蒸馏者公司（Kentucky Bourbon Distillers）的陈年仓库。

**过滤方式：** 使用一套帕尔过滤系统（pall filtration system）进行冷凝过滤。

**酒色：** 麦秆色。

**闻香：** 起初像是正在炭烤中的刚剥好的玉米棒子，之后，橡木与香蕉的气味充斥着嗅觉。

口味：充满了梨子和香蕉的味道，虽然口感有些粗粝，但焦糖与香草味撑起了迈向尾韵的漂亮过渡。

尾韵：短暂且带有肉桂味。

## *Rabbit Hole Kentucky Straight Bourbon, 4 Grain*
## 兔子洞四谷物肯塔基纯正波本

酒厂：兔子洞酒厂，路易斯维尔市，肯塔基州。

蒸馏大师：并不设有"蒸馏大师"一职，转而依赖于一种团队哲学。

装瓶度数和陈年时间：95美制酒度（47.5% 酒精浓度）装瓶，桶陈3.5年。

谷物比例配方：70% 玉米、10% 发芽大麦、10% 蜂蜜发芽大麦（honey malted barley）和10% 发芽小麦。

酒厂谷物来源：选用种植地点距离酒厂100英里（约161公里）范围以内的玉米，黑麦来自加拿大，发芽大麦则来自明尼苏达州。

蒸馏方式：使用一部由旺多姆纯铜及黄铜工艺厂打造的直径24英寸（约61厘米）、总高48英尺（约14.6米）且内有19层托板结构的铜制柱式蒸馏器。

蒸馏取酒度数：130美制酒度（65% 酒精浓度）。

入桶陈年度数：110美制酒度（55% 酒精浓度）。

陈年方式：从凯尔文制桶厂定制先经烘烤处理的第3级烧焦碳化的橡木桶，目前仍租用着位于肯塔基州法兰克福市境内的城堡与密匙酒厂（Castle & Key Distillery）的陈年仓库。

每个批次装瓶的桶数：选酒自13至15个橡木桶。

**过滤方式：** 非冷凝过滤。

**酒色：** 古铜色。

**闻香：** 能闻到蜂蜜、花香、水果和玉米气味，还有一丝淡淡的香料气味，但蜂蜜的气息还是明显盖过了其他香气。

**口味：** 这是种很有趣的味觉体验，令人愉悦地散发出谷物、麦芽、蜂蜜、烟熏和烘烤坚果味。这些味道相互交织，又几乎依次层叠，这一迹象或许足以表明，随着桶陈时间的增加，其风味也会愈加复杂。换句话说，这款波本正走在正确的陈年之路上。就它现在的酒龄而言，也绝对算是从同龄酒款之中脱颖而出的佼佼者。

**尾韵：** 相对偏长，有一些洋茴香味。

## *Peerless Kentucky Straight Bourbon*
## 无与伦比肯塔基纯正波本

**酒厂：** 肯塔基无与伦比蒸馏公司（Kentucky Peerless Distilling Co.），路易斯维尔市，肯塔基州。

**蒸馏大师：** 凯莱布·基尔伯恩（Caleb Kilburn）是现今肯塔基州最年轻的蒸馏大师，他足以荣获这一头衔的才能，已得到行业前辈及同辈们的认可。

**装瓶度数和陈年时间：** 109美制酒度（54.5% 酒精浓度）装瓶，且所有选桶的陈年时间都超过了4年。

**谷物比例配方：** 尽管该酒厂将自家配方作为一项保密专利，但我们不难得知，其所用谷物为玉米、黑麦和发芽大麦。

**酒厂谷物来源：** 通过统一谷物与驳船公司（Consolidated Grain and Barge Co.）来获取本地谷物，该公司则从肯塔基州、印第安纳州和俄亥俄州收购其大部分的谷物。

蒸馏方式：小批量地进行两次蒸馏，平均每日产出的新酒可装满10个橡木桶。该酒厂使用一套定制设计的蒸馏设备系统，包含一部柱式蒸馏器与一个再馏壶，由位于肯塔基州路易斯维尔市的旺多姆纯铜及黄铜工艺厂负责打造。

蒸馏取酒度数：130美制酒度（65% 酒精浓度）。

入桶陈年度数：107美制酒度（53.5% 酒精浓度）。

陈年方式：无与伦比酒厂出品的高端威士忌，皆陈年于地处同城的凯尔文制桶厂的工匠们手工制作的品质如一的上等橡木桶。这款波本待在先中度烘烤、再经第3级烧焦碳化的全尺寸酒桶（容量53美制加仑或说约200.6升）中，自然而然地桶陈，绝不运用任何快速陈年技术，直至在盲品中被评估为"已足够成熟"。这家酒厂对威士忌是否准备好被装瓶的判断标准，完全只基于风味，并不受酒龄数左右，因为后者并不能准确代表成熟度。

每个批次装瓶的桶数：平均每次不超过10个橡木桶。

特殊方式：甜性发酵醪，低蒸馏度数，低入桶陈年度数，小批量生产出品，原桶度数装瓶。

过滤方式：非冷凝过滤。

酒色：黄褐色（茶色）。

闻香：在些许的香草和红糖的气味烘托下，一开始由谷物的气息所引领，最终演变成刚刚出炉的玉米面包的香气。

口味：甜味笼罩了上腭的最前端，但缓缓浮现的香料味却逐渐往后渗透，同时，焦糖、太妃糖、榛子和玉米面包的味道在口中徘徊。

尾韵：中等长度，有一些巧克力味。

赛勒斯诺布尔（Cyrus Noble）这一波本品牌，早已存在了很长时间。如今，尽管它也无法幸免被贴上从别处获取原酒的非酒厂型生产商的标签，但该品牌的真实往事却在美国威士忌史上留有一份特殊遗产。在 1901 年，的确有人用一座货真价实的金矿，换回了区区 1 夸脱（946 毫升）的赛勒斯诺布尔威士忌。

# 肉豆蔻风味突出型波本

*Chapter Six*
*Nutmeg Forward Bourbons*

　　想象一下，波本带给你味蕾的风味体验，与每年过节时会买的蛋酒
（eggnog）惊人相似。但它又不完全如同蛋酒，实际上，你品尝到的又有
点像南瓜派，或者妈妈所做的肉丸里的神秘香料。我的诸位朋友，这就是
肉豆蔻，一种在波本中极为寻常的风味。与焦糖或香草这样的常见风味有
所不同，肉豆蔻通常不会直接作为品鉴笔记里的用词出现，因为这种风味
即便存在，也往往难以描述。这便是为何有时它会以蛋酒、南瓜派或烘烤
坚果的形态被提及。无论如何，肉豆蔻都以这样或那样的形态现身于众多
波本酒款，而我发现这些肉豆蔻风味突出的波本的唯一共同点在于，谷物
比例配方中的大麦（发芽大麦）含量相对较高——不过，正如你即将看到的，
这并非一成不变的规律。在许多层面，肉豆蔻仍旧是一种相当神秘的风味。
但可以肯定的是，想要探究清楚这一风味与其他风味的细微差别，唯有通
过大量的品鉴与钻研。

　　有趣的是，你将发现波本中的肉豆蔻味也会产生肉桂与丁香的风味，
而面包师则用这三种香料来制作美味可口的烘焙食品和糖霜。如同这种源
自肉豆蔻树上的香料本身，肉豆蔻风味突出的波本往往具有一种非常开胃
的鲜味。

肉豆蔻风味突出的波本，往往属于一个具有近似谷物比例配方的大家族，尤其是黑麦和发芽大麦的含量通常相差无几。这类波本不光令人愉悦，价格合理，而且相对容易买到。

## *Angel's Envy*
## 天使之翼

◆ 小批量波本威士忌

**酒厂：** 位于路易斯维尔市的天使之翼酒厂从2015年开始正式投入运转。

**威士忌调配师 / 蒸馏师：** 林肯·亨德森于2013年去世之前，曾担任酒厂的首任蒸馏大师，此后他的头衔由其子韦斯·亨德森和其孙凯尔·亨德森继任。林肯的另一位孙子安德鲁·亨德森（Andrew Henderson），很快也加入了共同任职蒸馏大师的行列。目前，韦斯、凯尔和安德鲁父子三人，与酒厂的生产技术团队一同负责创作天使之翼威士忌。

**装瓶度数和陈年时间：** 86.6美制酒度（43.3% 酒精浓度）装瓶，未标明陈年时间。

**谷物比例配方：**起初，天使之翼从兜售威士忌原酒的供应商处，购得了大批量库存。最初这批桶内的酒液，包含着各式各样的谷物比例配方，且具体的配方详情未知。自从该品牌通过签立协议的方式，委托其他酒厂代工蒸馏自己的独家配方开始，天使之翼波本的谷物比例组成便固定为了72% 玉米、18% 黑麦和10% 发芽大麦。

**酒厂谷物来源：**所有的玉米都来自肯塔基州和印第安纳州，黑麦来自北达科他州、南达科他州，发芽大麦则源自加拿大。

**蒸馏方式：**用柱式蒸馏器进行第一道蒸馏，再由再馏壶进行第二道蒸馏。

**蒸馏取酒度数：**138 美制酒度（69% 酒精浓度）。

**入桶陈年度数：**125 美制酒度（62.5% 酒精浓度，代工蒸馏斯蒂泽尔时期），但当新建在路易斯维尔市的自家酒厂正式投入运转之后，天使之翼的入桶度数已调整为107 美制酒度（53.5% 酒精浓度）。

**陈年方式：**当蒸馏出谷物比例配方中黑麦含量适中的波本新酒之后，成桶的天使之翼库存陈年于路易斯维尔市的斯蒂泽尔 – 韦勒酒厂、巴兹敦镇的威利特酒厂和"强势烈酒公司"（Strong Spirits）。鉴于天使之翼从独立桶板公司定制用于陈年波本的橡木桶，所以其制桶木材来自欧扎克山脉和阿巴拉契亚山脉地区，且采用了第 3 级烧焦碳化的处理。用常规的波本酒桶陈年6 年之后，天使之翼会转入波特桶中进行4 至 7 个月的二次陈年。这些波特桶并非来自某个特定的波特酒庄，而是通过代理商购买的。

**每个批次装瓶的桶数：**选酒自12 至 13 个波本酒桶，然后转入 10 个波特桶。何时在波特桶中二次陈年达到最佳状态，何时便倾倒出桶以装瓶。

**过滤方式：**活性炭过滤。

**酒色：**红褐色。

**闻香：**发泡鲜奶油、巧克力、焦糖、香草精，以及带有一丝淡淡的篝火烟味的香料气息。

**口味：** 一种温暖的如奶油般的口感温柔地包裹住舌头，绵延出巧克力布朗尼、肉豆蔻、黑胡椒、树莓果酱和焦糖糖果的味道。

**尾韵：** 相对偏短，有一点辣口的辛香料味。

## Nelson's Green Brier Single Cask Bourbon Finished in Mourvèdre Casks
### 纳尔逊的绿荆棘慕合怀特葡萄酒桶二次陈年单桶波本

**简述：** "纳尔逊的绿荆棘"酒厂以田纳西州纳什维尔市为大本营，不光自己蒸馏威士忌，也从其他酒厂或公司购入大量库存。该酒款便以来自 MGP 综合原料公司位于印第安纳州劳伦斯堡市的酒厂的原酒为基础，再转入罕见的慕合怀特葡萄酒桶（Mourvèdre casks）中进行二次陈年（过桶）——这种酒桶曾在西班牙用于陈酿同名葡萄品种的红葡萄酒。如今，慕合怀特更多作为一种适宜于混酿的葡萄品种而为人所知，用其酿成的红葡萄酒所具有的肉质感丰满的风味，若出现于威士忌之中也相当令人垂涎。这款单桶威士忌先于常规波本酒桶中陈年 10 年，随后在慕合怀特葡萄酒桶内再度陈年 148 天。

**单次装瓶的桶数：** 单桶酒款。

**酒色：** 深琥珀色。

**闻香：** 香气由葡萄果实、花香、肉豆蔻和棉花糖的风味所引领，闻起来很甜美且果香浓郁。

**口味：** 果味的确很明显，例如李子、梨子和黑葡萄类的水果。肉豆蔻的风味则以烘烤馅饼的形态浮现，准确说像南瓜派。它的口感略带涩味，但涩感逐渐消散于层层叠叠的从焦糖糖衣苹果（caramel-candied apple）到红糖的丰富甜味中。

**尾韵：** 悠长，有一些黑醋栗味。

## *Barrell Bourbon*
# 巴雷尔波本

简述：巴雷尔烈酒（Barrell Spirit）是一家调配品牌公司，他们从其他酒厂收购成桶的库存，再调和出独家的产品。自2013年以来，他们已取得引人注目的成功，包括在旧金山世界烈酒竞赛（San Francisco World Spirits Competition）和"弗雷德·明尼克的年度威士忌评选"（Fred Minnick's Whiskey of the Year）中双双夺魁。鉴于巴雷尔公司收购其他酒厂所生产的烈酒原酒，再重新创造出自己的酒款，因此诸如谷物比例配方与蒸馏方式等信息，相较于其出品本身而言，并非那么重要。相反，他们每调和出一款产品时所使用到的各种原酒的百分比，才是威士忌爱好者们渴望得知的核心。

## *Barrell Bourbon Batch 016*
# 巴雷尔波本016批次

装瓶度数和陈年时间：105.8美制酒度（52.9% 酒精浓度）装瓶，桶陈9年零9个月。

简述：批次编号为016的这款巴雷尔波本，调和了桶陈时间从9年零9个月到15年的多种波本原酒，这批威士忌分别蒸馏且陈年于田纳西州、印第安纳州和肯塔基州。

每个批次装瓶的桶数：选酒自80个橡木桶。

酒色：深琥珀色。

闻香：香气表现为肉豆蔻、蜂蜜、辛香料、香草和水果的气息。

口味：入口即带来美妙的感受，一开始是肉豆蔻和蜂蜜味，随后有杏仁蛋白软糖、橙子果酱和太妃糖的味道，还出现了些许的香蕉和杏仁风味。

尾韵：回味悠长且浓郁，伴有一些红糖与黄油的混合风味。

## *Barrell Bourbon Batch 018*
## 巴雷尔波本018批次

装瓶度数和陈年时间：111美制酒度（55.5%酒精浓度）装瓶，桶陈11年。

简述：这款批次编号018的巴雷尔波本，调和了11年、14年、15年这三种酒龄的纯正波本，这批威士忌分别蒸馏且陈年于田纳西州和肯塔基州。

每个批次装瓶的桶数：选酒自60个橡木桶。

酒色：琥珀色。

闻香：有肉豆蔻、玉米面包、正在烤箱里烤着的苹果派、蜂蜜、杏仁以及焦糖的香气。

口味：不妨采用比拟的方式来描述这趟味觉体验——它从大量互相角逐的蜂蜜与果香风味出发，然后，香蕉和杏仁蛋白软糖味开始弯道超车，接着，烘烤杏仁、腰果和花生酱的味道取得领先，同时，一些红糖和肉桂味也加入了赛道。

尾韵：余味绵长，且带有一点弗林特斯通维生素软糖（Flintstones vitamins）的味道。

## *Jefferson's Ocean*
# 杰斐逊"海洋"系列

### ◆ 纯正波本威士忌 / 极小批量出品 / 第19批次 / 装瓶编号0181

**酒厂：**由于杰斐逊品牌以威士忌批发商的身份从多家酒厂购入成桶的库存，因此该酒款的具体酒厂来源未知。

**蒸馏师：**实际蒸馏师的身份未知，但杰斐逊品牌的创始人特雷·策勒（Trey Zoeller）担任了调配大师（master blender）一职。

**装瓶度数和陈年时间：**90美制酒度（45%酒精浓度）装瓶，未标明陈年时间。

**谷物比例配方：**对杰斐逊的所有核心系列酒款而言，除非在酒瓶上有特别说明，通常都包含了陈年时间从6到12年不等的3至4种谷物比例配方的威士忌原酒。所有用于调和的原酒配方中都采用了黑麦，而杰斐逊的波本产品则必定含有至少占比55%的一款高黑麦比例的波本原酒。

**酒厂谷物来源：**同绝大部分肯塔基酒厂的谷物来源一样——玉米来自印第安纳州和肯塔基州，黑麦和大麦来自美国中西部和加拿大。

**蒸馏方式：**两次蒸馏。

**蒸馏取酒度数：**未知。

**入桶陈年度数：**125美制酒度（62.5%酒精浓度）。

**陈年方式：**杰斐逊品牌使用第2级烧焦碳化的橡木桶。就杰斐逊"海洋"系列而言，成桶的威士忌库存被送上一条总长126英尺（约38.4米）的科研船之后，便开启了一段环游世界之旅。这批用于杰斐逊品牌的威士忌在上船之前就已经桶陈了6年，接下来，它们会在超过6个月的航行中，抵达30处港口并穿越赤道。一旦抵达最终的港口，它们将立即被装瓶。

**每个批次装瓶的桶数：**在2014年之前，只有少数橡木桶得以登船。如今则有390个桶的杰斐逊库存正在海上陈年。现在还无从知晓每个批次选酒的桶数。

**过滤方式：**冷凝过滤。

**酒色：**焦糖色。

**闻香：**正如预期，有一种海水的气息，但很快就消散了，让位于焦糖、肉豆蔻和香草，以及少许香料的气味。

**口味：**由岩盐焦糖、牡蛎壳和香草蛋奶沙司的味道所引领的第一味觉印象，在整个波本品类中都显得很独特。肉桂和黑胡椒味的出现，让它开始变得非常辛辣。肉豆蔻味则浮现在末尾。

**尾韵：**中等长度，有一些肉桂味。


## *Cyrus Noble*
## 赛勒斯诺布尔

◆**小批量波本威士忌**

**酒厂：**目前所装瓶的威士忌，通过作为中间商的爱汶山酒厂购得，源自现已关停的位于肯塔基州欧文斯伯勒市的查尔斯·梅德利酒厂（Charles Medley Distillery）。这批威士忌曾计划用于装瓶沃森（Wathen's）品牌的波本产品线。

**蒸馏大师：**查尔斯·梅德利酒厂的最后一任蒸馏大师，也叫查尔斯·梅德利，该酒厂正是得名自他的同名祖先。

**装瓶度数和陈年时间：**90美制酒度（45%酒精浓度）装瓶，虽然未标明陈年时间，但该酒款的装瓶批次使用了桶陈5至6年的波本。

# Bourbon Blueberry Smash
# 波本蓝莓思迈斯鸡尾酒

4 颗新鲜蓝莓

1.5 液量盎司（42 毫升）新鲜黄柠青柠混合酸甜汁（sweet-and-sour mix）

0.25 液量盎司（7.5 毫升）单糖浆，外加一甩滴（约 1 毫升）的香草精

0.5 液量盎司（15 毫升）黑醋栗利口酒

1.5 液量盎司（42 毫升）肉豆蔻风味突出型波本

先在黄柠青柠混合酸甜汁中捣碎蓝莓，再加入其余原料，然后用力摇酒，最后过滤并倒入盛有冰块的杯中，并配上一束薄荷叶作为装饰。

这一配方是对获奖调酒师帕特里夏·理查兹（Patricia Richards）的"西纳特拉思迈斯"（Sinatra Smash）鸡尾酒的改编，原配方使用了绅士杰克田纳西威士忌（以及我建议改用添加香草精的方式来替换香草荚浸泡单糖浆）。帕特里夏的配方是为拉斯维加斯永利酒店（Wynn Las Vegas）创作的，并已成为赌城的鸡尾酒标签。

**谷物比例配方：** 75% 玉米、17% 黑麦和 8% 发芽大麦。

**酒厂谷物来源：** 详情未知，但很有可能玉米来自印第安纳州、肯塔基州和伊利诺伊州，黑麦与大麦来自加拿大。

**蒸馏方式：** 未知。

**蒸馏取酒度数：** 未知。

**入桶陈年度数：** 120 美制酒度（60% 酒精浓度）。

**陈年方式：** 使用第 3 级烧焦碳化的橡木桶，制桶木材来自密苏里州的欧扎克山脉地区；与爱汶山酒厂签订协议，租用其陈年仓库。

**每个批次装瓶的桶数：** 选酒自 15 至 25 个橡木桶。

**过滤方式：** 冷凝过滤。

**酒色：** 浅褐色，但带有鲜艳的深焦糖色光泽。

**闻香：** 有着烘烤焦糖、法奇软糖（fudge）、花生脆糖（peanut brittle）、刚刚烤好的肉桂面包和香草精的香气。

**口味：** 噼啪发麻的口感，有着大量胡椒类的香料味。尽管赛勒斯诺布尔波本配方中的黑麦含量适中，却香料味十足，包括各式各样的烘焙香料、多香果（西班牙甘椒）、胡椒、肉桂和肉豆蔻的风味。但以岩盐焦糖（salted caramel）和果仁糖夹心为主的甜味，则赋予了这款波本极佳的平衡性。

**尾韵：** 中等长度，带有辛辣的香料味。

*Select Heaven Hill Distillery Brands:*
*Elijah Craig, Evan Williams Labels, Fighting Cock,*
*and Henry Mckenna*

## 爱汶山旗下酒厂的甄选品牌：
## 爱利加、爱威廉斯、美国雄鸡、亨利麦克纳

◆**注释：**这些产品采用了相同的谷物比例配方与陈年工艺。

酒厂：来自爱汶山酒业位于肯塔基州路易斯维尔市的伯恩海姆酒厂。

蒸馏大师：康纳·奥德里斯科尔（Conor O'Driscoll）。

谷物比例配方：78% 玉米、12% 发芽大麦和10% 黑麦。

酒厂谷物来源：玉米来自肯塔基州和印第安纳州；黑麦主要来自北达科他州、南达科他州和加拿大；大麦在威斯康星州进行发芽，但通常生长于明尼苏达州、北达科他州、南达科他州和华盛顿州。

蒸馏方式：这些爱汶山的波本品牌都在伯恩海姆酒厂经过两次蒸馏，使用了两部高大的直径66英寸（约167.6厘米）、总高70英尺（约21.4米）的柱式蒸馏器与一个暴鸣壶。

蒸馏取酒度数：未知。

入桶陈年度数：125美制酒度（62.5% 酒精浓度）。

陈年方式：爱汶山酒业通过数家制桶厂定制橡木桶，从欧扎克山脉和阿巴拉契亚山脉地区获取美国白橡木的独立桶板公司和麦金尼斯制桶厂为其中主要两家。所有橡木桶皆采用第3级烧焦碳化，并存放于爱汶山位于巴兹敦镇的拥有铝制墙板的陈年仓库中。

过滤方式：除非另有说明，一律采用冷凝过滤。

### *Elijah Craig Barrel Strength*
### 爱利加原桶强度

#### ◆ 肯塔基纯正波本威士忌

**装瓶度数和陈年时间**：133.2美制酒度（66.6% 酒精浓度）装瓶，桶陈12年。

**过滤方式**：非冷凝过滤，改用轻度过滤的方法以去除橡木桶内的焦炭碎片及残渣。

**每个批次装瓶的桶数**：选酒自70至100个橡木桶。

**酒色**：相当深的琥珀色，近乎深褐色。

**闻香**：这款酒真的有66.6度吗？我只闻到了微弱的酒精气味，却沉醉于丰富的焦糖、浓郁的香草、烘烤过的肉桂味麦片和橡木气息组成的一次香气迷航。

**口味**：与拥有类似酒精度的其他波本相比，它几乎毫无酒精灼烧感。出人意料的口感，如同奶油般地包裹住口腔，而在舌头中部，犹如正在举行一场各式烘烤馅饼的风味派对：在碧根果和焦糖味软糖的亲密私语之后登场的苹果派、樱桃派、蓝莓派甚至南瓜派风味，高调地征服了全场。

**尾韵**：余味极其绵长，有一些巧克力、肉豆蔻和肉桂味。

### *Evan Williams 1783*
### 爱威廉斯1783

#### ◆ 肯塔基纯正波本威士忌 / 小批量 / 酸性发酵醪

**装瓶度数和陈年时间**：86美制酒度（43% 酒精浓度）装瓶，桶陈6年。

**每个批次装瓶的桶数**：选酒自70至100个橡木桶。

酒色：焦糖色。

闻香：香气表现为烘烤杏仁、榛子糖浆、焦糖、棉花糖、花卉精华（花中提取物）以及一些香草与烤腰果的气息。

口味：在舌头上的感觉很温和，立即便展现出了其闻香所预示的风味特征。烘烤杏仁、榛子糖浆和烤腰果的香气转变成花生酱夹心曲奇饼干味，而焦糖和香草的气息则演变为表层焦香酥脆的焦糖布蕾的味道。嚼劲十足的口感让人从始至终感到愉悦。

尾韵：中等长度，带有一点撩人的肉豆蔻味。

## *Evan Williams Black Label*
## 爱威廉斯黑标

### ◆ 肯塔基纯正波本威士忌

装瓶度数和陈年时间：86美制酒度（43%酒精浓度）装瓶，未标明陈年时间，但大约桶陈了5年零6个月。

每个批次装瓶的桶数：选酒自500至700个橡木桶。

酒色：对于这样一款年轻的波本来说，其酒色已经相当深了，呈现近乎纯正的焦糖色。

闻香：具有焦糖布蕾、香草、红糖和些许淡淡的肉桂气息，其香气整体充满了平衡。

口味：一开始谷物味稍微有点突出，但红糖和肉豆蔻的味道很快浮现。这是一款柔和的威士忌，有着奶油般的口感，相当令人愉快，并散发着所有焦糖与香草系的专属风味。这是我个人最喜欢的入门款波本之一，适合刚开始接触这种美国威士忌的人。

尾韵：中等长度，回味偏甜。

## *Evan Williams Single Barrel 2004*
## 爱威廉斯单桶2004年份

◆**年份单桶/桶号#1（在2004年3月19日入桶陈年）/在2013年11月16日装瓶**

装瓶度数和陈年时间：86.6美制酒度（43.3%酒精浓度）装瓶，酒标上的年份标明了瓶中酒液具体是于哪一年蒸馏，但这款单桶波本的桶陈时间一般为9至10年。

每个批次装瓶的桶数：单桶酒款。

酒色：介于深麦秆色与红褐色之间。

闻香：香气表现为香蕉、梨子、桃子、菠萝汁、玉米罐头、黄柠檬皮和层叠的焦糖气息。

口味：入口温暖，口感香脆。除了在闻香中出现过的风味之外，味蕾还能感受到生姜、肉豆蔻和丁香的味道，伴随一些巧克力和留兰香薄荷味。

尾韵：中等长度，有香料味。

## *Fighting Cock*
## 美国雄鸡

◆**肯塔基纯正波本威士忌**

装瓶度数和陈年时间：103美制酒度（51.5%酒精浓度）装瓶，桶陈6年。

每个批次装瓶的桶数：选酒自70至100个橡木桶。

酒色：介于红褐色与纯褐色之间。

闻香：烘烤山药、烤棉花糖、焦糖、香草和些许香料的香气。

口味：这款波本正好就是闻香与口味并不相互匹配的酒款代表。略带涩味的口感令人不适，但最终得以退散。当这种不适感消失之后，这款以焦糖与香料味道为主的威士忌风味才有清晰表达。

尾韵：短暂而带有海水的咸味。

## *Henry Mckenna Bottled-in-Bond*
## 亨利麦克纳保税装瓶

### ◆ 肯塔基纯正波本威士忌 / 保税装瓶

装瓶度数和陈年时间：100美制酒度（50% 酒精浓度）装瓶，桶陈10年。

每个批次装瓶的桶数：单桶酒款。

酒色：浅樱桃木色。

闻香：我从没遇到过两款闻香一模一样的亨利麦克纳10年波本，这便是单桶酒款的魅力，每个桶号的装瓶，都可能带来与其他桶号不同的惊喜——无论酒厂如何努力保持该品牌装瓶的风格一致性。细品桶号 #1541 的这款亨利麦克纳，香气的第一印象是甘草糖、樱桃与橡木，美好得让我完全猝不及防。接下去，皮革、烟斗烟丝和焦糖气息开始登场，使我迫不及待想要啜饮一口这般充满阳刚之气的波本。

口味：美味的黑色浆果罐头、桃子、焦糖、香草、香料和些许丁香的味道。有嚼劲的口感让入口的感觉很舒适，末段浮现出怡人的肉豆蔻味。

尾韵：悠长而有辛香料味，肉豆蔻的气息从始至终。

## *Willett Family of Brands*
# 威利特家族系列品牌

**酒厂：** 目前仍不清楚威利特酒厂在2012年之前装瓶的产品究竟蒸馏于何处，因为有保密协议禁止他们公开这一信息。不过，依据大多数人的推测，这些威士忌应当来自其紧邻的爱汶山酒厂。至于爱汶山酒业是否与他们签订过代工蒸馏的协议，还是将从其他酒厂获得的威士忌库存成批转卖给威利特，我们无从得知。但无论其波本源自哪里，这些威士忌肯定是在威利特酒厂自己的仓库中陈年的。

**蒸馏大师：** 由埃文·库尔斯文（Even Kulsveen）和德鲁·库尔斯文（Drew Kulsveen）父子二人共同负责蒸馏与调和。

**谷物比例配方：**（基于前面已陈述过的原因）2012年之前蒸馏的威利特威士忌酒款的谷物比例配方未知。在那之后，这间酒厂重新开始自己蒸馏，并使用如下几种波本配方。

> **第1号波本配方：** 72% 玉米、13% 黑麦和15% 发芽大麦，采用125美制酒度（62.5% 酒精浓度）的入桶陈年度数。

> **第2号波本配方：** 65% 玉米、20% 小麦和15% 发芽大麦，采用115美制酒度（57.5% 酒精浓度）的入桶陈年度数。

> **第3号波本配方：** 52% 玉米、38% 黑麦和10% 发芽大麦，采用125美制酒度（62.5% 酒精浓度）的入桶陈年度数。

> **第4号波本配方：** 79% 玉米、7% 黑麦和14% 发芽大麦，采用125美制酒度（62.5% 酒精浓度）的入桶陈年度数。

**酒厂谷物来源：** 玉米和小麦来自肯塔基州，黑麦从明尼苏达州的中间商布鲁克斯谷物公司（Brooks Grain）购买，发芽大麦的供应源为欧麦集团。

**蒸馏方式：** 威利特酒厂当前使用的柱式啤酒蒸馏器曾在墨西哥的华雷斯市用于生产墨西哥波本，而其铜光闪闪的再馏壶则是该酒厂造型优美的象征性符号。

**蒸馏取酒度数：** 用柱式蒸馏器完成第一道蒸馏后为120美制酒度（60% 酒精浓度），以再馏壶进行第二道蒸馏的取酒度数为140美制酒度（70% 酒精浓度）。

**入桶陈年度数：** 蒸馏于2012年以前的产品的装桶度数未知。2012年以后，威利特酒厂自己蒸馏的威士忌的装桶度数如前文所示。

**过滤方式：** 除了威利特家族甄选（Willett Family Estate）这一高端产品线在装瓶时不经过滤之外，其他酒厂品牌一般采用冷凝过滤。


## *Johnny Drum*
## 约翰尼德拉姆

### ◆ 肯塔基纯正波本威士忌 / 私人桶藏

**装瓶度数和陈年时间：** 101美制酒度（50.5% 酒精浓度）装瓶，未标明陈年时间。

**每个批次装瓶的桶数：** 未知。

**过滤方式：** 木炭过滤。

**酒色：** 红褐色。

**闻香：** 杏干、草莓果酱、香草、焦糖，以及些许的咖啡、烟草和雪松木的香气。

**口味：** 具有包裹口腔的温暖口感，该波本与它的姐妹酒款（威利特壶式蒸馏波本）相似，展现出大多数波本所欠缺的微妙复杂度，如同可口的蛋奶沙司与淡雅香料的美妙结合，并且没有任何单一味道显得突兀。约翰尼德拉姆波本的风味平衡而多变，味觉体验从焦糖与香料类跨越到香草与咸鲜味，最后以迷人的肉豆蔻味圆满收尾。

尾韵：回味悠长，带有肉豆蔻的风味。

## *Noah's Mill*
## 诺厄的磨坊

### ◆ 正宗波本威士忌 / 批次编号 QBC/ 装瓶编号 13-102

装瓶度数和陈年时间：114.3 美制酒度（57.15% 酒精浓度）装瓶，未标明陈年时间。这款波本中含有桶陈高达 15 年的酒液，但由于现今的装瓶批次用到了更年轻的威士忌，所以无法估算出其大致的酒龄。

每个批次装瓶的桶数：少于 20 个桶。

酒色：深邃的深琥珀色。

闻香：第一印象有新鲜出炉的玉米面包、肉桂、生姜、李子和樱桃汁味，随后出现了一些焦糖与烘焙香料的气息。

口味：味道尖锐而且热辣，其发干的口感可能是因较高的装瓶酒精度所致，但于再次品尝之后，焦糖布蕾、肉豆蔻、苹果酱和肉桂苹果派的风味扑面而来。

尾韵：余味短暂，有一些烤苹果的味道。

威利特酒厂拥有全肯塔基州最风景如画的厂区环境之一。这是一家家族企业,在其酒厂纪念品商店内,发售过一批珍稀独特的波本与黑麦威士忌酒款。

## *Willett Pot Still*
## 威利特壶式蒸馏

◆ **肯塔基纯正波本威士忌 / 装瓶编号：单桶装瓶共计274瓶的第250瓶（但无法确认陈年橡木桶的桶号等信息）**

**装瓶度数和陈年时间：**94美制酒度（47%酒精浓度）装瓶，未标明陈年时间。

**每个批次装瓶的桶数：**单桶酒款。

**酒色：**浅琥珀色。

**闻香：**香气迷人且果香浓郁，散发着烘烤橡木、刚捣碎的新鲜蓝莓、烧焦的姜糖和香草荚萃取液的气息。另外还有轻微的烟熏味。

**口味：**呈现一种完全包裹住口腔的口感，没有任何一种风味掩盖过其他风味，简单来说，这款酒的平衡性很好。并且在末段，闻香的特征开始浮现于味蕾，演变出如撒有肉豆蔻粉的香草蛋奶沙司、涂抹着咸黄油的玉米面包和浇上焦糖酱的面包布丁的味道。至少我所品鉴的这款威利特壶式蒸馏波本的味道很复杂，风味不断地逐次变换，而最后一组风味中带有一丝淡淡的香槟酒味。

**尾韵：**回味持久，复杂而绵长。

## *Select Buffalo Trace Products: Eagle Rare, Stagg Jr., and Old Charter*

# 野牛仙踪酒厂的甄选产品： 飞鹰稀有、小斯塔格、老宪章

◆**注释**：这些产品采用了相同的谷物比例配方与陈年工艺。

**酒厂**：野牛仙踪酒厂，法兰克福市，肯塔基州。

**蒸馏大师**：哈伦·惠特利。

**谷物比例配方**：野牛仙踪酒厂尚未公布自家的谷物配方，但承认以上这些品牌都采用了一种"传统的波本配方"，这意味着该配方中的黑麦和发芽大麦的含量相差无几——野牛仙踪称其为1号谷物比例配方。

**酒厂谷物来源**：非转基因的玉米来自肯塔基州和印第安纳州，黑麦来自北达科他州、南达科他州，所用的发芽大麦都产自北美地区。

**蒸馏方式**：野牛仙踪酒厂的威士忌产品都会进行两次蒸馏，使用一部直径84英寸的柱式蒸馏器和一个再馏壶。

**蒸馏取酒度数**：130美制酒度（65%酒精浓度），135美制酒度（67.5酒精浓度）或140美制酒度（70%酒精浓度），因不同配方而异。

**入桶陈年度数**：125美制酒度（62.5%酒精浓度）。

**陈年方式**：野牛仙踪酒厂采用以密苏里州欧扎克山区的美国白橡木制成的第4级烧焦碳化的橡木桶，其多层结构的陈年仓库按照字母顺序来编号命名，呈现多种多样的建筑形式。举例来说，仓库K是一座铺有木地板的九层砖砌建筑，而五层高的仓库L则为混凝土地板——因此，仓库K内部的上下空气流通更加充分，导致每层室温的波动很大。进一步来说，在仓库K中，最底层凉爽且阴湿，这使得威士忌的桶陈效果变缓，而来到其炎热且干燥的顶层，橡木桶内酒液的陈年速率明显更快；对比之下，仓库L由

野牛仙踪酒厂蒸馏大师
哈伦·惠特利
© 野牛仙踪酒厂

于采用了混凝土地板，所以不同楼层之间的温差更小，适合于陈年该酒厂包括"凡·温克尔老爹"系列和韦勒品牌线在内的大部分小麦波本。针对该酒厂每年限量发售的"古典收藏"（Antique Collection）系列的高端酒款，他们会公开每个批次的选桶出处，似乎意在向不同的仓库单体致以极大敬意；至于其主流产品，却可能源自任何一间威士忌仓库。以2014年发售的"古典收藏"系列酒款为例，该年的乔治·T. 斯塔格波本选桶自编号 H、I、K、L、P、Q 的陈年仓库；同年，威廉·拉吕·韦勒波本出自仓库 D、K 和 L；飞鹰稀有17年波本则来源于仓库 I 和 K。我可以这么说，所有这些产品都是在一些传奇仓库里陈年的。

每个批次装瓶的桶数：未知。

过滤方式：冷凝过滤。

## *Buffalo Trace*
## 野牛仙踪

### ◆ 肯塔基纯正波本威士忌

装瓶度数和陈年时间：90美制酒度（45% 酒精浓度）装瓶，未标明陈年时间，但该基础酒款的桶陈时间保持在8至9年之间。

酒色：红褐色。

闻香：香草、焦糖、刚砍伐的橡木树、成捆的干草垛、杏子和些许迷迭香的香气。

口味：肉豆蔻类香料和焦糖的风味很浓郁，但略微劈啪发麻的口感多少掩盖了蛋奶沙司和南瓜派的味道，当两者最终浮现出来时，这款波本似乎才开始在味觉上火力全开，并伴有一丝温暖的苹果派气息。

尾韵：中等长度，回味辛辣。

## *Eagle Rare*
## 飞鹰稀有

### ◆ 肯塔基纯正波本威士忌

装瓶度数和陈年时间：90美制酒度（45% 酒精浓度）装瓶，桶陈10年。

酒色：深琥珀色。

闻香：香气华丽——焦糖、太妃糖、香草和肉桂的戏份很重，但大量水果蛋糕、各式馅饼派与蛋奶沙司馅料的气息很快加入了这套酒香组合，收尾阶段的榛子香气相当美妙。

口味：一入口，当即就包裹了整个口腔，暖意浓浓。这便是最典型的圆润口感，能带给人纯粹的幸福感，浮现出果仁糖、焦糖布蕾、苹果派、撒有肉豆蔻粉的南瓜派、蓝莓派馅料以及一种火辣肉桂味硬糖的味道。

尾韵：悠长而辛辣。

## *Stagg Jr.*
## 小斯塔格

### ◆ 肯塔基纯正波本威士忌

装瓶度数和陈年时间：134.4美制酒度（67.2% 酒精浓度）装瓶，未标明陈年时间，但桶陈时间保持在8至9年之间。

每个批次装瓶的桶数：小批次装瓶，但未公开单个批次的选桶数量。

酒色：呈现意料之中的深褐色，这款波本为原桶度数的酒款，意味着其在装瓶时是直接从橡木桶中取酒而未加水稀释。

闻香：由于这款酒选择以原桶度数装瓶，因此在更强烈的酒精气息的影响

乔治·T.斯塔格酒厂于1999年更名为野牛仙踪酒厂,从那时起,这家酒厂已产出近百年来一些最为杰出的威士忌。

下，你可能更难辨识出各种香气，总之，在凑近细闻这瓶"波本猛兽"时，请你记得要保持嘴张开。我便是这样进行闻香的，当张着下巴时，这款威士忌的香气也随之打开了——它有焦糖、香草、肉豆蔻、肉桂以及中国多香果（Chinese allspice）这种于波本中实属罕见的独特香料气息。

口味：按照原桶度数的标准，这款波本当然算是柔顺的。它一上来就有谷物类的生涩味道，然后是预料之中的焦糖、香草味，以及一种暖意如同在舌尖嗡嗡作响的很明显的肉豆蔻味，我还发现，这种香料风味在朝向舌根延伸。咽下这款高酒精度的波本的过程中，酒液很温柔地流经舌头，我更愿把这样的感受归类为奶油般的口感，并期待它会展现出一段绵长的尾韵。

尾韵：唉，余味的持续时间比我预计的要短，中等长度且有点辛辣，但还算柔顺，不过，它理应更持久一些——我猜，这就是为何有着这种尾韵的波本会被装瓶为以"小"字挂名的斯塔格酒款的原因。

## *Old Charter*
## 老宪章

### ◆ 肯塔基纯正波本威士忌

装瓶度数和陈年时间：80美制酒度（40% 酒精浓度）装瓶，陈年时间不明。

酒色：呈浅焦糖色，对于一款桶陈8年的波本而言，哪怕它仅以80美制酒度（40% 酒精浓度）装瓶，这颜色实在也太浅了，远低于我对具有8年酒龄的波本酒色的预期。

闻香：香气表现为花香调、谷物、肉桂、焦糖和小苏打的气息。

口味：起初玉米味突出，还有黑麦和焦糖外衣爆米花的味道；由略微香脆的口感温和烘托出的肉豆蔻与肉桂风味，逐渐萦绕成为这款威士忌的主调。

尾韵：非常短暂，但回味仍旧持续之时还算不错。

## Select Jim Beam Products:
## Booker's, Baker's, Jim Beam Black, and Jim Beam White

## 金宾酒厂的甄选产品：
## 布克斯、贝克斯、金宾黑标、金宾白标

**酒厂：** 金宾拥有两间巨型酒厂，分别位于肯塔基州的波士顿市和克莱蒙特聚居区。

**蒸馏大师：** 目前由前一任蒸馏大师布克·诺埃之子弗雷德·诺埃担任这一头衔，而弗雷德之子弗雷迪·诺埃，如今正是金宾酒厂一颗冉冉升起的新星。

**谷物比例配方：** 75% 玉米、15% 黑麦和 10% 发芽大麦。

**酒厂谷物来源：** 玉米来自印第安纳州；黑麦来自美国上中西部（Upper Midwest）；所用的大麦则种植于北达科他、蒙大拿、爱达荷、怀俄明和科罗拉多州，并于明尼苏达和威斯康星州进行发芽制麦。

**蒸馏方式：** 两次蒸馏。

**蒸馏取酒度数：** 用柱式蒸馏器进行第一道蒸馏后为 120 美制酒度（60% 酒精浓度）；以再馏壶完成第二道蒸馏，最终取酒度数为 140 美制酒度（70% 酒精浓度）。

**入桶陈年度数：** 125 美制酒度（62.5% 酒精浓度）。

**陈年方式：** 金宾用于制桶的橡木大部分来自欧扎克山脉，该酒厂采用铝制墙板的陈年仓库。布克斯品牌的选桶倾向于来自这种仓库在夏季时室温更炎热的顶层与偏高层。

**过滤方式：** 除了布克斯和诺布溪单桶（Knob Creek Single Barrel）以外，基本采用冷凝过滤。

作为全球销量第一的波本品牌，金宾以比姆上校来命名。在禁酒令时期，他改行从事石灰岩采石场的生意，从而买下老墨菲巴伯酒厂（Old Murphy Barber）及整块地皮，待到禁酒令结束，比姆老先生终于又可以生产波本了，于是，他申请了酒厂复工，厂内设施开始重新运转。

## *Booker's*
# 布克斯

### ◆ 肯塔基纯正波本威士忌

**装瓶度数和陈年时间：** 130.8美制酒度（65.4% 酒精浓度）装瓶（布克斯的装瓶度数因不同批次而异，所以130.8美制酒度只是我本次品鉴的这一批次的度数）。桶陈7年零2个月。

**每个批次装瓶的桶数：** 选酒自375个橡木桶。

**酒色：** 介于深褐色与土壤的颜色之间。

**闻香：** 香气充满活力，有着浓郁的果香与花香，伴有焦糖、香草和多汁的深色水果的气息。

**口味：** 这款波本的高酒精度并非那么令人生畏，加入两滴眼药水分量的纯水，热辣感就会有所减退。加水之后，该威士忌的风味慢慢被打开，有暖心的苹果派、南瓜派香料、肉豆蔻、姜饼味拿铁咖啡、焦糖布蕾、韩国辣年糕和香草蛋奶沙司等味道。包裹住口腔的圆润口感相当美妙，但只有加入一点水后才有这种体验。

**尾韵：** 悠长而辛辣。

## *Baker's*
# 贝克斯

### ◆ 肯塔基纯正波本威士忌

**装瓶度数和陈年时间：** 107美制酒度（53.5% 酒精浓度）装瓶，桶陈7年。

**每个批次装瓶的桶数：** 旧版贝克斯的单一装瓶批次选酒自400个桶左右；近

年上市的新版贝克斯改为单桶酒款。

酒色：红褐色。

闻香：贝克斯波本的香气总是充满柑橘类气息——从黄柠檬皮到鲜榨橙汁，与这种柑橘调相伴的则是橡木和焦糖的气息。

口味：香料类的味道首先出现，以现磨的黑胡椒、肉桂和肉豆蔻为主，随后出现了柑橘类风味，此外，贝克斯波本往往会有一种很独特的鲜麻开胃的花椒味。

尾韵：中等长度，有香料味。

## *Jim Beam Black*
## 金宾黑标

### ◆ 肯塔基纯正波本威士忌

装瓶度数和陈年时间：86美制酒度（43%酒精浓度）装瓶，桶陈6至8年。金宾黑标曾经标有8年酒龄，持续到了2014年；如今该酒款已不再标明陈年时间。

每个批次装瓶的桶数：选酒自450至500个橡木桶。

酒色：浅红褐色。

闻香：香气粗犷而直接，似乎是以谷物风格为主导，但实际上还有一种泥土类气息，带着烟熏与尘土，以及些许焦糖和香草气味。

口味：味道偏甜，以香料风味打底，像是焦糖、香草与玉米面包、蘑菇类的混合味道，再加上一片令人愉悦的抹着大块发泡鲜奶油的面包布丁。

尾韵：余味短暂，有一丁点肉桂味。

**217**

## *Jim Beam White*
## 金宾白标

◆ **肯塔基纯正波本威士忌**

**装瓶度数和陈年时间**：80美制酒度（40%酒精浓度）装瓶，未标明陈年时间，但平均桶陈4年左右。

**每个批次装瓶的桶数**：选酒自700至800个橡木桶。

**酒色**：麦秆色。

**闻香**：香气表现为香草、黄柠檬皮、梨子以及一些焦糖与肉桂的气息。

**口味**：在香脆型口感的铺垫下，风味显得很简单，以焦糖和香料为主，另有一丝比较出人意料的生姜和肉豆蔻的味道。

**尾韵**：回味很短，有一丝生姜味。

## *Old Forester 100 Proof*
## 老福里斯特100美制酒度装瓶

◆ **肯塔基纯正波本威士忌**

**酒厂**：百富门酒厂，夏夫利镇，肯塔基州。

**蒸馏大师**：克里斯·莫里斯。

**装瓶度数和陈年时间**：100美制酒度（50%酒精浓度）装瓶，未标明陈年时间，但桶陈时间肯定超过4年。

**谷物比例配方**：72%玉米、18%黑麦和10%发芽大麦。

**酒厂谷物来源**：玉米来自肯塔基州；2013年以前，大部分黑麦来自加拿大，之后，所用黑麦源自欧洲；发芽大麦则主要来自蒙大拿州。

— **蒸馏方式**：百富门酒厂配置有两部直径分别为60英寸（152.4厘米）、48英寸（121.9厘米）的柱式蒸馏器，以及两个暴鸣壶。

**蒸馏取酒度数**：140美制酒度（70%酒精浓度）。

**入桶陈年度数**：125美制酒度（62.5%酒精浓度）。

**陈年方式**：老福里斯特波本的陈年酒桶为第4级烧焦碳化的橡木桶，制桶所用的橡木板材平均预先风干处理6个月左右。这款波本陈年于可调控气候型（climate controlled）的酒厂仓库中。

**每个批次装瓶的桶数**：选酒自200个橡木桶左右。

**过滤方式**：活性炭过滤。

**酒色**：焦糖色。

**闻香**：在同等价位的波本酒款中，这算是最为出色的闻香表现之一了——肉豆蔻、香草、焦糖、蜂蜜、烘焙香料与草本植物所形成的香气层次感非常讨喜。

**口味**：轻柔饱满的口感，让一股暖意遍及上腭，与香气特征一致的风味愉悦着味蕾。闻香中的香草气息，现在更具象成了香草蛋奶沙司；焦糖的味道仿佛是焦糖布蕾顶部的焦香脆皮；香料风味则更多表现为圆润的肉桂味。

# 第七章
## 焦糖风味突出型波本

*Chapter Seven*
*Caramel-Forward Bourbons*

　　焦糖，单纯提起这个词，就有一种撩人的甜蜜感，让人不禁想到焦糖风味软糖、焦糖苹果、焦糖牛轧糖口味的巧克力棒、焦糖布蕾以及其他任何与焦糖相关的令人垂涎的糖果之悦。每一款波本都至少含有一种显著的焦糖风味，这是源于会使木糖类物质发生焦糖化的烧焦橡木桶内壁的制桶技术，但不可避免的是，有一些波本的焦糖风味比其他波本更浓郁。焦糖风味突出的波本，往往复杂细腻且口感丰满，完全适合以纯饮的方式来享用，

焦糖风味突出型的波本往往很适合搭配甜品，将这类产品中的任何一款与布朗尼巧克力蛋糕一道品尝，都是一种美味体验。

它们有一个共同之处：通常采用小麦作为除玉米以外的主要谷物。事实上，我发现虽然黑麦含量高的波本也有特定的焦糖风味，但它们的香料风味往往会削弱其细致的焦糖特征；当使用较少量的黑麦或干脆改用小麦时，波本的焦糖风味似乎就会绽放许多倍。值得一提的是，虽然这一章节是在讨论"焦糖风味突出型波本"，但香草风味仿佛也是大多数波本都具有的共性，只不过，在我个人的品鉴研究中，我判断焦糖风味表现得更加明显，更为复杂细腻，也更始终普遍存在。当然了，我的观点仅供参考，你需要自己去品鉴，或者说，去探究。

## *Maker's Mark and Maker's Mark Barrel Strength*
## 美格、美格原桶强度

**酒厂**：美格酒厂，洛雷托市，肯塔基州。

**蒸馏大师**：丹尼·波特。

**谷物比例配方**：70%玉米、16%软红冬小麦和14%发芽大麦。

**酒厂谷物来源**：玉米和小麦都来自酒厂所在的同一个县境内，发芽大麦则来自密尔沃基市。

**蒸馏方式**：美格酒厂采用三个（一模一样的）直径36英寸（91.5厘米）的柱式蒸馏器进行第一道蒸馏，然后用一个再馏壶完成第二道蒸馏。

**蒸馏取酒度数**：130美制酒度（65%酒精浓度）。

**入桶陈年度数**：110美制酒度（55%酒精浓度）。

**陈年方式**：美格酒厂的陈年仓库呈工作间样式，每间可容纳5万个橡木桶。但这些仓库有着有别于别家酒厂的独特之处：美格的员工会轮换其中橡木桶的具体存放位置——因为从理论上讲，通过这种依赖重体力劳动的办

# Bourbon Punch
## 波本潘趣鸡尾酒

3 杯（700 毫升）新沏的红茶

3 杯（655 克）冰块

3 液量盎司（90 毫升）加香朗姆
酒（spiced rum）

3 液量盎司（90 毫升）焦糖风味
突出型波本

1 液量盎司（28 毫升）马蒂尔德
牌橙味干邑利口酒

1.5 液量盎司（42 毫升）橙汁

1 液量盎司（28 毫升）黄柠汁

2 茶匙（约 10 毫升）肉豆蔻

2 茶匙（约 10 毫升）肉桂

一整个橙子，切成薄片

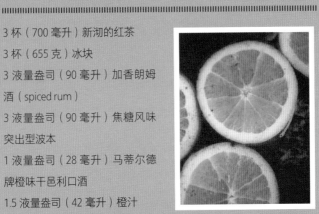

在你沏泡红茶的同时，将冰块、朗姆酒、波本、橙味利口酒和橙汁
在一个大号的潘趣酒碗中混合，然后倒入沏好的热茶，一并添加黄
柠汁、肉豆蔻和肉桂，继而搅拌，直至所有冰块都化为水之后，加
入切好的薄橙片，即可享用。

法，可以确保每一桶酒在陈年过程中都平均暴露在相同的气温下。

**每个批次装瓶的桶数：** 因批次而异，但通常选酒自15至19个橡木桶。

## *Maker's Mark*
## 美格

**装瓶度数和陈年时间：** 90美制酒度（45%酒精浓度）装瓶，未标明陈年时间，但桶陈时间在5至6年间浮动。

**过滤方式：** 活性炭过滤。

**酒色：** 红褐色。

**闻香：** 美格拥有所有波本酒款中最经典的香气之一，且其品质始终如一，带有杏干、焦糖、烤玉米、香草以及些许巧克力和咖啡的气息。

**口味：** 味觉体验使人愉快，巧妙游走于平衡性与复杂度之间，有面包布丁、焦糖糖衣苹果、香草蛋奶沙司和诱人的南瓜派的味道，而奶油般的口感又令人欲罢不能。

**尾韵：** 中等长度，带有淡淡的肉桂味。

►知名的玻璃艺术家戴尔·奇休利（Dale Chihuly）于美格酒厂的陈年仓库内创造了这一别致的艺术陈列。这家酒厂本身环境优美，但奇休利的这组玻璃艺术作品则是对于时光的象征，它同时也展现了波本酒厂们如何致力于丰富游客体验——当玛乔丽·塞缪尔斯（Marjorie Samuels）率先提出将美格酒厂作为一处旅游景点的概念之时，没有人能够预料到一位世界闻名的艺术家会在其酒厂仓库中打造出这样一番美景。

## *Maker's Mark Barrel Strength*
## 美格原桶强度

装瓶度数和陈年时间：这款波本的装瓶度数略有上下浮动，不过保持在110至113美制酒度（55%至56.5%酒精浓度）之间；虽未标明陈年时间，但桶陈时间6年左右。

过滤方式：未加水稀释，未经额外过滤。

酒色：带有金色光泽的深红褐色。

闻香：从嗅觉上就能判断酒精度要比普通的美格波本高出许多，其酒精感一开始就易被人快速识别，几乎盖过了美妙的焦糖、棉花糖和香草气息，接着，香气中出现了新鲜出炉的苹果派和些许的肉桂，但不要误会，这款波本的主香调依然是焦糖。

口味：闻香中的所有美好都展现于味觉里，例如蛋奶沙司、派饼馅料这样的焦糖与香草类风味尤为诱人，甚至仿佛是顶部淋有发泡鲜奶油的刚刚烤好的黄油南瓜派。这款波本呈现出的香料味道也相当丰富，就紧接在南瓜派味之后，有多香果（西班牙甘椒）、肉桂和肉豆蔻等一系列风味。

尾韵：悠长而令人愉悦，有一些苹果派的味道。

## *Larceny*
## 圣睿小麦

### ◆肯塔基纯正波本威士忌

酒厂：来自爱汶山酒业位于肯塔基州路易斯维尔市的伯恩海姆酒厂。

蒸馏大师：康纳·奥德里斯科尔。

装瓶度数和陈年时间：92美制酒度（46%酒精浓度）装瓶，未标明陈年时间，但该品牌的选桶陈年时间保持在6至12年之间。

谷物比例配方：68%玉米、20%小麦和12%发芽大麦。

酒厂谷物来源：玉米来自印第安纳州南部和肯塔基州；所用的红冬小麦产自肯塔基州；大麦则生长于北达科他州、南达科他州和华盛顿州，但在威斯康星州进行发芽。

蒸馏方式：两次蒸馏，所用蒸馏设备与在本书第193页提及的爱威廉斯品牌完全相同。

蒸馏取酒度数：未知。

入桶陈年度数：125美制酒度（62.5%酒精浓度）。

陈年方式：制桶所用的美国白橡木主要来自欧扎克山区，并由独立桶板公司或麦金尼斯制桶厂制成第3级烧焦碳化的橡木桶。圣睿小麦波本陈年于爱汶山酒业位于肯塔基州巴兹敦镇的仓库区，且仅选酒自存放在通风型货架式陈年仓库的第4至6层的橡木桶。

每个批次装瓶的桶数：选酒自70至100个橡木桶。

过滤方式：冷凝过滤。

酒色：明亮的铜色。

闻香：最初充满了花香，几乎就像走入一座由百合、玫瑰和忍冬藤蔓所组成的花园。继而，经典的波本香气开始浮现，如焦糖类、不同层次的香草调以及一种很明显的烤杏仁气息。

口味：具有偏向于香脆与发干型的口感，味蕾最先明显感受到的味道是浓郁的香草蛋糕糊和带坚果的软糖布朗尼，包括各种水果及焦糖在内的更为微妙的风味则显现于舌头中部，最后的末段为一丝香料味。

尾韵：中等长度，有令人愉悦的肉豆蔻味。

# *Weller Special Reserve*
# 韦勒特藏

◆ **肯塔基纯正波本威士忌**

**酒厂**：野牛仙踪酒厂，法兰克福市，肯塔基州。

**蒸馏大师**：哈伦·惠特利。

**装瓶度数和陈年时间**：90美制酒度（45%酒精浓度）装瓶，未标明陈年时间。这款波本曾经名叫"W. L. 韦勒特藏"（W. L. Weller Special Reserve），并标明为桶陈7年，但近年来却移除了酒标上的陈年数，尽管如此，根据酒厂蒸馏师的说法，这款威士忌的平均陈年时间依旧达到7年。

**谷物比例配方**：这是一款小麦波本，但野牛仙踪酒厂并不打算公布其谷物配方，而针对我之前发表过的相关谷物比例组合，酒厂官方也并未确认其准确性。话虽如此，不止一位野牛仙踪的公司要员曾为我提供过线索：这款小麦波本的真实谷物配方，与"70%玉米、16%小麦和14%发芽大麦"的这一比例组合，仅有寥寥数个百分点的误差。

**酒厂谷物来源**：所有用于生产韦勒波本产品线的玉米都是来自肯塔基州和印第安纳州的非转基因品种，其所用小麦源自于北达科他州、南达科他州和明尼苏达州。

**蒸馏方式**：两次蒸馏，其他细节请参见在本书第205页提及野牛仙踪酒厂时的内容。

**蒸馏取酒度数**：130至140美制酒度（65%至70%酒精浓度）。

**入桶陈年度数**：114美制酒度（57%酒精浓度）。

**陈年方式**：韦勒品牌历来都选用源自密苏里州的美国白橡木来制桶，一如昔日野牛仙踪酒厂的所有产品。不过，木材的短缺导致其母公司开始从其他周边州采购制桶木料。

每个批次装瓶的桶数：未知。

过滤方式：冷凝过滤。

酒色：红褐色。

闻香：有着怡人的果香、焦糖、西瓜软糖与新鲜出炉面包的香气。

口味：在同等价位的波本酒款里，这算是很棒的味觉表现了，但倘若价格不作为考虑因素的话，我不得不说，一开始的酒精灼烧感还是有些过重，不太符合我的个人喜好，而且最初的口感稍微偏干。当灼烧感退散后，焦糖和香草的风味才真正被打开，出现了我童年最喜爱的糖果味道：杰瑞快乐牧场牌的西瓜味口嚼软糖。

尾韵：非常短暂。

## *W. L. Weller 12 Year*
## W. L. 韦勒12年

### ◆ 肯塔基纯正波本威士忌

装瓶度数和陈年时间：90美制酒度（45%酒精浓度）装瓶，桶陈12年。

每个批次装瓶的桶数：未知。

过滤方式：冷凝过滤。

酒色：深琥珀色。

闻香：这是一种梦寐以求的威士忌闻香表现，以玫瑰花瓣、新割的青草、焦糖、香草、桃子馅饼、苹果派与新鲜捣碎的黑车厘子为特征的经典萦绕型香气。

口味：变幻的风味与香气相吻合，这完全就是我的爱。其味觉体验是柔顺而温和的，没有展露任何酒精灼烧感，同时呈现出一种带有梨子味的奶油般口感，随后，还有更多桃子馅饼和苹果派的味道，但与鲜明的香草和焦糖味特征匹配得恰到好处。至于这款波本的肉桂风味，则集中出现在舌尖，并非像许多其他波本中的肉桂味那般浮现于舌根。

尾韵：悠长且平衡，有焦糖和香草味。

## Weller Antique 107
## 韦勒古典107

◆ **肯塔基纯正波本威士忌**

装瓶度数和陈年时间：107美制酒度（53.3%酒精浓度）装瓶，未标明陈年时间。

每个批次装瓶的桶数：未知。

过滤方式：冷凝过滤。

酒色：黄褐色（茶色）。

闻香：具有发泡鲜奶油、焦糖、香草、橡木和黑车厘子汁的香气。

口味：刚接触到高度数的波本时，很容易迷失于其强劲的酒精度中，幸运的是，这款酒令人愉悦，在酒精度数和风味之间找到了平衡。与闻香一致的味道很快浮现于味蕾，并额外增添了包括烘烤杏仁、煎烤豆腐、苹果与肉桂在内的一连串风味。

尾韵：中等长度，有明显的南瓜香料拿铁（pumpkin-spice latté）的回味。

## *Michter's Us 1*
# 酪帝诗

◆ **小批量波本威士忌**

**酒厂**：酪帝诗酒厂，夏夫利镇，肯塔基州。

**蒸馏大师**：帕梅拉·海尔曼（Pamela Heilmann）。

**装瓶度数和陈年时间**：91.4美制酒度（45.7%酒精浓度）装瓶，未标明陈年时间。

**谷物比例配方**：79%玉米、11%黑麦和10%发芽大麦。

**酒厂谷物来源**：未知。

**蒸馏方式**：酪帝诗酒厂所用的柱式蒸馏器的尺寸为直径32英寸（81.5厘米），但同时采用暴鸣壶和再馏壶进行第二道蒸馏。

**蒸馏取酒度数**：130至140美制酒度（65%至70%酒精浓度）。

**入桶陈年度数**：103美制酒度（51.5%酒精浓度）。

**陈年方式**：所有酪帝诗的橡木桶都陈年于可调控气候式的仓库中，其陈年仓库空间主要为该公司通过签订合同的方式协商租用。

**每个批次装瓶的桶数**：选酒自不超过24个橡木桶。

**过滤方式**：酪帝诗是一家专长于过滤技术的酒厂，该酒厂使用三种冷凝过滤法，分别为板框式（plate-and-frame）、滤罐式（canister）和水平盘式（sparkler），并且对每一款产品都采用了不同的过滤方式。在为打造酒厂过滤系统而进行的一次实验中，酪帝诗曾对一款黑麦威士忌尝试了32种方式。

**酒色**：红褐色。

闻香：淡雅的香气中兼有花香与果香，还有让人垂涎的可口的焦糖、烘烤碧根果、橡木、香草精以及些许松木和梨子的气息。

口味：这是一款温和的波本，具有奶油般的口感，所以它不带有酒精的刺痛感，但需要更多时间才能感受到其风味特征——一旦得以充分展现，你会发现有特定的焦糖和香草味道，另外也有一种很怡人的巧克力和肉桂的复合味。

尾韵：中等长度，有不少肉桂巧克力的回味。

## *Woodford Reserve Distiller's Select*
## 活福珍藏酿酒师精选

酒厂：其酒液实际上来源于两家酒厂，即位于肯塔基州凡尔赛市的活福珍藏酒厂和位于肯塔基州夏夫利镇的百富门酒厂。在上述两地分别完成蒸馏的酒液，会按不同批次的形式融合为活福珍藏品牌的最终原酒，但两家酒厂的具体用酒比例未知。

蒸馏大师：克里斯·莫里斯。

装瓶度数和陈年时间：90.4美制酒度（45.2%酒精浓度）装瓶，未标明陈年时间，但往往需要桶陈7年左右。

谷物比例配方：72%玉米、18%黑麦和10%发芽大麦。

酒厂谷物来源：选用产自肯塔基州的非转基因玉米；黑麦在2012年之前来

◀酩帝诗威士忌曾经产于宾夕法尼亚州，如今其生产线已转移到了肯塔基州。2015年之前，该品牌要么从他处购买获得威士忌库存，要么签约委托别家酒厂进行代工蒸馏，从那以后，如图所示的蒸馏器设备将负责生产全部的酩帝诗产品。

自加拿大，但如今来自欧洲；发芽大麦则来自北达科他州、南达科他州。

**蒸馏方式：**活福珍藏酒厂生产的原酒都经历了三道蒸馏，但在百富门酒厂则只进行两道蒸馏。

**蒸馏取酒度数：**156美制酒度（78%酒精浓度）。

**入桶陈年度数：**125美制酒度（62.5%酒精浓度）。

**陈年方式：**百富门是唯一自己拥有制桶厂的威士忌公司，因此相较于其他酒厂，他们有更多机会和渠道获取到制桶橡木，而且成本花费更低。用于活福珍藏品牌的橡木桶选用美国白橡木（大部分源自肯塔基州和田纳西州）制成，并采用第4级烧焦碳化。这些橡木桶都存放在可调控气候式的陈年仓库之中。

**每个批次装瓶的桶数：**选酒自130个橡木桶。

**过滤方式：**活性炭过滤。

**酒色：**深琥珀色。

**闻香：**有着杧果、苹果、焦糖、香草、肉桂、太妃糖、蓝莓派和橡木的气息。

**口味：**这种温暖的味觉体验如同直接源于一部圣诞节电影，具有肉豆蔻、肉桂、蛋酒、南瓜派、焦糖、香草、姜饼和烘焙香料的风味。这款波本还有一种美妙的烟熏味，让我想到了得克萨斯风味烤肉（Texas barbecue）。

**尾韵：**悠长且辛辣。

## *Woodford Reserve Double Oaked*
# 活福珍藏双桶

◆ **肯塔基纯正波本威士忌**

**装瓶度数和陈年时间：** 90.4美制酒度（45.2%酒精浓度）装瓶，未标明陈年时间，但桶陈时间保持在7至8年。

**入桶陈年度数：** 在常规的活福珍藏波本被再次装桶陈年之前，会兑水稀释至97美制酒度（48.5%酒精浓度），然后再转入第二个内壁经过烧焦处理的全新橡木桶。

**陈年方式：** 这款双桶产品是在活福珍藏波本的常规原酒的基础上进行再创造，先兑水稀释，尔后转入一个经过长时间烘烤处理的全新橡木桶，继续桶陈将近一年。说到烘烤橡木桶的这道工艺，其火焰的剧烈程度要远低于烧焦碳化，待到烘烤结束以后，再以轻度的烧焦碳化完成制桶——这样做的目的是提炼出橡木桶的甜美桶味，这些特质将可能消失于时长更久的烧焦碳化过程中。

**每个批次装瓶的桶数：** 选酒自50个橡木桶。

**过滤方式：** 活性炭过滤。

**酒色：** 这是你能找到的酒色最深的桶陈10年以下的产品，额外的二次橡木桶陈年，带给这款双桶酒款可谓波本品类中最为浓郁的深琥珀色。

**闻香：** 甜品类的气息呼之欲出，从各式巧克力到蜂蜜和焦糖，从覆盆子派、蓝莓派到黑车厘子果酱。它的香气是甜蜜的，不带有任何一丝香料气息。

**口味：** 入口的风味延续了甜品基调，出现了巧克力派馅料或者说额外带一丝蜂蜜味的布丁、焦糖、好时牌巧克力棒以及覆盆子果酱的味道。但在尾段，柑橘类风味特别是一股轻盈的黄柠味开始浮现，令口感变得清脆怡人。

**尾韵：** 中等长度，带有一些香橙巧克力的味道。

百富门桶厂（Brown-Forman Cooperage）内景
Photo by 谢韬

肉桂风味突出型波本的谷物比例配方中往往含有更多的黑麦，但这并非一成不变的要素。譬如，美格46就是一款小麦波本，但仍从陈年该威士忌所用到的法国橡木板条中获得了香料风味特征。

# 第八章
# 肉桂风味突出型波本

*Chapter Eight*
*Cinnamon-Forward Bourbons*

　　小时候，老妈会将装着各式香料瓶的调料架挂在我家厨房里，当年作为一个馋嘴小男孩的我，总爱抓起其中的一瓶来，撒在从鸡蛋到热狗的任意食物上——这里说的便是肉桂。还记得我第一次品尝到这种香料味道的经历，是源于我的棒球搭档与他老爸一同自制的肉桂牙签：它热辣而炽烈，温暖而甜蜜，诱人却质朴。这件事其实很简单，我当时才年仅十岁，味蕾尚未发育成熟，但我发现肉桂是如此令人兴奋，脱离了番茄酱、盐与胡椒的无趣，由此成为我在那一年龄段唯一在意的调料。

　　直至今天，肉桂依然是我生活中备受青睐的一款调料，它同时也是许多高黑麦比例波本所具有的一种美妙品鉴风味。黑麦在经过慢煮糖化、发酵和蒸馏之后，会表现出一定的辛香料特征；但黑麦并不会自动散发出肉桂风味。例如，以这种谷物本身来命名的黑麦威士忌，虽然其谷物比例配方要求至少含有 51% 的黑麦，但这一类别的肉桂风味却不如在高黑麦比例的波本之中那般普遍明显——对此，我的理解是，后者有赖于玉米与黑麦之间的完美结合，从而才创造出了迷人的肉桂味。

　　但正如你将了解到的，获得这种香料风味的途径不止一种。

## *291 Colorado Rye Whiskey Aspen Stave Finished Single Barrel*
# 291科罗拉多黑麦威士忌山杨木条二次陈年单桶

**酒厂：** 291酒厂，科罗拉多斯普林斯市，科罗拉多州。

**首席蒸馏师：** 迈克尔·迈尔斯（Michael Myers）。

**装瓶度数和陈年时间：** 101.7美制酒度（50.85%酒精浓度）装瓶，桶陈时间不超过4年。

**谷物比例配方：** 61%发芽黑麦和39%玉米。

**酒厂谷物来源：** 玉米来自科罗拉多州，而发芽黑麦则来自德国。

**蒸馏方式：** 其初馏蒸馏器（啤酒蒸馏器）是一部容量1500美制加仑（约5678.1升）的不锈钢蒸馏壶，但上部配有一段铜柱结构和鹅颈式导管；用于第二道蒸馏的设备为一部容量300美制加仑（约1135.6升）纯铜壶式蒸馏器以及与之相连的容量45美制加仑（约170.3升）的铜制再馏壶——尺寸最小的后者，实际上是该酒厂最初使用的铜壶蒸馏器，由已经作废的铜板（照相）影写凹版打造而成。此外，初馏蒸馏器的冷凝器产自旺多姆公司，而蒸馏师迈克尔·迈尔斯则制造了另两部壶式蒸馏器。

**蒸馏取酒度数：** 145美制酒度（72.5%酒精浓度）。

**入桶陈年度数：** 125美制酒度（62.5%酒精浓度）。

**陈年方式：** 采用容量10美制加仑（约37.8升）的特制小号橡木桶，来自明尼苏达州埃文镇的巴雷尔制桶工坊（The Barrel Mill）。

**每个批次装瓶的桶数：** 选酒自10至12个容量10美制加仑的橡木小桶。

►美格酒厂所装瓶的每一瓶酒，都会以手工浸蘸的方式来完成其拥有专利的红色火漆蜡封。图片展示的便是最早一批按此法进行蜡封的美格46产品的其中一瓶。

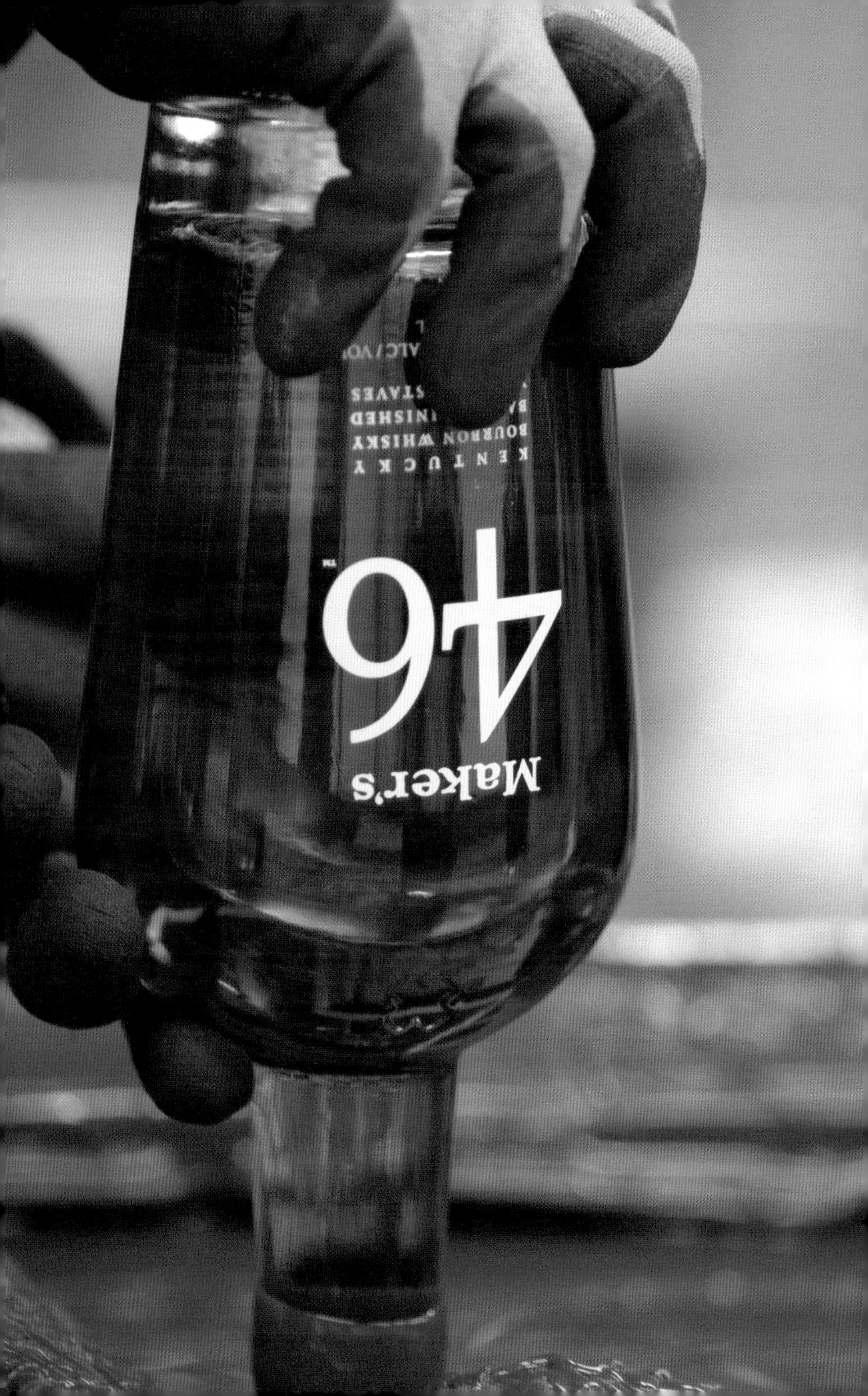
Maker's
46
KENTUCKY
BOURBON WHISKY

过滤方式："零过滤"——按蒸馏师迈克尔·迈尔斯的原话："意思就是不用任何过滤法，除了我们的新鲜威士忌原酒会经过山杨木炭的过滤。"

酒色：深琥珀色。

闻香：如同带有一股草药和烘焙香料气息的焦糖炸弹。

口味：风味非常令人愉悦，甚至可以说复杂，以燕麦片和红糖开头，随后是黄油黑麦卷、玉米面包、太妃糖、盐水太妃糖和焦糖布蕾。加入一滴水后，只会打开更多的味道，尤其是胡椒与其他香料类。

尾韵：相对偏长，有着草本味糖果的回味。

## *Maker's 46*
# 美格46

### ◆ 肯塔基纯正波本威士忌

酒厂：美格酒厂，洛雷托市，肯塔基州。

蒸馏大师：丹尼·波特。

装瓶度数和陈年时间：94美制酒度（47%酒精浓度）装瓶，未标明陈年时间，但桶陈时间大概为6年左右。

谷物比例配方：与本书第222页提及美格酒厂时的内容一致。

陈年方式：把由法国橡木制成的板条，安插入现成的陈年橡木桶中，鉴于法国橡木里的单宁酸类物质的含量为美国橡木的9倍，添加这类橡木板条的目的即在于加强其桶陈威士忌的香料类风味。美格酒厂会将改装完成的橡木桶库存放置在人造的石灰岩洞穴内。

酒色：介于浅麦秆色和浅焦糖色之间，对于一款桶陈过这么久的波本而言，其酒色算是相当淡了。

闻香：香气美妙，仿佛混合了刚采摘的鲜花、焦糖、香草与黑色系水果的欢快气息组合。有一些装瓶成品中会有一丝肉桂气息，但这种特征对所有的美格46酒款而言并不总是一致：有时你会闻到肉桂味，有时却不会。

口味：作为我的最初印象，这根本不像是美格波本，因为它味道辛辣且充满深色水果特征，口感乃至有点发干。我还感受到在闻香里出现过的香草和焦糖的味道，但利用法国橡木的二次陈年过程起到了显著效果，辛香料风味得以崭露头角。然而，我还是建议你购买两瓶来做对比品鉴，类似许多单桶酒款经常呈现出的那样，每款美格46的味道都略有不同。

尾韵：中等长度的回味偏向于柔顺，尽管越往后越会有一些温和的刺激感。


## *Select Buffalo Trace Products: Rock Hill and Blanton's*
## 野牛仙踪酒厂的甄选品牌：罗克希尔、布兰顿

### ◆ 肯塔基纯正波本威士忌 / 单桶酒款

酒厂：野牛仙踪酒厂，法兰克福市，肯塔基州。

蒸馏大师：哈伦·惠特利。

谷物比例配方：属于黑麦含量中等的配方，即所用黑麦的比例要比大麦高出5至10个百分点，举例来说，"75% 玉米、15% 黑麦和10% 发芽大麦"的这一组合，会被视为该类型的代表性谷物配方——野牛仙踪酒厂将其称作"第2号谷物比例配方"。

酒厂谷物来源：玉米来自肯塔基州和印第安纳州，黑麦则来自北达科他州、南达科他州。

蒸馏方式：两次蒸馏。

入桶陈年度数：125 美制酒度（62.5% 酒精浓度）。

每个批次装瓶的桶数：单桶酒款。

过滤方式：冷凝过滤。

# Fig and Bourbon
# 无花果与波本鸡尾酒

1 整个无花果

1.5 液量盎司（42 毫升）新鲜混合酸甜汁

少许一撮磨成粉末状的肉豆蔻

0.5 液量盎司（15 毫升）库拉索柑香酒

1.5 液量盎司（42 毫升）波本

无花果是这一配方中至关重要的原料，倘若你找不到优质的无花果，那么这款鸡尾酒就不会成功。具体做法是，先将无花果切成薄片，并单独留出一片后续用作装饰；然后，把其余的全部无花果切片与新鲜酸甜汁一起加入鸡尾酒摇壶，用捣棒进行捣碎，确保两者的风味得以充分融合；接着，添加剩下的所有原料和冰块，开始摇酒直至摇壶表面起霜；最后过滤并倒入杯中，并以之前那片无花果作为装饰物，便大功告成。

## *Rock Hill Farms*
## 罗克希尔农场

◆ **肯塔基纯正波本威士忌 / 单桶酒款**

**装瓶度数和陈年时间：** 100 美制酒度（50% 酒精浓度）装瓶，未标明陈年时间，但倾向于桶陈 10 年左右。

**酒色：** 深琥珀色。

**闻香：** 有着各式莓果类果脯、烟草、香料、樱桃派、焦糖、太妃糖和香草的气息。

**口味：** 具有包裹口腔的口感，带着巧克力、南瓜派以及与闻香一致的味道，还有或许像是肉桂与肉豆蔻融合在一起的显著香料味，令这款波本切实传达出一种回家的温馨感。末尾似乎有一点烟熏并且近乎盐渍味的特征，有可能会被资深的苏格兰威士忌饮者描述为泥煤味。

**尾韵：** 悠长而有烟熏味。

## *Blanton's*
## 布兰顿

**装瓶度数和陈年时间：** 93 美制酒度（46.5% 酒精浓度）装瓶，未标明陈年时间，但据说布兰顿波本都保持在桶陈 6 至 8 年之间。

**陈年方式：** 采用由密苏里州美国白橡木制成的第 4 级烧焦碳化的橡木桶，并在野牛仙踪酒厂的编号 H 的仓库中陈年。我品鉴的这款布兰顿的橡木桶编号为 136，酒厂会使用一份相应的清单来记录每瓶布兰顿波本的出处。

**每个批次装瓶的桶数：** 单桶酒款。

野牛仙踪酒厂"编号 H 仓库"内景（专用于布兰顿波本的陈年库存）

Photo by 谢韬

过滤方式：冷凝过滤。

酒色：深琥珀色。

闻香：香气馥郁，充满了大量焦糖、香草、香料、杏干、樱桃味烟斗烟丝、雪茄盒、马鞍（皮）革和橡木的气息。

口味：风味迷人且果味突出，凝聚了酒香之中的精华；如同奶油般的口感，几乎就像融化后的黄油涂满舌头，而且出现了肉桂、焦糖布蕾、南瓜派和美味的红糖黄油拌山药泥的味道。此外，这款波本还具有些许巧克力和烘焙香料的风味。

尾韵：悠长，辛辣且怡人。

注释：布兰顿品牌是单桶酒款，但桶与桶之间各有差异。

## A. Smith Bowman Small Batch
## A. 史密斯·鲍曼小批量

◆ **肯塔基纯正波本威士忌 / 单桶酒款**

酒厂：第一道蒸馏完成的原酒来源于野牛仙踪酒厂，然后在位于弗吉尼亚州弗雷德里克斯堡市的 A. 史密斯·鲍曼酒厂（A. Smith Bowman Distillery）再进行两次蒸馏。

蒸馏大师：布赖恩·普鲁斯特（Brian Prewitt）。

装瓶度数和陈年时间：90美制酒度（45% 酒精浓度）装瓶，未标明陈年时间，但桶陈时间应当为6年。

谷物比例配方：与本书第205页提及野牛仙踪酒厂时的内容一致。

酒厂谷物来源：与本书第205页提及野牛仙踪酒厂时的内容一致。

蒸馏方式：（在两间不同的酒厂内总共完成——译者注）三次蒸馏。

蒸馏取酒度数：130至140美制酒度（65%至70%酒精浓度）。

入桶陈年度数：125美制酒度（62.5%酒精浓度）。

陈年方式：A. 史密斯·鲍曼采用由来自密苏里州欧扎克山区的美国白橡木制成的第3.5级烧焦碳化的橡木桶。不过，这些橡木桶库存会以竖立的托盘制式来存放，有别于肯塔基州的货架式陈年仓库系统。

每个批次装瓶的桶数：未知。

过滤方式：冷凝过滤。

酒色：浅褐色。

闻香：以花香和果香为基调，这款威士忌闻起来很像是香水；但随着特有的焦糖和香草气息浮现而来，又提醒你它并非香水，分明是波本。

口味：入口尝起来同野牛仙踪酒厂的产品截然不同，会使你相信弗吉尼亚威士忌与肯塔基威士忌确有天壤之别。它带给味蕾的感受是温暖的，奶油般的口感则带来了肉桂、肉豆蔻、南瓜、焦糖和苹果派的风味。

尾韵：悠长，带有一些肉桂味。


## *Bulleit Bourbon*
# 布莱特波本

### ◆ 肯塔基纯正波本威士忌

酒厂：布莱特曾在四玫瑰酒厂进行代工蒸馏，直到两家公司的合作关系于2014年宣告结束，大约在同一时间，帝亚吉欧集团宣布斥资1.15亿美元于肯塔基州谢尔比县兴建布莱特酒厂，而在该酒厂竣工之前，布莱特则另与未公开的酒厂签有代工蒸馏协议。

**蒸馏大师**：具体未知。作为布莱特的创始人，汤姆·布莱特（发音同"子弹"的英文单词）并非蒸馏师，但他是一名杰出的推销员！至于布莱特品牌的新酒厂，则尚未任命蒸馏大师一职。

**装瓶度数和陈年时间**：90美制酒度（45%酒精浓度）装瓶，未标明陈年时间，但含有桶陈6年左右的波本。

**谷物比例配方**：68% 玉米、28% 黑麦和4%发芽大麦。

**酒厂谷物来源**：玉米来自印第安纳州和肯塔基州，大麦来自美国中西部地区，黑麦则来自欧洲。

**蒸馏取酒度数**：未知。

**入桶陈年度数**：125美制酒度（62.5%酒精浓度）。

**陈年方式**：其制桶的橡木来源于密苏里州及阿巴拉契亚山脉地区诸州。目前，布莱特波本陈年于斯蒂泽尔－韦勒酒厂位于肯塔基州夏夫利镇的仓库区，不过，一旦谢尔比县的新酒厂正常投入运转，预计布莱特将主要转移至当地陈年。

**每个批次装瓶的桶数**：未知。

**过滤方式**：冷凝过滤。

**酒色**：边缘色泽稍浅的焦糖色。

**闻香**：辛香料的气息之中夹杂着花香与果香，以我的嗅觉而言，从布莱特波本里总能捕捉到一丝深藏其中的法国香水商店的气味。

**口味**：谷物和焦糖的味道几乎同时出场，但随后很快浮现了一种非常强烈的烘焙香料味，令柑橘和焦糖等风味纷纷让道，而且这款波本的口感略带涩味。

尾韵：相对偏短，且充满香料味。

## *1792 Small Batch*
# 1792 小批量

◆ **肯塔基纯正波本威士忌**

**酒厂**：巴顿1792酒厂，巴兹敦镇，肯塔基州。

**蒸馏大师**：丹尼·卡恩（Danny Kahn）。

**装瓶度数和陈年时间**：93.7美制酒度（46.85% 酒精浓度）装瓶，未标明陈年时间，但桶陈时间保持在8至9年之间。

**谷物比例配方**：属于高黑麦比例的波本，这意味着其谷物配方中的黑麦含量在28%到35%之间。

**酒厂谷物来源**：玉米来自印第安纳州和肯塔基州，黑麦来自北达科他州、南达科他州，发芽大麦则来自整个北美地区。

**蒸馏方式**：巴顿1792酒厂使用一部直径72英寸（182.9厘米）的柱式蒸馏器和一个再馏壶。

**蒸馏取酒度数**：135美制酒度（67.5% 酒精浓度）。

**入桶陈年度数**：125美制酒度（62.5% 酒精浓度）。

**陈年方式**：巴顿酒厂为1792品牌选择了采用来自密苏里州的白橡木制成的第3.5级烧焦碳化的橡木桶，这些橡木桶库存被置于酒厂所在地的编号Z仓库中陈年。

**每个批次装瓶的桶数**：未知。

**过滤方式**：冷凝过滤。

酒色：红褐色。

闻香：具有烤焦的玉米棒子、焦糖、香草、肉桂面包、橡木与皮革的气息。

口味：这款波本有烟熏味，闻香中所有令人愉悦的气息都展现于味觉之中，尤其是带着一些肉桂味的焦糖和香草风味，同时还有灯笼椒、烘烤杏仁、香蕉以及些许柑橘的味道。它的口感包裹了全部口腔，如天鹅绒般柔软。

尾韵：中等长度，有一些香蕉的回味。

## *Very Old Barton*
# 特老级巴顿

### ◆ 肯塔基纯正波本威士忌

装瓶度数和陈年时间：90美制酒度（45% 酒精浓度）装瓶，未标明陈年时间。特老级巴顿曾经标明为桶陈6年，但现在已移除了陈年时间，如今这款波本大概桶陈5年左右。

酒色：浅麦秆色。

闻香：它有一种让人联想到泥土的气味，同时带有质朴的金属气息以及烟熏味，然后我还闻到了香料、香草与一丝丝焦糖气息。

口味：在味觉上，远不如其香气所预示的那般有表现力，对于这么低的装瓶酒精度而言，这款波本的酒精灼烧感有些令人不适，甚至压过了其略微发干的口感。在最后，我终于能够尝出一些谷物类、口嚼泡泡糖和肉桂的味道。

尾韵：极其短暂。

## *Old Grand-Dad 114*
# 老祖父114

◆ **肯塔基纯正波本威士忌 / 第1批次装瓶**

酒厂：金宾酒厂。

装瓶度数和陈年时间：114美制酒度（57%酒精浓度）装瓶，未标明陈年时间。

谷物比例配方：60%玉米、30%黑麦和10%大麦。

酒色：红褐色。

闻香：具有泥土气息，以刚砍下的树枝、淡淡的松木、玉米面包、枫糖浆和焦糖的气味为主。

口味：谷物的风味特别突出，但我指的是成熟并煮熟的谷物，或许类似玉米面包或者玉米炖菜的形态——倘若你喜欢这种谷物的味道，这款波本肯定就是你的菜。待粗粝和淳朴的风味退场之后，焦糖和香草味开始浮现，伴随着很明显的肉桂味，与发干的口感一直持续到结尾。

尾韵：中等长度，有着蘸上肉桂粉的苹果的回味。

## *Knob Creek Single Barrel Reserve*
# 诺布溪单桶珍藏

◆ **肯塔基纯正波本威士忌 / 小批量 / 单桶珍藏（同时列出小批量和单桶的属性似乎是多余的，但是，嘿，酒标上的确是这么写的）**

酒厂：金宾酒厂。

装瓶度数和陈年时间：120美制酒度（60%酒精浓度）装瓶，桶陈9年。

谷物比例配方、酒厂谷物来源和蒸馏方式：参见本书第213页提及金宾酒厂产品时的技术规格。

过滤方式：非冷凝过滤。

酒色：深琥珀色。

闻香：其香气勾起了我对青春时光的回忆，充满着当年我用来喂养自家马驹的甜饲料的气息，总之，这款酒让人联想起如此多的属于农场的美妙气味——而非那些糟糕的部分。具体而言，我感受到新割的青草、丁香、美式烤肉的烤烟，与一股徘徊不去的焦糖气息。

口味：就120美制酒度的装瓶度数而言，入口可谓相当柔顺，让我不得不再次确认一眼自己是否看错了酒标上的度数，因为早在觉察到一丝微弱的酒精灼烧感之前，我的舌头已尝出了大量妙不可言的焦糖、香草以及果味，随后而至的香料味道，是以烘焙香料而非黑胡椒类辛香料的形式浮现，这足以展现高酒精度波本在风味复杂性上的表现力。

尾韵：中等长度，有着香草蛋奶沙司的回味。

## *Wild Turkey Products*
## 威凤凰品牌产品

酒厂：威凤凰酒厂，劳伦斯堡市，肯塔基州。

蒸馏大师：吉米·拉塞尔和埃迪·拉塞尔。

谷物比例配方：75% 玉米、13% 黑麦和12% 发芽大麦——虽然威凤凰酒厂并未正式公开其谷物配方，但有多位公司高层承认上述被频繁引用的比例组合已经相当接近。

◀如图，一瓶诺布溪单桶波本被安放于门廊上，背景则为金宾酒厂内的雪景——没有什么比在寒冷的下雪天享受一口波本更令人心动。

**255**

图中是一位波本界的传奇人物——身为威凤凰酒厂的长年蒸馏大师，吉米·拉塞尔堪称整个行业现存最友善也最具亲和力的人物。在这家酒厂，他已效力逾 60 年之久。

酒厂谷物来源：所有谷物都为非转基因品种且大部分来源于肯塔基州的农户；黑麦来自德国，同时发芽大麦来自北达科他州、南达科他州。

蒸馏方式：威凤凰酒厂采用两次蒸馏，使用一部内有19层托板结构的高达52英尺（15.9米）、直径60英寸（152.4厘米）的柱式蒸馏器，和一个容量28595美制加仑（约108 243.8升）的再馏壶。

蒸馏取酒度数：先以125美制酒度（62.5% 酒精浓度）从柱式蒸馏器取酒，再以130美制酒度（65% 酒精浓度）从再馏壶取酒。

入桶陈年度数：114美制酒度（57% 酒精浓度）。

过滤方式：冷凝过滤。

## *Wild Turkey 101*
## 威凤凰101

### ◆ 肯塔基纯正波本威士忌

装瓶度数和陈年时间：101美制酒度（50.5% 酒精浓度）装瓶，未标明陈年时间，但桶陈时间接近于8年。

每个批次装瓶的桶数：选酒自1200至1300个橡木桶。

酒色：红褐色。

闻香：威凤凰101的香气中总会有一些果汁特征，散发出例如刚捣碎的樱桃、橙子甚至猕猴桃汁的气息，随后是一连串的浓郁辛香料气味，从黑胡椒到红辣椒，一直贯穿到结尾，几乎盖过了其焦糖气息。

口味：香料的风味仍在延续，但已不如在闻香时那般突出了，至少没有掩盖住奶油般的口感以及以巧克力、焦糖和香草蛋奶沙司为主的细腻风味。至于我从香气里感受到的果汁特征，现在已转变为久煮熟透的苹果与撒上了肉桂粉的酥皮桃子馅饼。

尾韵：较短且有些许肉桂的回味。

## *Wild Turkey Rare Breed*
## 威凤凰珍藏

◆ 肯塔基纯正波本威士忌 / 原桶度数 / 装瓶批次编号 WT-03RB

装瓶度数和陈年时间：108.2美制酒度（54.1% 酒精浓度）装瓶——这款波本的装瓶度数大致保持在108至114美制酒度这一区间。未标明陈年时间。

酒色：深琥珀色。

闻香：闻上去极为辛辣，具有墨西哥辣椒、黑胡椒碎末和传统烘焙香料的气息；至于焦糖类的香气，更像是用于咖啡的焦糖糖浆；而扑鼻的香草气息，则如同香草精。

口味：对于这么高的酒精度来说，这款酒显得格外顺口柔和，除了自始至终的香料味道以外——特别是强烈的肉豆蔻、肉桂味——还有焦糖布蕾和樱桃派馅料的风味。

尾韵：中等长度，有肉桂味。

## *Russell's Reserve 10-Year-Old Small Batch*
## 拉塞尔珍藏10年小批量

◆ 肯塔基纯正波本威士忌

装瓶度数和陈年时间：90美制酒度（45% 酒精浓度）装瓶，桶陈10年。

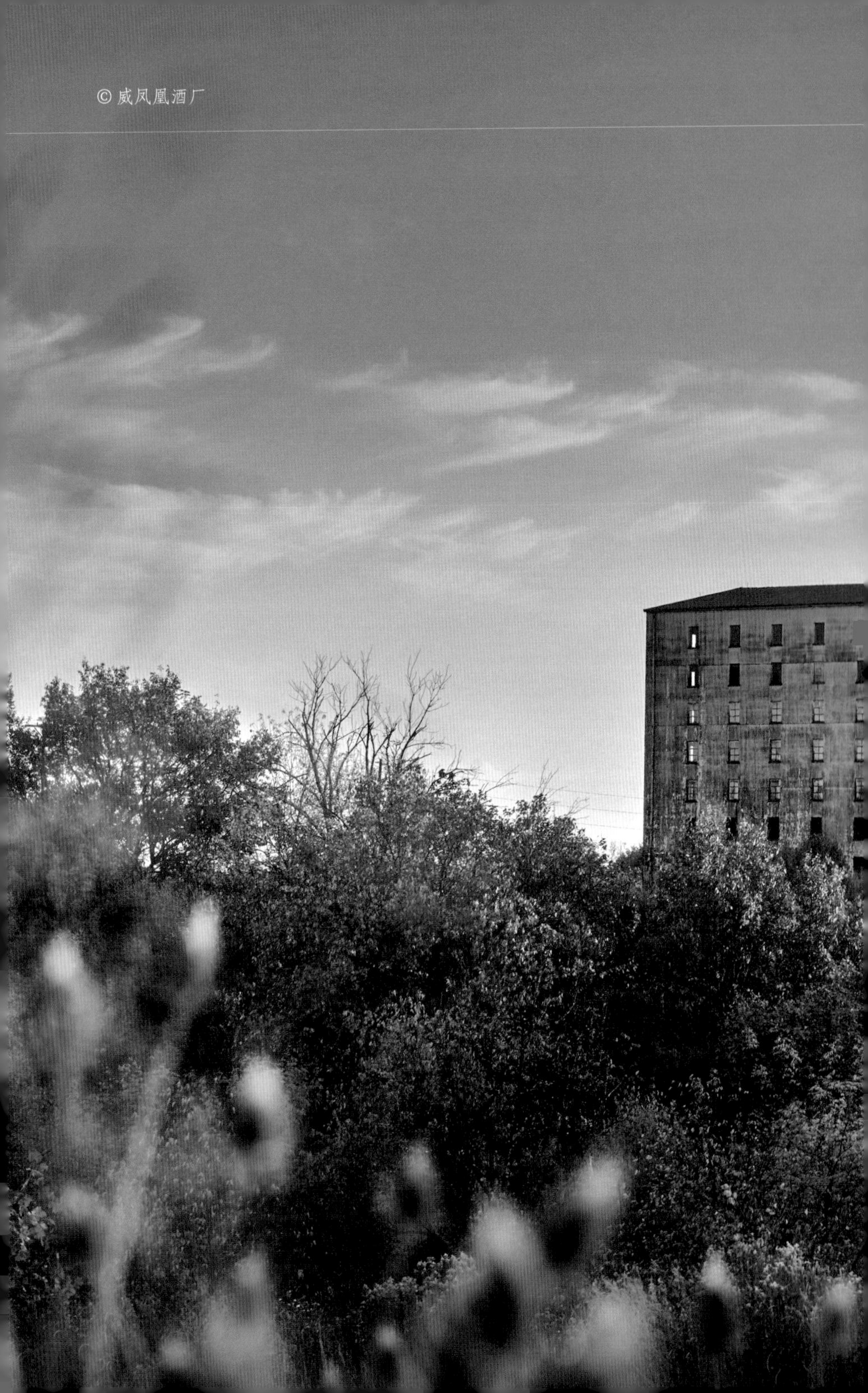

© 威凤凰酒厂

每个批次装瓶的桶数：未知。

酒色：浅琥珀色。

闻香：具有橡木、黑莓、美式烤肉的烤烟、炸豆泥、咖啡渣、焦糖和肉桂的气息。

口味：这是一款风味老派的波本，其圆润的口感一直流淌至舌根的最末段，并且包裹程度遍及了整个脸颊。它独具复杂性，有着浆果类、苹果、焦糖味软糖、蛋奶沙司的味道，还类似一道开胃可口的墨西哥菜肴——或许像是涂有红辣椒酱的热气腾腾的墨西哥玉米粉蒸肉。

尾韵：悠长且辛辣。

## *Four Roses Family*
## 四玫瑰家族

酒厂：四玫瑰酒厂，劳伦斯堡市，肯塔基州。

蒸馏大师：布伦特·埃利奥特（Brent Elliott）。

谷物比例配方：四玫瑰酒厂使用10种原酒配方，在酒标上分别采用4个英文字母的不同组合来表示，每个字母代表着一项与该酒厂相关的属性。

O 字母 = 四玫瑰酒厂的官方出品；

E 字母 = 采用"75%玉米、20%黑麦和5%发芽大麦"的谷物比例配方；

B 字母 = 采用"60%玉米、35%黑麦和5%发芽大麦"的谷物比例配方；

S 字母 = 纯正威士忌的原酒馏液；

剩余字母则表示在发酵阶段所使用的酵母菌种：V 字母对应轻柔果香

型酵母；Q字母对应花香突出型酵母；K字母对应会产生肉豆蔻和肉桂风味的辛香料型酵母；O字母对应着同时能产生些许牛奶世涛风味的果香型酵母；最后，F字母对应着草本风味很明显的酵母。

**酒厂谷物来源：** 玉米来自印第安纳州和肯塔基州，黑麦则源自欧洲。

**蒸馏方式：** 两次蒸馏。

**蒸馏取酒度数：** 先以132美制酒度（66%酒精浓度）完成第一道蒸馏的取酒，再以140美制酒度（70%酒精浓度）从再馏壶取酒。

**入桶陈年度数：** 120美制酒度（60%酒精浓度）。

**陈年方式：** 采用由来自密苏里州和肯塔基州的美国白橡木所制成的第4级烧焦碳化的橡木桶，并陈年于单层制式的酒厂仓库中。

**每个批次装瓶的桶数：** 最基础款的"四玫瑰黄标"（Four Roses Yellow Label），选酒自150个橡木桶；"四玫瑰小批量"（Four Roses Small Batch）则选酒自180个橡木桶；至于"四玫瑰单桶"（Four Roses Single Barrel），顾名思义，酒液只来自单一橡木桶。

**过滤方式：** 冷凝过滤。


## *Four Roses Yellow Label*
## 四玫瑰黄标

### ◆ 肯塔基纯正波本威士忌

**装瓶度数和陈年时间：** 80美制酒度（40%酒精浓度）装瓶，未标明陈年时间，但平均桶陈5至6年。

**谷物比例配方：** 调配融合了四玫瑰酒厂的全部10种波本原酒配方。

**每个批次装瓶的桶数：** 选酒自150个橡木桶。

**酒色：** 带有棕褐色和沙子色光泽的麦秆色。

**闻香：** 在闻这款酒时，总会使我联想起土壤，仿佛步入一片树林，然后闻到了橡木、泥土、各类蘑菇以及偶然的篝火气息，当然了，其香气中也包裹着寻常的焦糖与香草气息。

**口味：** 与闻香一致的风味在味觉上也有不错的表现，但香料风味立即成了主角，例如肉桂、烘焙香料的味道，连同一种包裹口腔的温暖口感，完完全全占据了味蕾。

**尾韵：** 令人愉悦的中等长度回味，带有一些淡淡的肉桂味。


### *Four Roses Small Batch*
### 四玫瑰小批量

#### ◆ 肯塔基纯正波本威士忌

**装瓶度数和陈年时间：** 90美制酒度（45%酒精浓度）装瓶，未标明陈年时间，但该产品的桶陈时间往往在6至7年之间。

**谷物比例配方：** 包含了35%的OBSO原酒、35%的OBSK原酒、15%的OESO原酒和15%的OESK原酒（每个英文字母的具体含义参见本书第262页的相关内容）。

**每个批次装瓶的桶数：** 选酒自180个橡木桶——关于"四玫瑰小批量"这款波本的装瓶用桶数，酒厂前任蒸馏大师吉姆·拉特利奇曾解释说："所有用于四玫瑰小批量的橡木桶库存都是预先分派好的，然后基于对各个批次的原酒馏液的抽查品尝，外加从桶陈4年以后开始定期进行的风味评估，才得以被贴上'小批量'的标签。这些橡木桶里的酒液，每年都会经过检查，以确认它们有用于小批量酒款的资格。每次装瓶之前，会从各个橡木桶中进行取样，并于酒厂的质量把控实验室内，用4种波本原酒按照已规定好的比例配方先调配出来一份'四玫瑰小批量'的酒样，同时，对该装瓶批次所用的每一桶酒以及预调出的酒样都要再做风味评估，以确保尽可能地符合预设中的标准风味轮廓。四玫瑰小批量的实际装瓶用桶数的确要多过四玫瑰黄标，原因之一在于两者桶陈时间的差异，即小批量酒款的选桶酒龄更长，且平均每个桶内留存的酒液量更少。"

酒色：浓郁的焦糖色。

闻香：关于一家酒厂在其产品配方上所展现出的酒厂意志，或许没有任何两款波本，能比四玫瑰黄标与四玫瑰小批量之间的对比更具代表性，因为它们闻起来简直截然不同——黄标的泥土和香料气息，与小批量中明显的橡木、肉桂、花香及果香气息，形成了鲜明反差。

口味：入口之后渐渐浮现出非常棒的柑橘、肉桂、焦糖和香草味道，还伴随着如棉花糖、中国多香果和刚出炉的苹果派的细腻风味。这款酒具有耐嚼的口感，在品饮结尾时稍微有些出乎我的意料，但总的来说，品尝四玫瑰小批量是一种如同驶上"风味高速公路"的感觉。

尾韵：中等长度，有烘焙香料的回味。

### *Four Roses Small Batch Select*
### 四玫瑰小批量精选

装瓶度数和陈年时间：104美制酒度（52%酒精浓度）装瓶，选用桶陈6至7年的酒厂波本原酒进行调配。

谷物比例配方：使用四玫瑰10种波本原酒配方之中的6种，即OBSV、OBSK、OBSF、OESV、OESK和OESF原酒（具体含义参见本书第262页的相关内容）。

每个批次装瓶的桶数：选酒自200至400个橡木桶。

酒色：深麦秆色。

闻香：属于非典型的四玫瑰香气风格，开场带有一些玉米、花生酱和烘焙香料的甜蜜气息。

口味：入口一开始就像"焦糖炸弹"，接着出现了那些烘焙香料的味道，随后是烘烤杏仁、咸味花生壳、蜂蜜和各式果干（尤其是杏干）的风味，在末尾，还有一丝淡淡的柑橘味。

尾韵：相当令人愉悦，回味圆润且相对偏长，大概有些许糖蜜的味道。

### *Four Roses Single Barrel*
### 四玫瑰单桶

装瓶度数和陈年时间：100美制酒度（50%酒精浓度）装瓶，未标明陈年时间，但每个单桶的陈年时间都在7至8年之间。

谷物比例配方：只使用OBSV这一种原酒配方（具体含义参见本书第262页的相关内容）。

每个批次装瓶的桶数：单桶酒款。

酒色：深焦糖色。

闻香：从酒杯里很强烈地散发出烤棉花糖、篝火烟味、梨子罐头、杏干和肉桂的气息——但我仍在尝试捕捉一丝香草和焦糖的香气，它们或是会出现在味觉里吗？

口味：正好解开了我在闻香时的疑问，入口就尝到了焦糖和香草的味道，随后是浓郁的香料味和果味；如奶油般的口感使人惬意，并一直延续至回味部分。

尾韵：完全出乎意料地悠长，带着令人满足的肉桂、焦糖和香草的回味。

作为四玫瑰的上一任蒸馏大师，吉姆·拉特利奇曾
试图从昔日母公司施格兰酒业的手中买下这家酒厂，
彼时，四玫瑰波本只销往海外，而拉特利奇先生希
望该品牌能重回美国市场。在新的母公司接手之后，
他终于达成愿望，并引领了波本史上最成功的市场
回归之一。

# Marzipan
## 杏仁蛋白软糖

||||||||||||||||||||||||||||||||||||||||||||||||||||||||||||||||

尽管相当罕见，但波本威士忌偶尔会浮现杏仁蛋白软糖这一美妙动人的风味。这种糖果主要由杏仁粉和蜂蜜制成，其令人愉悦的气息往往现身于那些在独特桶陈条件下被精心照料的波本之中。巴雷尔波本的调配大师之一特里普·斯廷森（Tripp Stimson），就分析过酒液中的显著杏仁蛋白软糖风味的来源：

> "说到选桶，我喜欢那类在保证风味复杂性之余还兼有一定甜味特征的波本原酒。我们所调配出的大部分酒款，都具有不同程度的甜味及蜂蜜味特征，我们也将继续在调配产品时延用这一风格，"斯廷森开始深入这一话题，"那么，这种像是蜂蜜和杏仁甜味的芳香风味究竟从何而来？最有可能的解释是，在制酒初期，大部分的甜味元素是源自酒厂选定的酵母菌种以及该酵母与发酵环境之间发生的化学反应。在发酵过程中，酵母会产出一些具有甜味和果香的风味化合物——它们通常被统称为酯类，且有助于提高波本的甜度；而不同的酵母菌种，加上各异的（发酵）环境条件，将直接影响到酯类的产生，从而影响了波本的整体风味。导致杏仁蛋白软糖风味出现的另一重大因素则是橡木桶——能把橡木桶烘烤到恰到好处，不光为一种天赋，更是一门艺术，一旦操作得当，就可以产生各式复杂的木糖类风味，进而增加杏仁蛋白软糖特征的层次感。综上，杏仁蛋白软糖的这种风味结果，是酯类产出率高的酵母菌种、纯熟的橡木桶烘烤工艺以及大批甜味风味成分随时间推移而彼此交融的现象，这三者共同直接作用的产物。"

杏仁蛋白软糖是一种通常只有复杂度较高的波本才具备的风味，你不会在那些摆放于最底层货架的便宜品牌中发现它的存在。金宾酒厂的蒸馏大师弗雷德·诺埃认为，橡木桶位于陈年仓库内的具体位置或许与这种风味有所关联：
"我们总在超过七层高的酒厂仓库的中心地带，陈年用于装瓶布克斯品牌的橡木桶库存，这样会创造稍微别具一格的波本风味特征。"

《威士忌百科全书：波本》作者弗雷德·明尼克

Photo by 威廉·德沙尔（William DeShazer）

# 第九章
## 限量版和特别发售版之精选

Chapter Nine
Select Limited Editions and Special Releases

回想一下你的童年，是否有某件你非常渴望的玩具，然而却永远无法得到？是否有家庭成员带来你一直想要的小马玩偶、变形金刚或者某个特别款的芭比娃娃，原本是个惊喜，但结果却让你失望了？唉，这便如同限量版波本的故事。

它们可能被过度炒作，几乎无从觅得，并且也不值得卖那么贵。你光顾的烈酒专卖店，恐怕不会上架这些酒款；即便有货，你或许只能通过现场抽签或彩票抽奖的方式取得购买资格；再者，就需支付比其建议零售价高出 500% 的价格。就算你偶尔成功获得了这些稀有产品，得以亲口品尝，也会感到脊背发凉，促使你说服自己它们毕竟物有所值。归根结底，这类波本是为那些"猎酒达人"所准备的，而这群人甘愿冒寒守候同时接受空手而归的失落。我就是这样一名波本猎手，一如其他成千上万爱好相同的发烧友。本章涉及的一些波本，代表着该酒类之中的极品，而另一些则完全是踩雷。

# *Balcones Fifth Anniversary Texas Straight Bourbon Whiskey*
# 巴尔科内斯五周年得克萨斯纯正波本威士忌

◆ **得克萨斯纯正波本威士忌 / 装瓶编号：共计124瓶的第4瓶（装瓶日期为2013年4月4日）**

**酒厂：** 巴尔科内斯酒厂，韦科市，得克萨斯州。

**首席蒸馏师：** 目前为贾里德·希姆施泰特，曾经（2009至2013年）为奇普·泰特（Chip Tate）。

**装瓶度数和陈年时间：** 124美制酒度（62% 酒精浓度）装瓶，桶陈2年。

**谷物比例配方：** 百分之百使用玉米，同时巴尔科内斯酒厂会在糖化及发酵这种全玉米的谷物配方时用到商用酶。

**酒厂谷物来源：** 采用来自美国中西部的蓝玉米品种。

**蒸馏方式：** 两次壶式蒸馏。

**入桶陈年度数：** 124.6美制酒度（62.3% 酒精浓度）。

**陈年方式：** 巴尔科内斯使用轻度烘烤和轻度烧焦碳化的美国白橡木桶，容量皆为225升（约59.4美制加仑），但该品牌不对外透露其橡木桶的具体烧焦碳化程度，并且这些橡木桶库存都以堆叠的方式来存放陈年。

**发售时期以及如何找到：** 这款"五周年"纪念版波本，是巴尔科内斯创始人兼初代蒸馏师奇普·泰特最后创作的产品之一。尽管他也有负责生产该酒厂后续装瓶的波本，但这款酒堪称奇普的巅峰之作——由于只发售过一次，所以它非常难以找到。

**酒色：** 色彩浓郁，带有红褐色与焦糖色的光泽。

**闻香：** 感受这款巴尔科内斯五周年纪念版波本的香气，有点像置身于有人正在制作搅拌玉米面包的厨房内，它有着扑鼻的吉菲牌玉米面包糊的气息，还有一些强烈的桃子、苹果和樱桃罐头的香气。

口味：闻香中的面糊气息在味觉上变为完全烤好的香甜玉米面包，仿佛上面还抹着一块柔滑的咸黄油，接下去是层层叠叠的焦糖和香草风味，带有一丁点杰瑞快乐牧场牌西瓜味口嚼软糖的味道。

尾韵：对于酒龄如此年轻且高酒精度的波本而言，这款巴尔科内斯的尾韵格外柔顺。

## *Barrell Craft Spirits Line Barrel 15-Year-Old*
## 巴雷尔工艺之魂产品线巴雷尔15年波本

◆ 这款酒是印第安纳波本、田纳西波本和肯塔基波本的调配之作，它曾经荣获过发表于《福布斯》杂志的"弗雷德·明尼克之年度美国威士忌"奖项。

酒厂：巴雷尔是一家调配品牌公司，他们从公开市场收购成桶的库存，因而本书惯用的酒厂信息栏对这款酒并不适用，同理，我也无法注明其谷物比例配方和酒厂谷物来源。

调配大师：乔·比阿特里斯和特里普·斯廷森。

装瓶度数和陈年时间：105.1美制酒度（52.55%酒精浓度）装瓶，桶陈15年。

过滤方式：无过滤处理。

发售时期以及如何找到：这款酒发售于2018年冬季，随后很快销售一空，但在如芝加哥和旧金山这样的一些零售市场中如今仍旧可能找到。

酒色：深琥珀色。

闻香：其香气着实令人叫绝，具有巧克力、奶油糖果、黄油、椰子、蜂蜜、烘烤杏仁、烤棉花糖的气息。

**口味：** 风味格外复杂，出现了杏仁蛋白软糖、蜂蜜、黄油、红糖、盐水太妃糖、可可、培根粒、肉豆蔻、香草、肉桂、橙子、烤苹果、馅饼酥皮和油炸桃子派的味道，或许我还可以罗列出更多，但每种风味都如同一个优美而响亮的独立音符。

**尾韵：** 悠长，余韵长度可达2至4分钟之久，带有美妙的巧克力碧根果回味。

## *Pappy Van Winkle 15-Year-Old*
## 凡·温克尔老爹15年

◆ **肯塔基纯正波本威士忌**

**酒厂：** 这段历史叙述起来很复杂。为了挽救其家族的遗产传承，朱利安·凡·温克尔三世及其父选择与老菲茨杰拉德酒厂的新主人合作——后者于1972年从凡·温克尔家族手中购得斯蒂泽尔-韦勒酒厂，并将之更名为"老菲茨杰拉德"——以确保获取到成桶的波本库存，来延续用其家族姓氏命名的产品线。与此同时，朱利安三世还买下了位于肯塔基州劳伦斯堡市境内的霍夫曼/联邦州酒厂，不单为了积累更多的陈年库存，还旨在利用这一酒厂的仓库空间和装瓶设施，不过，他并未尝试在该处进行蒸馏。1992年，凡·温克尔家族昔日曾拥有过的那家酒厂终于宣告停产，但朱利安三世于2002年与野牛仙踪酒厂签立了代工合同，开始依靠后者来蒸馏其家族专属的小麦波本威士忌配方。事实上，凡·温克尔产品线的波本选酒，最初就源于数家酒厂，但其核心的原酒——也就是对于创造整体风味最为重要的原料——始终来自该家族所创建的斯蒂泽尔-韦勒酒厂，然后这里添加一点劳伦斯堡酒厂的库存，那里再加一些野牛仙踪酒厂的酒；但事到如今，这些核心原酒也都消耗殆尽，或者说所剩无几了。现今由凡·温克尔家族装瓶的15年及酒龄更老的波本中，或许还有来自斯蒂泽尔-韦勒的珍贵老酒，但关于这些老酒的至今存量，无论该家族还是野牛仙踪酒厂都讳莫如深，所以每当你购入一瓶凡·温克尔老爹波本时，又平添了一丝神秘感。

**调配大师：** 朱利安·凡·温克尔三世；作为凡·温克尔家族的掌舵人，他虽然不是一名蒸馏师，但善于调配融合不同的波本陈年库存。

**装瓶度数和陈年时间：** 107美制酒度（53.5% 酒精浓度）装瓶，桶陈15年。

**谷物比例配方：** 作为一款小麦波本，与本书第205页介绍野牛仙踪酒厂的韦勒产品线的相关信息一致。

**酒厂谷物来源：** 2002年之后的情况，与本书第205页提及野牛仙踪酒厂时的内容一致。

**蒸馏方式：** 与本书第205页提及野牛仙踪酒厂时的内容一致。

**入桶陈年度数：** 114美制酒度（57% 酒精浓度）。

**陈年方式：** 凡·温克尔老爹产品线如今从野牛仙踪酒厂的陈年仓库中挑选用于装瓶的橡木桶库存。

**发售时期以及如何找到：** 凡·温克尔老爹系列波本共有三款，即15年、20年和23年，这些稀有酒款将按有限的配额分配给各家烈酒专卖店。某些专卖店只能分到一瓶，但已经很幸运了，这些店会举行拍卖或抽奖活动，以便将其卖给顾客；更有甚者，一些专卖店将以高达6000美元一瓶的标价出售。可悲的是，那些投机倒把的酒贩子则会买下他们所能买到的每一箱配额，再通过个人的互联网社交圈兜售转手。整个"凡·温克尔老爹"现象就是一团混乱，对于作为正常消费者的你来说，也极为不公。如果你想品尝到这种波本，最好的办法就是搭乘航班前往肯塔基州的路易斯维尔市，因为相比其他大多数城市，当地的波本威士忌主题酒吧有更高概率会提供单杯售卖。实话实说，我自己这篇凡·温克尔老爹15年的品鉴笔记，就源于路易斯维尔的"银元"（Silver Dollar）酒吧的一瓶在售酒款。对于2007年以前装瓶的凡·温克尔老爹系列，你可以通过其酒标上标示的"装瓶地点"来进一步区分——1989年至2002年的发售版本，于肯塔基州的劳伦斯堡市进行装瓶；从2002年到2007年则改为在肯塔基州法兰克福市装瓶。此外，2007年以降的发售版本，于瓶身背标的下方会有相应的激光条码来标明具体的装瓶日期及时间。

**每个批次装瓶的桶数：** 未知。

**酒色：** 深邃的深琥珀色，带有金黄色光泽。

**闻香：** 好了，这款波本其实也没什么值得大惊小怪的，你认为呢？让我们先来检验其香气——假如你相信围绕着它的种种夸大其词，这并非如你所期待那般的脱颖而出的闻香表现，只能算中规中矩吧，有着橡木、焦糖、烤苹果、红糖、蜂蜜和融化的咸味黄油的气息。

**口味：** 这才是凡·温克尔老爹值得被大肆宣传的重点，尽管香气一般，但带给味觉的感受，却不乏经典威士忌老酒的特质——其口感好到滴水不漏，彻底包裹住了口腔，并在上下颌之间冉冉回旋；可以明显感到它具有老酒风味，以焦糖和香草蛋奶沙司开场，浆果馅饼紧随其后，但这些味道在你舌头上面所停留的时长，才是这款酒的与众不同之处；其焦糖味与你的味蕾相伴共舞至少15至20秒钟，而其余风味，例如肉豆蔻、肉桂和黑车厘子，则与些许芹菜籽盐和牛至的味道一同浮现。这样的味觉体验就如同活力无限的"劲量兔子"（Energizer Bunny，知名电池广告形象——译者注）一样持续无间断。

**尾韵：** 不同寻常的绵长，有着咸味焦糖的回味。

## *Elijah Craig 21-Year-Old*
## 爱利加21年

**酒厂：** 虽然蒸馏地点被简单标示为"爱汶山酒厂"，但这款酒实际上蒸馏于爱汶山酒业位于巴兹敦镇的老酒厂，该酒厂在1996年的一场火灾中付之一炬。

**装瓶度数和陈年时间：** 90美制酒度（45%酒精浓度）装瓶，桶陈21年。

**谷物比例配方：** 关于这款酒的谷物配方及其他技术规格，请参见本书第193页的相关介绍。

**每个批次装瓶的桶数：** 单桶酒款。

**发售时期以及如何找到：** 这款波本只于2013年做过一次性发售，但在那些曾经按箱进货的大型烈酒专卖店里，你还可能偶然邂逅到它。爱汶山酒业后来发售过酒龄更老的爱利加波本，但这款21年仍是该产品线的最佳装瓶之作。

**酒色：** 深邃且浓郁的琥珀色，带有金色光泽。

**闻香：** 完全展现出属于顶级波本的香气风格，不光兼顾复杂度和层次感，还做到了完美的平衡，具有棉花糖、香草奶油、焦糖、刚刚烧焦的焦糖布蕾的顶层脆皮、太妃糖、巧克力和果仁糖夹心的气息。

*爱利加 21 年 © 爱汶山酒业*

**口味：** 如果说爱利加21年的闻香感受如同置身于面包师的厨房，其味觉体验便像是钻进了香料陈列室。这款威士忌的结构柔软似天鹅绒，口感顺滑如奶油，一开始是持续有着果汁感的果味，随后便陷入了由橙皮屑、烘烤杏仁、肉桂与肉豆蔻的香料冲击所组成的风味布阵；接下来浮现的焦糖、香草及香料味，开始趋于温柔，逐渐引出了温暖、绵长的余韵。这款酒的风味简直挥之不去。

**尾韵：** 回味悠长而丰富，有香草味。

## *Jim Beam Sherry Cask*
## 金宾雪利桶

◆ **佩德罗 - 希梅内斯（Pedro Ximenex）雪利桶二次陈年波本威士忌 / 蒸馏大师之作**

**酒厂：** 金宾酒厂，克莱蒙特聚居区，肯塔基州。

**装瓶度数和陈年时间：** 100美制酒度（50% 酒精浓度）装瓶，未标明陈年时间，但在进入雪利桶开始二次陈年之前，它已经是桶陈12年的波本。

**陈年方式：** 金宾酒厂把已有12年酒龄的波本装入佩德罗 - 希梅内斯雪利桶，随后进行的二次陈年的时长并未公布。

**每个批次装瓶的桶数：** 未知。

**发售时期以及如何找到：** 自2013年起，金宾的"蒸馏大师之作"系列皆于每年秋季发售，我品鉴的这一款为其首发版本。

**酒色：** 极其深的琥珀色。

**闻香：** 有奶油雪利酒、香蕉、香草糖霜、深烘豆黑咖啡与深色水果的气息。

**口味：** 如奶油般的口感毫无疑问展现了这款酒的雪利桶特质，烘托出类似雪利酒所特有的奶香味、杏仁味和淡淡的海水咸味；随后有无花果夹心馅饼的味道、烟熏味、与苏格兰威士忌很相似的蜂蜜味，以及些许的焦糖、苹果味。

**尾韵：** 如奶油般的绵长。

## *Buffalo Trace Single Oak Project*
## 野牛仙踪单一橡木项目

#### ◆ 肯塔基纯正波本威士忌 / 桶号 #188

**注释：** 这个所谓的"单一橡木项目"其实已经结束了，桶号 #80 的单桶酒款被大家评选为最终优胜者；后者计划于 2026 年开始广泛发售，酒款名称将直接定名为"单一橡木"，省去了"项目"一词。但我后续提供的品鉴笔记，与桶号 #80 的优胜酒款无关。

**装瓶度数和陈年时间：** 90 美制酒度（45% 酒精浓度）装瓶。

**谷物比例配方、酒厂谷物来源、蒸馏方式：** 与本书第 205 页介绍野牛仙踪酒厂时的内容一致。

**入桶陈年度数：** 105 美制酒度（52.5% 酒精浓度）。

**陈年方式：** 这款桶号 #188 的波本，陈年于野牛仙踪酒厂编号 K 的木结构货架式仓库，其橡木桶内壁经过第 4 级烧焦碳化，桶板于制桶之前风干了 12 个月。

**每个批次装瓶的桶数：** 单桶酒款。

**发售时期以及如何找到：** 自 2011 年以来，"单一橡木项目"系列共发售过 15 个酒款批次，通过这一历程，总共分析了 96 棵橡树的木纹特征。野牛仙踪酒厂分别选用这批橡树的顶部和底部来制桶，进而研究这 192 段特定的原木材料——每一段原木都被制成橡木桶板，有的风干 6 个月，有的则风干 12 个月，箍桶之后，再进行第 3 级或第 4 级烧焦碳化。该酒厂还研究了不同的入桶陈年度数及风格各异的陈年仓库制式所带来的影响，并为此建立了一个数据库，以便跟进记录各个选项的品鉴特征与差异，借此，野牛仙踪酒厂通过这 192 个橡木桶探索了将近 1400 种风味组合。通常，你很容易在美国本土有波本售卖的大体量烈酒专卖店里至少找到其一两款单桶，不过，想集齐该系列的全部酒款，将是一大挑战。

酒色：琥珀色。

闻香：香气偏辛辣，有一些巧克力和焦糖的气息，而像桃子和苹果这类的水果气息，则于末段浮现出来。

口味：这是在味觉方面要比闻香表现更为丰富许多的那类波本酒款之一，它富有焦糖、烘焙香料、香草蛋奶沙司、发泡鲜奶油、桃子馅饼、中国多香果及肉豆蔻味，与上述所有风味相辅相成的是其香脆的口感，并以一丝柑橘味撩拨味蕾。

尾韵：悠长，有些许的橙子味。

## *Michter's Toasted Bourbon*
## 酩帝诗限量版烤桶波本

酒厂、谷物比例配方、酒厂谷物来源、蒸馏方式：与本书第231页介绍酩帝诗品牌时的内容一致。

陈年方式：酩帝诗将桶陈过后的基础款波本产品，转移入桶板风干18个月、内壁烘烤至特定规格的橡木桶，这类用于二次陈年的新桶，不会像波本陈年的常规用桶那般经过重度烧焦碳化处理。

发售时期以及如何找到：这是酩帝诗品牌所推出的首个"过桶"酒款，它应该可以在售卖该公司威士忌产品的大部分烈酒专卖店中找到。

酒色：深琥珀色。

闻香：具有橡木、肉桂、太妃糖、香草精、杏仁香精、蛋奶沙司和薄荷的气息。

口味：入口即有一种烧焦谷物的味道，非常类似蓝玉米片或者谷物味浓烈的黑麦面包，虽然这种风味并不常见于波本，但还算招人喜欢。除此之外，也有焦糖、香草、棉花糖、果仁糖夹心的味道，以及在充满嚼劲的口感的末段所出现的大量姜味。

尾韵：悠长，有一些烟熏味。

## *OKI Reserve*
# OKI 珍藏

◆ 纯正波本威士忌／装瓶编号：共计379瓶的第267瓶／第4批次（这款产品现在已经停产了，但在一些市场上依然有售）

酒厂：蒸馏于 MGP 综合原料公司位于印第安纳州劳伦斯堡市的酒厂，装瓶于肯塔基州纽波特市（地处俄亥俄州辛辛那提市的郊区）的新里夫酒厂。

首席蒸馏师：杰伊·埃里斯曼，他同时也是新里夫酒厂的威士忌调配师。

装瓶度数和陈年时间：97.2美制酒度（48.6% 酒精浓度）装瓶，桶陈8年。

谷物比例配方：60% 玉米、36% 黑麦和4% 发芽大麦。

酒厂谷物来源：玉米很可能来自印第安纳州和肯塔基州，黑麦来自美国上中西部。

蒸馏方式：两次蒸馏。

入桶陈年度数：120美制酒度（60% 酒精浓度）。

陈年方式：新里夫酒厂从 MGP 综合原料公司的旗下酒厂一次性购得20桶波本，并按苏格兰威士忌业的传统仓库制式堆叠存放，不久之后，这一批橡木桶库存就被清空装瓶了。

发售时期以及如何找到：这款 OKI 波本旨在庆祝新里夫酒厂所选定的建厂地点，这家酒厂正好位于肯塔基州和俄亥俄州的交界处，并从印第安纳州购得威士忌库存，在肯塔基州境内进行装瓶，虽然大部分当地人认为该地其实属于俄亥俄州。上述传统可以追溯到19世纪，当时就有一批酒厂从印第安纳州购入威士忌。顾名思义，这款酒名中的字母 O 代表着俄亥俄州，字母 K 代表了肯塔基州，而字母 I 则代表印第安纳州。OKI 波本从 MGP 综合原料公司买入的这一小批陈年库存，选自不同的仓库位置，皆桶陈 8 年以上，可谓这家印第安纳州酒厂成桶出售过的酒龄最老的波本。这款酒在装瓶时未加水稀释，也未经过滤处理，该产品售罄之后，你就几乎不太可能在市面上找到具有同等酒龄的印第安纳风格的波本酒款了。目前，它于新里夫酒厂以及俄亥俄州、印第安纳州和肯塔基州的烈酒专卖店内有售。

**每个批次装瓶的桶数**：选酒自 3 至 5 个橡木桶。

**过滤方式**：无过滤处理。

**酒色**：深红褐色。

**闻香**：香气美妙，带着樱桃、鲜花、肉桂、刚烤好的黑麦面包和肉豆蔻的气息。

**口味**：带给味觉的感受是温暖偏辛辣的，有着令人愉悦的黑果酱、玉米面包、焦糖糖果、香草馅酥皮点心的风味；另有一股辛香料味，随着有嚼劲的口感延续至余韵部分。

**尾韵**：悠长且充斥着香料味。

## *Woodford Reserve Master's Collection*
## 活福珍藏大师收藏系列

### ◆索诺马 - 卡特雷葡萄酒桶二次陈年（Sonoma-Cutrer Finish）

**酒厂**：活福珍藏酒厂，凡尔赛市，肯塔基州。

蒸馏大师：克里斯·莫里斯。

装瓶度数和陈年时间：90.4美制酒度（45.2% 酒精浓度）装瓶。

谷物比例配方、酒厂谷物来源、蒸馏方式：与本书第233页介绍活福珍藏品牌时的内容一致。

陈年方式：在索诺马－卡特雷酒庄的黑皮诺葡萄酒桶中进行二次陈年，活福珍藏品牌的母公司百富门酒业亦拥有这家葡萄酒品牌。

发售时期以及如何找到："大师收藏系列"是活福珍藏品牌在每年秋季发售的产品，并且每次都会在威士忌的五大风味来源之一上面做点实验。该系列酒款通常广泛有售。

每个批次装瓶的桶数：未知。

酒色：极深的琥珀色。

闻香：这种闻香感受会令传统派的波本饮者不知所措。黑皮诺葡萄酒桶肯定在很大程度上影响了其风味特点，带来黑醋栗和大量樱桃的气息——倘若没有后续出现的焦糖和香料气息，我恐怕无法凭气味判别出这是一款波本——浓重的橡木气息则出现于其香气末尾。

口味：风味从一开始就不太平衡，一种味道将你引向皮诺葡萄酒，而另一种则试图将你拉回到波本的风味轮廓。对一些人来说，这款酒的味觉表现可能就此盖棺论定了，但只要你再多给它点机会，其樱桃味和焦糖味才会彻底展开，尤其令人联想到樱桃夹心派。

尾韵：余韵悠长且古怪，回味像是果味风格的皮诺葡萄酒。

# *Four Roses Limited Edition Single Barrel 2014*
# 四玫瑰2014年份限量版单桶

◆ **肯塔基纯正波本威士忌 / 提供给媒体的小份样酒**

**装瓶度数和陈年时间：** 120美制酒度（60% 酒精浓度）装瓶，桶陈11年。

**谷物比例配方、酒厂谷物来源、蒸馏方式、陈年方式：** 这款单桶波本选用了四玫瑰酒厂的 OESF 原酒，其余细节参见本书第262页对该酒厂的各式原酒配方及其他技术规格的介绍。

**发售时期以及如何找到：** 2015年以前，四玫瑰酒厂每年会发售两款限量版，但陈年波本库存的短缺迫使四玫瑰最终放弃了"年份限量版单桶"这一产品，这也使得2014年份成为该系列酒款的收官之作。尔后，四玫瑰继续于每年秋季发售的年度限量版小批量酒款，则是"年度最佳美国威士忌"称号的常驻有力竞争者。鉴于四玫瑰限量版的受欢迎程度，我建议你提前致电自己经常光顾的烈酒专卖店，以便确保能预订到一瓶。

**酒色：** 深琥珀色。

**闻香：** 我闻到了肉桂、香草、焦糖、太妃糖、融化的黄油、烘烤杏仁和刚刚烤好出炉的山核桃派的香气，也有一些有趣的泥土类气息，类似新割的青草、蘑菇类和树皮。

**口味：** 这款波本口感温暖，好似奶油，入口后沿两颊往下游移，展现出如教科书般不带一丝灼烧感的柔顺特质。尽管如此，其风味依旧属于辛香型！——除了预料之中的以肉桂、肉豆蔻为主的香料味以外，还有胡椒、灯笼椒、一丁点墨西哥干辣椒及少许红辣椒的味道。当然，我们也不要忽略了香草味和焦糖味，虽然几乎被各种香料风味完全掩盖，但它们依然存在。

**尾韵：** 悠长而有辛香料味。

## *Kentucky Owl Batch 8*
## 肯塔基猫头鹰波本第8批次

装瓶度数和陈年时间：以121美制酒度（60.5%酒精浓度）装瓶，用桶陈5年的传统波本、桶陈8年的小麦波本和桶陈10年的传统波本调配而成。

每个批次装瓶的桶数：选酒自200个橡木桶，总共装了9051瓶。

发售时期以及如何找到：这款酒发售于2018年末，至今依旧在很多市场上有售。

酒色：偏褐色的琥珀色。

闻香：有着咖啡、榛子、烤棉花糖、杏仁和巧克力的气息。

口味：起初出现了麦芽味，夹杂着肉桂、肉豆蔻和胡椒类香料的味道；接着，甜味成为主角，浮现些许红糖和巧克力布丁的风味；在末段，玉米面包和面包布丁的味道开始变得很明显。

尾韵：余韵悠长，带有一些黄油烤玉米面包的味道。

## *Buffalo Trace Antique Collection: Eagle Rare 17-Year-Old*
## 野牛仙踪古典收藏系列：飞鹰稀有17年

关于谷物比例配方、陈年方式及其他技术规格：请参见在本书第205页介绍野牛仙踪酒厂时的内容。

发售时期以及如何找到：野牛仙踪古典收藏系列的酒款包括乔治·T. 斯塔格波本、威廉·拉吕·韦勒波本、飞鹰稀有17年波本、萨泽拉克18年黑麦和托马斯·H. 汉迪黑麦。它们于每年秋季开始上货零售渠道，但鉴于其有限的供货配额，迫使烈酒专卖店们在销售方式上煞费脑筋。

酒色：琥珀色。

# 野牛仙踪古典收藏系列
# 2018年发售版本的简要酒评

由于其极佳的水准，野牛仙踪古典收藏系列可谓波本世界里每年发售的最具吸引力的年度酒款。但近年来，圈内普遍的看法是它们开始有失水准。不过，我认为这一套2018年的发售版本标志着野牛仙踪古典收藏系列（英文简写为BTAC）的强势回归。

**评分: 96/100**

William Larue Weller Kentucky Straight Bourbon, 125.7 Proof

**威廉·拉吕·韦勒肯塔基纯正波本，125.7美制酒度（62.85%酒精浓度）装瓶**

**简述：** 这款隶属于"古典收藏系列"的小麦波本，蒸馏于2006年冬季，陈年于编号 C、I、K、L、M 和 Q 的酒厂仓库，并以不加水稀释、不经过滤的方式装瓶。

请你想象径直走进一间糖果店之后所闻到的各种气味，因为这便是这一年的威廉·拉吕·韦勒波本给人的整体印象——充满了各式糖果、棒棒糖、棉花糖、巧克力棒、焦糖及香草风味的气息，它正是偏甜风格的波本的绝佳代表。别忘了，这款酒没有人工添加进任何风味，它所有的香气和味道，都通过发酵、蒸馏以及在烧焦处理过的全新橡木桶中陈年来获得，唯其如此，这款焦糖风味突出型的波本才更加令人叫绝，它简直超凡脱俗。入口即有一种焦糖味软糖的味道浮现于味蕾，伴随一些若隐若现的果干味与烘烤坚果味，但最持久的还是挥之不去的焦糖味，一直持续到了表现俱佳的尾韵部分。这款酒如此优异，我建议你别放过你能买到的每一瓶。

Eagle Rare 17-Year-Old Kentucky Straight Bourbon, 101 Proof

**飞鹰稀有17年肯塔基纯正波本，101美制酒度（50.5%酒精浓度）装瓶**

简述：2018年发售版的飞鹰稀有17年蒸馏于2000年春季，陈年于编号C的酒厂仓库的第一、第二及第五层。

一上来就香气迷人，浮现黑车厘子、石榴、杏干和蓝莓的美妙气息，伴随些许焦糖和香草的气味，以及不易辨识的淡淡花香（我非常确定存在着花香调）；品尝起来，复杂的风味组合主导了味蕾，缓慢地从舌尖移向舌根，或顺着下腭流淌，同时又撩拨起上腭——这种严丝合缝包裹住口腔的感觉，是你能体验到的最佳波本口感之一；各种风味延续至绵长的尾韵部分，回味使我联想起奶油糖果、焦糖布蕾、馅饼酥皮、巧克力布丁、榛子、蜂蜜、太妃糖、杏仁蛋白软糖和无花果。这是一款必须入手的品鉴型波本，经得起长时间的细品。

George T. Stagg Kentucky Straight Bourbon, 124.9 Proof

**乔治·T. 斯塔格肯塔基纯正波本，124.9美制酒度（62.45%酒精浓度）装瓶**

简述：这款乔治·T. 斯塔格波本选酒自284个橡木桶，在2003年的春季入桶，陈年于编号C、H、I、K、P和Q的酒厂仓库，且装瓶时不加水稀释、不经过滤。

闻香以焦糖、红糖、香草和玉米面包的美妙气味开场，然后是雪茄盒以及些许生姜和小豆蔻的气息；入口之后，却有层层叠叠的浓郁的烘焙香料风味，使人两颊微麻，并顺着下巴的轮廓流淌，接着，香草味纸杯蛋糕的味道也出现了，还有一些草莓、果酱、蓝莓司康和烘烤坚果的风味；品鉴接近尾声时，有一种让人印象深刻的烘烤山核桃味在持续徘徊。这无疑是一款相当杰出的波本！

**Thomas H. Handy Sazerac Straight Rye Whiskey, 128.8 Proof**

**托马斯·H. 汉迪-萨泽拉克纯正黑麦威士忌，128.8美制酒度（64.4% 酒精浓度）装瓶**

**简述：**"托马斯·H. 汉迪"是按照不加水稀释、不经过滤的标准进行装瓶的纯正黑麦威士忌，其2018年发售版本蒸馏于2012年的春季，并于编号I和L的酒厂仓库中陈年，装瓶度数高达128.8美制酒度（64.4% 酒精浓度）。

当嗅觉里充斥着甘草糖气息之际，肉桂的气味也紧随其后——事实上，这款威士忌的香调中，从始至终都有芬芳四溢的肉桂气息，同时，并未阻碍一些更为淡雅的香气浮现；待到肉桂香气消散之后，些许香蕉、巧克力和烘烤核桃的气息才得以登场；在味觉方面它的辛辣浓郁则令人记忆犹新，胡椒类的香料风味仿佛于簇拥之下窜向舌根，请你试想一些吃上一口便需要你赶紧喝水的超级辣的食物——这就是2018年版托马斯·H. 汉迪的真面目：一头"烘焙香料与胡椒香料的双面怪物"；这款酒的尾韵极长，有一丝撩人的白胡椒回味。如果你是"香料风味控"，请务必入手这一版托马斯·H. 汉迪。

**Sazerac 18-Year-Old Kentucky Straight Rye Whiskey, 90 Proof**

**萨泽拉克18年肯塔基纯正黑麦威士忌，90美制酒度（45% 酒精浓度）装瓶**

**简述：**选酒自在1998年春季入桶陈年的一批库存。

香气主调呈现出橡木和苦味的特征，伴有一些杏干、蒲公英、甘草糖、桃子罐头和罗勒的气息，从耕地的土壤到蘑菇的泥土类气味，亦随之出现；入口后，泥土类味道更加突出，产生了一种只能被描述为"放克"（funk）的风味——它有点像是黑车厘子止咳糖浆的味道，但"药味"部分却缺席了，释放出更温和的香料味；这款酒中等长度的偏苦尾韵，让我想到了那些禁酒令时代之前出品的黑麦威士忌。尽管无法作为日常饮用型酒款，但这一年的萨泽拉克18年，却仿佛穿越回了黑麦风格的古老年代。

闻香：有橙皮屑、黄油吐司、棉花糖、烤苹果、温热的肉桂棒以及些许焦糖与香草的气息。

口味：一入口，柑橘类、莓果类和香草蛋奶沙司的风味便立即充斥着味蕾，衬托出完全成型的包裹口腔的口感，继而迸发出一种如同撒上肉桂粉的热气腾腾的苹果派的味道。随后浮现的红糖、蜂蜜和香草蛋奶沙司的风味，将这一趟怡人的味觉之旅圆满进行到底。

尾韵：悠长而让人愉悦，有着香草蛋奶沙司的回味。

## *Orphan Barrel Project: Lost Prophet*
## 孤儿桶项目：迷失先知

酒厂：由帝亚吉欧集团所推出的"孤儿桶项目"系列酒款，名义上是装瓶一部分几近被遗忘的桶陈酒液，起初，这家酒业公司在营销文案中亦将之描述为"失而复得的橡木桶库存"，实际上，它们根本从未遗失过——毕竟，针对陈年中的每桶酒，酒厂都必须按时向政府缴税。现实则是，这些陈年库存只不过未能被指定用于装瓶某一特定品牌或者卖给某一威士忌批发客户而已。来自"孤儿桶项目"系列的波本酒款，包括"老吹牛大王"（Old Blowhard）、"巴特豪斯"（Barterhouse）、"华丽辞藻"（Rhetoric）和"迷失先知"（Lost Prophet），每款酒都有着自己的背景故事。"迷失先知"这一酒款于1991年蒸馏于昔日的乔治·T.斯塔格酒厂（野牛仙踪酒厂前身），并在斯蒂泽尔‐韦勒酒厂的仓库中陈年。

蒸馏大师：当年在乔治·T.斯塔格酒厂生产这款酒的蒸馏师为加里·盖哈特（Gary Gayhart）。

装瓶度数和陈年时间：90.1美制酒度（45.05%酒精浓度）装瓶，桶陈22年。

谷物比例配方：75%至78%的玉米、7%至10%的大麦，以及15%的黑麦。

酒厂谷物来源：未知。

蒸馏方式：两次蒸馏。

陈年方式：存放于斯蒂泽尔－韦勒酒厂的陈年仓库中。

发售时期以及如何找到：鉴于"孤儿桶项目"系列酒款都为限量发售，所以它们在每个市场的供货情况皆有所不同。尽管如此，该系列的某些酒款相比另一些更容易在烈酒专卖店内找到。

酒色：极深的焦糖色。

闻香：具有怡人的焦糖、香草、面包布丁、肉桂、肉豆蔻、多香果、篝火烟味、黑车厘子果酱和蜂蜜的气息，以上特征几乎掩盖住了另一种我不太喜欢的指甲油的气味。

口味：萦绕于味蕾的明显风味有南瓜派香料、烧焦的焦糖、香草拿铁咖啡以及包括从肉豆蔻到多香果的混合烘焙香料，奶油般的口感则让口中充满了暖意。

尾韵：悠长，有一些肉桂味。

## *Old Forester Birthday Bourbon 2013*
## 老福里斯特生日波本2013年发售版

关于谷物比例配方、陈年方式及其他技术规格：请参见在本书第218页介绍老福里斯特品牌时的内容。

装瓶度数和陈年时间：98美制酒度（49%酒精浓度）装瓶，未标明陈年时间。

发售时期以及如何找到：老福里斯特生日波本于每年9月2日发售，因为这一天正是百富门酒业创始人乔治·加文·布朗的生日。我建议你记得提前致电你的烈酒专卖店询问。

酒色：深琥珀色。

闻香：出现了梨子、橡木、焦糖、无花果、甜玉米、香草和太妃糖的气息。

口味：入口有些辛辣，但口感温暖如奶油，浮现出香蕉、草莓、焦糖、太妃糖和芝麻的味道。

尾韵：相对偏短，有一点南瓜味。

20世纪50—60年代出品的Decanter系列老福里斯特波本 / Photo by 谢韬

WILD TURKEY.

## *1792 Bourbon*
## 1792波本

创立时间：2002年。

品牌所有方：萨泽拉克集团。

品牌名由来：正是在1792年，肯塔基脱离了弗吉尼亚州，加入美国联邦并成为其第十五个州。

当巴顿品牌有限公司创造出1792这一酒标时，作为竞争对手的百富门酒业曾提起诉讼，称其侵犯了活福珍藏品牌的商标权——因为1792波本最初取名为"里奇伍德"（Ridgewood），随后也用过"里奇蒙特珍藏"（Ridgemont Reserve）这一命名，但迫于官司压力，巴顿酒厂最终将品牌名称改为1792，意在纪念肯塔基独立成州的那一年份。如今，1792是萨泽拉克集团旗下的旗舰波本品牌之一。

## *A. Smith Bowman*
## A. 史密斯·鲍曼

创立时间：1934年。

品牌所有方：萨泽拉克集团。

从左到右依次为韦斯·亨德森、林肯·亨德森和凯尔·亨德森，这张照片拍摄于
2013 年 7 月 9 日，当时祖父孙三人正在为路易斯维尔市的天使之翼酒厂举行破土动
工仪式；数月之后，天使之翼的品牌创始人林肯·亨德森便去世了。

**品牌名由来：** 以品牌创始者即 A. 史密斯·鲍曼本人来命名。

与肯塔基州一样，弗吉尼亚州在蒸馏烈酒方面也拥有深厚历史。待禁酒令结束以后，A. 史密斯·鲍曼与他的儿子们一同创建了其家族酒厂，并于 1937 年开始销售弗吉尼亚绅士牌波本（Virginia Gentleman Bourbon）。2003 年，萨泽拉克集团收购了 A. 史密斯·鲍曼酒厂。

## *Angel's Envy*
## 天使之翼

**创立时间：** 2010 年。

**品牌所有方：** 百加得集团。

**品牌名由来：** 在橡木桶内陈年的波本，平均每年会因蒸发而损失掉总量的 3% 至 5%，这一部分的酒液也被称作"天使的分享"。"天使之翼"的英文直译为"令天使艳羡之物"，意在表达"天使们未能得到的威士忌"之意。

天使之翼是首款使用波特桶进行二次陈年的主流波本产品，它让那些观念传统的死硬派波本爱好者感到头疼——他们纷纷质疑：既然旧桶陈年的手法是该品牌的主要风味标签之一，它还怎么能够被称作波本呢？但简单来说，只要天使之翼在其酒标上标示为"于波特桶中二次陈年过的纯正波本"，相关的美国政府机构就默许这种做法。

## *Baker's*
## 贝克斯

**创立时间：** 1992 年。

**品牌所有方：** 宾三得利集团。

**品牌名由来：**以前金宾酒厂蒸馏师贝克·比姆（Baker Beam）的名字来命名。

据贝克·比姆回忆，有人跑来找他商量以他的名字来命名一款波本之际，他还在金宾酒厂工作，那一年是1985年，当时大部分的波本产品都得名于已经过世的传奇人物。按照贝克先生跟我讲的原话，那一刻他"既很吃惊又很荣幸"。事实上，早在1973年，贝克·比姆就开始担任金宾位于肯塔基州克莱蒙特的主体酒厂的蒸馏大师一职，同一时间，其父卡尔·比姆（Carl Beam）以相同的身份从该酒厂退休。

## *Balcones*
# 巴尔科内斯

**创立时间：**2009年。

**品牌所有方：**私募投资者有限责任公司（PE Investors LLC）。

**品牌名由来：**这家位于得克萨斯州韦科市的酒厂的水源，正是由该州的巴尔科内斯断层区（Balcones Fault Zone）所提供的天然泉水。

2013年7月17日，巴尔科内斯宣布引入新投资者及兴建新酒厂的计划；次年，其创始人奇普·泰特同新投资人们陷入法律纠纷，导致他本人最终从公司出局。泰特的合伙人们在2014年底买断了其全部股份，巴尔科内斯的酒厂传承则在创始人缺席之后继续前行。

## *Very Old Barton*
# 特老级巴顿

**创立时间：**20世纪40年代。

**品牌所有方：**萨泽拉克集团。

品牌名由来：其创始人奥斯卡·盖茨（Oscar Getz）声称，他从一顶帽子上联想到了"巴顿"这一品牌名称。

赶在禁酒令废除之际，奥斯卡·盖茨和莱斯特·埃布尔森（Lester Abelson）创办了一家名为"巴顿品牌"的威士忌公司，并随后发展成20世纪最具影响力的美国烈酒企业之一。起初，"特老级巴顿"的市场定位为高端波本，一如它将陈年时间作为卖点的20世纪70年代广告语："特老级巴顿的桶陈时间高达8年（比大多数的波本多了4年），因此得以成为一款更柔顺、更醇香的波本。特老级巴顿为你带来更加丰富的波本风味。"但如今，特老级巴顿却更像一个廉价品牌。

## *Basil Hayden's*
## 巴兹海顿

创立时间：1992年。

品牌所有方：宾三得利集团。

品牌名由来：以肯塔基名人巴兹尔·海登来命名。

当英裔美国天主教徒们从马里兰州开始向西迁移时，其中一位领导者是名为巴兹尔·海登的蒸馏师，[1] 他于1785年带领25个家庭沿俄亥俄河而下抵达肯塔基，这一事迹为人所称赞。后来，巴兹尔的孙子雷蒙德·海登为了纪念他，创造出"老祖父"这一波本品牌。今天，宾三得利集团同时拥有"巴兹海顿"和"老祖父"这两个品牌。

## *Belle Meade*
## 贝尔米德

创立时间：这家现代酒业公司成立于2006年，由其推出的贝尔米德品牌酒款，于2011年开始上架售卖；但相关家族的历史却可以追溯到1853年。

**品牌所有方：** 除了几位天使投资人以外，其大部分股权为其家族所有。

**品牌名由来：** 以纳什维尔地区从前一家纯血马育马场的名称来命名。

最初创造了贝尔米德波本的那个男人，在其所生活的时代便是一位名声响亮的酒业大亨，足以同杰克·丹尼尔、吉姆·比姆、E. H. 泰勒或其他任何著名波本缔造者相比肩。他叫查尔斯·纳尔逊，曾经以田纳西州为大本营，经营着绿荆棘酒厂，生产约30种酒款产品（其中包括2个与其他酒业公司合作推出的品牌）；这家由老查尔斯创立于1853年的绿荆棘酒厂，如果不是由于后来的禁酒令以及几笔失算的商业交易，它本可以发展为如今日的杰克丹尼酒厂一般的存在。多亏了纳尔逊家族后代中另一位查尔斯·纳尔逊的努力，贝尔米德波本现今再度卷土重来。

## *Blanton's*
## 布兰顿

**创立时间：** 1984年。

**品牌所有方：** 时代国际（Age International）公司。

**品牌名由来：** 以艾伯特·布兰顿（Albert Blanton）上校来命名。

艾伯特·培根·布兰顿上校出生于1881年，逝世于1959年，尽管他在世时曾担任乔治·T. 斯塔格酒厂（即现今的野牛仙踪酒厂）的公司负责人兼总裁，但未能亲眼见到以其命名的波本酒款面市。蒸馏大师埃尔默·T. 李创造了布兰顿这一品牌，可谓史上首款于烈酒专卖店上架售卖的"单桶波本"产品。

▶野牛仙踪酒厂位于肯塔基州法兰克福市，是一处规模巨大的威士忌生产场所。

## *Booker's*
# 布克斯

创立时间：1988年。

品牌所有方：宾三得利集团。

品牌名由来：以蒸馏大师布克·诺埃来命名。

布克·诺埃是吉姆·比姆的外孙，他于1951年开始在金宾酒厂从事威士忌生产工作，就此从未离开。他把酒厂仓库称作自己的"第二个家"，并成为名副其实的"波本大使"——足迹遍布全国各地，只为频频谈论波本。布克先生于2004年2月去世，享年74岁，整个行业都在哀悼痛失了一位永远无法被取代的波本伟人，并缅怀他如猎犬一般能从9个橡木桶高的仓库桶架上精准找出上佳桶藏的惊人波本嗅觉及味蕾。

## *Buffalo Trace*
# 野牛仙踪

创立时间：1999年。

品牌所有方：萨泽拉克集团。

品牌名由来："野牛仙踪"这一品牌名，得名自北美野牛群所发现的一条跨越肯塔基河前往北美大平原区的迁徙路径。

野牛仙踪酒厂堪称全美最为重要、最具历史意义的酒厂之一，但身份名称问题却围绕着它长达一个世纪。1999年，这家酒厂从"乔治·T.斯塔格"更名为"野牛仙踪"，并伴随着同名品牌野牛仙踪波本的面市；但在更早以前，

◄如图，汤姆·布莱特站在斯蒂泽尔－韦勒酒厂的室外，这家传奇酒厂现在为布莱特品牌的母公司帝亚吉欧集团所拥有，所以被改造成了布莱特的游客中心。除此之外，帝亚吉欧还在肯塔基州谢尔比县境内建造了一座全新的布莱特酒厂。

它也曾采用过"古老时代酒厂"（Ancient Age Distillery）这一名称；其一部分建筑物的前身，则属于年代更加久远的 OFC 酒厂。本地人仍旧习惯将野牛仙踪酒厂称作"古老时代"或者"斯塔格"，尽管如此，野牛仙踪纯正波本无疑堪称最适合波本入门者的基础酒款之一。

## *Bulleit*
## 布莱特

创立时间：1987 年。

品牌所有方：帝亚吉欧集团。

品牌名由来：以布莱特家族来命名。

20 世纪 80 年代中期，当汤姆·布莱特结束了他的律师生涯，踏上着手创办一家波本公司的职业新征程时，他选择创造一个即将改变全世界各地酒吧面貌的波本品牌。布莱特品牌开拓市场的方式相当传统：他们逐一上门拜访客户，讲述自家的故事。如此辛勤的耕耘获得了回报，其母公司如今得以斥资 1.15 亿美元以"布莱特蒸馏公司"之名于肯塔基州谢尔比县境内兴建一座全新酒厂。

## *Cyrus Noble*
## 赛勒斯诺布尔

创立时间：1871 年。

品牌所有方：设立于美国旧金山市的哈斯兄弟酒业（Haas Brothers）。

品牌名由来：以活跃于 19 世纪的同名蒸馏大师来命名。

现今上架售卖的所有波本之中，赛勒斯诺布尔当属品牌故事最丰富多彩的酒款之一，此外，它还是唯一在电视版《里普利之信不信由你》（*Ripley's Believe It or Not!*）中出镜的波本品牌。历史上的那位赛勒斯·诺布尔，则为伯恩海姆酒厂一名体重300磅（约136千克）的蒸馏师，他太爱喝酒，以至于某次喝醉之后整个人跌进糖化缸里淹死了；时为伯恩海姆酒厂老板之一的欧内斯特·R. 利连索尔，便想以他的姓名来创造一款威士忌，以此作为纪念。之后，利连索尔搬到旧金山，并以诺布尔之名开办了一家公司，继而发展成哈斯兄弟酒业。

## *Devil's Cut*
## 恶魔之份额

创立时间：2011年。

品牌所有方：宾三得利集团。

品牌名由来：以受困于橡木桶的桶板木层内的那一小部分威士忌来命名——如果说"天使的分享"特指在陈年过程中因蒸发作用损失掉的威士忌，那么"恶魔之份额"便用于形容在清空威士忌酒桶之后仍然残留于橡木桶板内的酒液。

宾三得利集团创造出了一种搅拌法，用来榨取仍旧困于已被清空的橡木桶内的威士忌酒液，他们将其称作"恶魔之份额"。事实上，如果改称为"酒桶之汗液"（Barrel Sweat）或许更加贴切——后者作为一种肯塔基当地术语，是指在刚刚倒光波本的酒桶中注满水，然后推着它在院子里滚上几圈，接着令其浸晒于日光下，静置一段时间并保持带桶塞的那一侧朝下。考虑到上述"酒桶之汗液"的讲法，容易让消费者联想到带有汗臭味的运动袜，显而易见，"恶魔之份额"更能吸引人。

## *Elijah Craig*
## 爱利加

创立时间：1986年。

品牌所有方：爱汶山酒业。

品牌名由来：以活跃于18世纪末的浸礼会牧师伊莱贾·克雷格来命名。因为早在历史学家和新闻记者们得以仔细研究其事迹的真实性之前，这位牧师就赢得了"波本创始人"的称号。

当爱汶山酒业于1986年推出爱利加品牌之际，这家受到消费者喜爱的波本公司重点宣传了"伊莱贾·克雷格创造了波本"这一流传已久的传说。在这则传说中，克雷格先生在经历一场谷仓火灾之后，发现了烧焦橡木桶的制桶技术；该故事如此深入人心，以至于电视剧演员乔治·J. 麦吉在1982年主演了单人剧《伊莱贾·克雷格的一生》(*The Life and Times of Elijah Craig*)。现今，随着社交媒体对从高果糖玉米糖浆到政治事件等一切事物的剖析，大众似乎开始关心威士忌营销背后的真相。于是，有关克雷格先生的传说，终究只是传说而已；不过，正是这类传说曾为波本行业添砖加瓦，同时表明，拥有好故事的威士忌更易脱颖而出。

## *Elmer T. Lee*
## 埃尔默·T. 李

创立时间：1986年。

品牌所有方：萨泽拉克集团。

▶ "恶魔之份额"这款波本的创造者不光想出了一个响亮的品牌名称，还拍出了比酒名更酷的电视广告——在其广告画面中，酒桶承受无形之力而变形扭曲，进而从橡木桶板里榨出了每一滴残存的威士忌酒液。

JIM BEAM
DEVIL'S
CUT
90
PROOF
KENTUCKY STRAIGHT
BOURBON WHISKEY
750 ML 45% ALC./VOL.

品牌名由来：以前乔治·T. 斯塔格酒厂知名蒸馏大师的名字来命名。

埃尔默·T. 李差一点成不了蒸馏师——当他在面试这个职位时，德高望重的布兰顿上校告知他酒厂并不招人，但这位勤奋正直的二战老兵还是设法坚持下来，并最终获得了这份工作。埃尔默·T. 李以布兰顿单桶波本改变了整个行业，而他生前效力的野牛仙踪酒厂，则创造出冠以李的名字及肖像的波本品牌，来表达对其遗产传承的敬意。

## Evan Williams
## 爱威廉斯

创立时间：历史上埃文·威廉斯成为蒸馏师的故事始于1783年，但以他命名的品牌却实际创立于1957年。

品牌所有方：爱汶山酒业。

品牌名由来：以在18世纪80年代活跃于肯塔基的同名蒸馏师来命名。

18世纪80年代，埃文·威廉斯于路易斯维尔市第五大街上一处临近俄亥俄河的地点，建造了一间小酒厂，但由于他"坚持自己有权在未取得经营许可证的情况下销售其烈酒产品"，因此遭到大陪审团的起诉。[2]爱汶山酒业于1957年创造了爱威廉斯这一品牌，从此开创出一款许多年来都保持稳定水准的经典波本。

## FEW Spirits
## 富优

创立时间：2009年。

品牌所有方：富优烈酒公司。

品牌名由来：说起来很具讽刺意味，富优正是以基督教妇女戒酒联盟创始

这是拍摄于 20 世纪 80 年代的一张老照片：老菲茨杰拉德酒厂的蒸馏大师埃德温·富特（左侧人物）和乔治·T. 斯塔格酒厂的蒸馏大师埃尔默·T. 李（中间人物）于一场户外波本活动上，正在同乡村音乐明星尼尔·麦科伊（Neal McCoy）打招呼。富特和李皆跻身带领波本重新复兴的伟大蒸馏大师的行列。

该照片由埃德温·富特本人提供。

人弗朗西丝·伊丽莎白·威拉德（Frances Elizabeth Willard）的姓名缩写来命名的。

富优烈酒公司的酒厂位于伊利诺伊州埃文斯顿市，距离基督教妇女戒酒联盟的成立地点并不太远。基督教妇女戒酒联盟是倡导禁酒令的首要发声力量，亦为埃文斯顿市于《禁酒法案》（Volstead Act）被废除后的 40 余年间依然对酒精继续说不的主要原因。这座小城的禁酒状态一直持续到 1972 年，在此之前，于该地经营酒厂皆属违法行为。当富优酒厂在 2009 年开业时，它成为埃文斯维尔地区自禁酒令以来首个合法的酒精饮料生产场所。

## *Four Roses*
## 四玫瑰

创立时间：1888年。

品牌所有方：日本麒麟啤酒集团。

品牌名由来：关于其创始人小保罗·琼斯（Paul Jones Jr.）为何将这一品牌取名为四玫瑰，其实有好几个故事版本的说法。来自品牌官方的稍具传奇色彩的解释则是，这位琼斯先生在一场盛大舞会上约会的心仪对象佩戴了一束由四朵玫瑰组成的胸花。

在20世纪50年代末，四玫瑰品牌的母公司施格兰集团将这款波本从美国市场下架，并以近乎"流放"的方式将其投放到一些波本营销力量几乎为零的海外市场。2001年，施格兰集团倒闭，总部设在日本的麒麟啤酒集团收购了这一品牌，同时保留了施格兰时期的技术方法和人员班底，从而开启了美国商业史上最成功的市场回归之一。在今天，四玫瑰可以说是肯塔基州最与众不同的一家酒厂，这很大程度上源于其五种专属酵母、蒸馏方式及单层制式陈年仓库所带来的独特魅力。

## *George T. Stagg*
## 乔治·T. 斯塔格

创立时间：2002年。

品牌所有方：萨泽拉克集团。

品牌名由来：正如你在波本酒标上见到的许多名字一样，乔治·T. 斯塔格是推动19世纪波本发展的主要贡献者之一。

在19世纪60年代，乔治·T. 斯塔格是一位受人尊敬的威士忌推销员，曾协助E. H. 泰勒建立起了他的"波本帝国"。

四玫瑰酒厂位于肯塔基州劳伦斯堡市，它向个人消费者、酒吧和烈酒专卖店开放私人选桶服务；在这家酒厂，你可以品鉴到直接从不同橡木桶中提取的样酒（图为四玫瑰酒厂品鉴桌），并挑选出你自己所钟爱的那一桶。/ Photo by 谢韬

## *Henry McKenna*
## 亨利麦克纳

创立时间：1855年。

品牌所有方：爱汶山酒业。

品牌名由来：以一位身为爱尔兰移民的肯塔基蒸馏师来命名。

亨利·麦克纳从其故土爱尔兰搬到了现今的肯塔基州费尔菲尔德市，大约在1855年前后，他开始从事磨坊生意，同时打造出一个壶式蒸馏器。麦克纳先生为自己箍制橡木桶，亲自动手碾磨、糖化、发酵谷物，并且操刀蒸馏，上述事迹足以为他冠以"蒸馏大师"之名，或许还配得上享有"制桶大师"的称号。当年的《纳尔逊日报》（*Nelson Journal*）曾如此报道："如果说在酿造肯塔基威士忌这件事上，这位双手长满老茧的老爱尔兰之子还有任何不懂之处，那其他人就更不可能懂了。"施格兰集团于20世纪70年代关闭亨利麦克纳酒厂，随后，爱汶山酒业购得这一品牌名称，但不再采用与过去相同的配方——这款波本原有的专属酵母、谷物比例配方和风味特征轮廓，皆已随时间推移而就此消失。

## *Hudson*
## 哈得孙

创立时间：2005年。

品牌所有方：隶属于总部设在伦敦的格兰父子（William Grant & Sons）酒业公司；但其酒液在位于纽约州加德纳镇的塔特希尔敦酒厂进行蒸馏。

品牌名由来：以纽约州的哈得孙河谷（Hudson Valley）地区来命名。

假如你生活在一个未有重要酒厂存在的美国州，你可以去怪禁酒令。在这段持续13年的禁酒期结束将近一个世纪之后，这个国家尚未从其影响中完全恢复过来，不过，各个州正在逐渐复苏般重新开设酒厂，这要部分归功于像塔特希尔敦烈酒公司的联合创始人拉尔夫·埃伦佐（Ralph Erenzo）这样的创业者。哈得孙品牌原为塔特希尔敦酒厂的旗舰产品，由于哈得孙幼年波本所引起过的巨大轰动，进而引发了外部投资者的兴趣，在2010年，拥有强势苏格兰威士忌产品线组合的格兰父子酒业收购了哈得孙品牌线。

在哈得孙幼年波本刚刚推出之际，整个威士忌世界似乎不知道该如何谈论这款酒，只能诉诸反复重提佩斯香辣酱在20世纪90年代所使用过的经典广告语"纽约制造"。尽管如此，哈得孙品牌自创立以来，已为推动整个波本品类和精馏酒厂运动的发展尽了一份力量。

## *Jefferson's*
## 杰斐逊

**创立时间：** 1997年。

**品牌所有方：** 城堡品牌酒业公司（Castle Brands Inc.）。

**品牌名由来：** 以废除过"威士忌税"的美国总统托马斯·杰斐逊来命名。

当切特·策勒和特雷·策勒于1997年创立杰斐逊珍藏波本时，这对父子收到了两家大型烈酒公司寄来的律师信，勒令他们停止销售该产品，理由是杰斐逊的酒瓶造型与其旗下品牌产品太过相似。即便切特本身就是一位事业有成的律师，但策勒父子并没有足够本钱去打赢这场官司，于是他们通

过谈判达成了令所有人都满意的解决方案——为杰斐逊品牌更换新的酒瓶设计。从此以后，杰斐逊品牌从各家肯塔基州酒厂获取波本原酒，再灌装进采用新造型的四方酒瓶。

## *Jim Beam*
## 金宾

创立时间：比姆家族在美国新大陆的始祖是雅各布·比姆（Jacob Beam），他在18世纪90年代开设了一间没有正式名称的小酒厂；但事实上，比姆家族的"波本帝国"则真正始于1933年。

品牌所有方：宾三得利集团。

品牌名由来：以该品牌的真实创始人吉姆·比姆来命名。

波本威士忌本可以被称作"比姆"威士忌，若将其定为这类威士忌的名称，也的确合理。比姆家族的历代成员曾参与过包括"道林氏"（Dowlings）、"老时光"（Early Times）、"爱汶山"、"石灰岩支流"（Limestone Branch）和"黄石"（Yellowstone）在内的60多个波本品牌。其中最伟大的一位家族成员无疑当属吉姆·比姆上校，他从16岁便开始从事蒸馏行业，尔后于1913年成为位于肯塔基州巴兹敦镇的 F. G. 沃克酒厂（F. G. Walker Distillery）的董事长，并与克利尔斯普林斯蒸馏公司（Clear Springs Distilling Company）共同经营上述酒厂直至禁酒令的来临。[3]吉姆·比姆在禁酒令的前夕，还买下了老墨菲巴伯酒厂，但起初旨在挖掘属于这块地皮的石灰岩，以作为其家族石材生意的一部分，同时将其注册为"阳光采石场公司"（Sunbeam Quarries）——该地点位于肯塔基州的克莱蒙特聚居区，正好面对着彼时刚刚新建的面积14 000英亩（约为56.66平方公里）的伯恩海姆森林（Bernheim Forest）保护区，这片森林公园

◀如图，当第1300万桶金宾波本从传送带上缓缓降下之际，来自世界各地的数十名记者采访了该品牌同名创始人吉姆·比姆的曾孙弗雷德·诺埃。无论身处繁荣抑或萧条的时代，比姆家族与诺埃家族都在肩负波本前行。

由德国裔移民兼波本风云人物艾萨克·沃尔夫·伯恩海姆（Isaac Wolfe Bernheim）创建。待到禁酒令被废除后，时值70岁高龄的老比姆先生，在老墨菲巴伯酒厂的原址基础上创建了今日大众所熟知的金宾酒厂。

## *Maker's Mark*
## 美格

创立时间：1953年。

品牌所有方：宾三得利集团。

品牌名由来：玛乔丽·塞缪尔斯以锡匠为灵感想出了"美格"这一品牌名，因为锡匠们总是习惯在他们的手工作品上留下所谓的"个人印记"（"美格"的英文原意为"创作者印记"），以表明他们的创作者身份。

老比尔·塞缪尔斯于1953年买下破败不堪的伯克斯斯普林斯酒厂之后，他与妻子玛乔丽一同创立了美格品牌。老塞缪尔斯负责创造威士忌；玛乔丽则创造了品牌名，不光设计出具有细长瓶颈的瓶身造型，还发明了当今极具标志性的从瓶口自然下坠的红色火漆蜡封。这对夫妇和他们的儿子小比尔·塞缪尔斯，都已跻身波本名人堂。

## *MB Roland*
## MB 罗兰

创立时间：2009年。

品牌所有方：梅里·贝丝·托马谢夫斯基和保罗·托马谢夫斯基。

品牌名由来：以该品牌的共同拥有者梅里·贝丝·罗兰（Merry Beth Roland）的名字来命名。

当精馏酒厂或者说微型酒厂们纷纷涌现之际，伊拉克战争老兵保罗·托马谢夫斯基提出了一个简单问题：属于肯塔基的微型酒厂在哪里？于是，等他第二次服役结束以后，托马谢夫斯基与其妻梅里·贝丝·罗兰一同开设了肯塔基州克里斯琴县境内自禁酒令以来的首家酒厂——他们在2009年将一间前阿米什人的农场改建为MB罗兰酒厂。

## *Michter's*
## 酩帝诗

**创立时间：** 就像威士忌世界中的许多事情一样，关于酩帝诗的最初创立日期，解释起来也很复杂。虽然这一品牌直至1950年才创立，但其位于宾夕法尼亚州的酩帝诗酒厂原址的历史却可以追溯回1753年。随后，该品牌在20世纪80年代陷入经营困境并宣告破产，查塔姆进口商贸公司于20世纪80年代末购得了品牌所有权，此后又在肯塔基州路易斯维尔市为酩帝诗建立了两家酒厂。

**品牌所有方：** 查塔姆进口商贸公司。

**品牌名由来：** 把品牌创始人的两个儿子（迈克尔和彼得）的名字合并为了一个新单词。

酩帝诗酒厂的原址坐落于宾夕法尼亚州谢弗斯敦社区的一片不毛之地，其厂区建筑群几经翻新、转售及再度复用。这座老酒厂被列入过知名的《美国国家历史遗迹名录》（National Register of Historic Places），曾是美国威士忌业的一颗明珠，但如今此地却杂草丛生且乌鸦盘旋。该酒厂遗址的历史可以追溯到1753年，当时一位名叫约翰·申克的人在此拥有并操弄过一部蒸馏器；时至1780年，该地区已成为作坊式酒厂的温床，同时并存有20个星火不熄的蒸馏器。相传，乔治·华盛顿曾从当地购买过威士忌，用于犒劳军队。如今，酩帝诗将肯塔基州作为品牌经营的大本营，并于过去十年间发售了几款异常出色的高龄威士忌；其母公司查塔姆进口商贸从事装瓶出品肯塔基威士忌的业务已达数十年之久，如今拥有着两家酒厂。

© 酩帝诗酒厂

## *Old Charter*
## 老宪章

创立时间：1867年。

品牌所有方：萨泽拉克集团。

品牌名由来：得名于现今已经绝迹的"宪章橡木"这一橡树品种。

亚当·查佩兹和本·查佩兹兄弟继承了巴兹敦镇上朗利克小溪（Long Lick Creek）河畔的一片土地，原本打算在此务农。当穿行而过的铁路选择于他们的农场之上建立车站时，此地便开始被称作"查佩兹站"（Chapeze Station）。大约于同一时间，也就是1867年左右，兄弟俩创建了查佩兹酒厂（Chapeze Distillery），随后于1874年创立了老宪章品牌。在19世纪90年代初，他们把酒厂卖给了由约翰·赖特（John Wright）和马里昂·泰勒（Marion Taylor）所组建的公司；这家"赖特与泰勒酒业"很快将老宪章经营成有史以来最为畅销的波本品牌之一，直到禁酒令中止了其显耀地位。[4] 1933年，申利集团以旗下的伯恩海姆酒厂出面买下了老宪章品牌，连同赖特与泰勒酒业的仓库收据所持有的全部剩余陈年库存，从此，老宪章和 I. W. 哈珀（I. W. Harper）、"瀑布溪"（Cascade）、"回音泉"（Echo Spring）一道，跻身为这家大型酒业集团的旗舰波本品牌。1999年，野牛仙踪酒厂的母公司萨泽拉克集团从联合酒业集团手中收购了老宪章品牌，后者则于十多年前并购了申利集团。

## *Old Crow*
## 老乌鸦

创立时间：19世纪中叶。

品牌所有方：宾三得利集团。

品牌名由来：以詹姆斯·C.克罗博士来命名，这位苏格兰人于19世纪开创了许多生产波本的标准流程。

鉴于詹姆斯·C. 克罗博士在19世纪推动了波本酒厂的工业化进程，老乌鸦品牌便以这位行业先驱来命名。作为最早拥有正式名称的美国威士忌品牌之一，老乌鸦是禁酒令时代以前无可争议的最畅销波本酒款，甚至于禁酒令之后也依旧广受青睐。[5]马克·吐温、沃尔特·惠特曼和美国总统尤利西斯·S. 格兰特，相传皆为老乌鸦品牌的追捧者；而在1966年，一瓶旨在为"美国乌鸦保护协会"（Society of the Preservation of the Crow）筹集资金的老乌鸦波本的特殊装瓶，最终以5000美元（相当于2018年的38 700美元）的高价售出。但在美国富俊集团于1987年收购手握老乌鸦品牌所有权的"国民酒业"以后，这款极具代表性的波本逐渐失去了昔日的荣光。

## *Old Fitzgerald*
## 老菲茨杰拉德

**创立时间：**创立于1870年，并在创始人S. C. 赫布斯特的领导下度过了禁酒令时期。

**品牌所有方：**爱汶山酒业。

**品牌名由来：**得名自美国财政部干员约翰·E. 菲茨杰拉德抑或一位同名的酒厂前雇员。

当S. C. 赫布斯特于1870年创立自己的酒业公司时，他实际上开创了两块业务：其中之一是蓬勃发展的葡萄酒与烈酒的进口生意，包括将酿造干邑、上等波尔多葡萄酒、波尔多干红和苏玳贵腐酒的阿尔弗雷德·帝乐仕父子酒庄（A. De Luze & Fils）引入美国市场；另一方面的业务则是生产波本威士忌。一开始，他委托J. 斯威格特·泰勒酒厂（J. Swigert Taylor Distillery）代工出品"约翰·E. 菲茨杰拉德"牌波本，但在19世纪90年代初，S. C. 赫布斯特的公司买下了"老法官"酒厂（Old Judge Distillery），并将其更名为"老菲茨杰拉德"。关于其品牌名称的由来，至今仍旧是个谜，一部分人认为它源于赫布斯特先生的一位具备高超蒸馏技艺的雇员；[6]但在萨莉·凡·温克尔·坎贝尔——她的祖父正是在禁酒令时期以"斯蒂泽尔－韦勒"酒业的名义买下老菲茨杰拉德酒厂的凡·温克尔老爹本人——所著的《上好波本永流传》（*But Always Fine Bourbon*）一书中，这位来自凡·温克尔家族的作者则声称，历史上真实的菲茨杰拉德是一位腐败的政府官员。无论如何，老菲茨杰拉德很可能将永久作为凡·温克尔老爹所拥有过的品牌之一而为人铭记；尽管在凡·温克尔家族于1972年将其酒厂转售给诺顿－西蒙公司之后，该品牌便脱离了这一波本世家的掌控，而诺顿－西蒙公司又于1984年将老菲茨杰拉德酒厂卖给了"酒业公司有限集团"（Distillers Company Limited）。最终在1999年，爱汶山酒业购得了老菲茨杰拉德的品牌所有权，这款波本现在在距离斯蒂泽尔－韦勒酒厂仅数英里之远的伯恩海姆酒厂进行生产。

## *Old Forester*
## 老福里斯特

创立时间：1870年。

品牌所有方：百富门酒业。

品牌名由来：以威廉·福里斯特（William Forrester）医生来命名，他是路易斯维尔市一名受人喜爱的医师，时常将这款特定的威士忌作为药方开给病人。在福里斯特医生退休后，该品牌名称中的第二个英文字母 r 就被去掉了。

1870年，乔治·加文·布朗和小 J. T. S. 布朗成立了一家威士忌公司，并以"老福里斯特"为品牌，专门按瓶售卖威士忌。他们旨在攻占医药市场——尽管当时威士忌已是一种流行药品，但医生们仍旧习惯于按桶购入威士忌，因为这样可以将威士忌稀释出售以获取更大的批发利润。但布朗兄弟意识到，威士忌的购买者希望得到保证：他们所买到的的确是百分之百的威士忌，而非60% 的威士忌、20% 乔叔叔口嚼烟草的唾沫以及20% 曾祖母的过期西梅汁。因此，老福里斯特成为历史上首个专门以瓶装形式销售的波本品牌，并使消费者们确信他们购买的是真正的威士忌。事实上，相比每次从酒桶内提取一定剂量，把整瓶威士忌直接作为处方开出，对医生而言也更加方便。后来由乔治·加文·布朗在1902年创建的百富门酒业公司，目前仍然拥有着老福里斯特品牌。

## *Pappy Van Winkle*
## 凡·温克尔老爹

**创立时间：** 凡·温克尔家族于20世纪70年代重新启用了禁酒令时代之前的"老里普·凡·温克尔"酒标，后来又将"凡·温克尔老爹"品牌加入了这一系列的产品线。那张标志性的"老爹"本人抽着雪茄的照片，直到1995年才出现在该品牌的酒标上。

**品牌所有方：** 凡·温克尔家族与萨泽拉克集团之间建立的合作伙伴关系。

**品牌名由来：** 以那位昔日的威士忌推销员兼斯蒂泽尔－韦勒酒厂的创始人来命名。

▶凡·温克尔老爹曾说服康拉德·希尔顿购买其威士忌，并作为希尔顿连锁酒店集团的定制酒标品牌推出。在今天，"老爹"的名字与肖像则被用来加持世上最令人垂涎的一款波本威士忌——这款酒如此稀有，以至于当前全世界的希尔顿酒店甚至都无法轻易找到一瓶。

该图片由野牛仙踪酒厂官方提供

朱利安·P. 凡·温克尔老爹（Julian P. "Pappy" Van Winkle Sr.）最初是"W. L. 韦勒父子公司"的一名推销员，负责销售的品牌包括有"老 W. L. 韦勒"、马默斯洞穴（Mammoth Cave）、"棚屋小酒坊"（Cabin Still）、哈勒姆俱乐部（Harlem Club）、霍利斯黑麦（Hollis Rye）、赛拉斯·B. 约翰逊（Silas B. Johnson）和石根金酒（Stone Root Gin）。1908 年，凡·温克尔老爹与同行推销员亚历克斯·T. 法恩斯利（Alex T. Farnsley）一同收购并接手了韦勒父子公司的经销商生意；当禁酒令来临，他们干脆关闭了自己的酒业公司，一走了之，并试图另起炉灶，譬如尝试开办一家农用设备公司，最终却损失掉大量资金。此外，凡·温克尔老爹、法恩斯利和阿瑟·菲利普·斯蒂泽尔还选择加入了美国医药烈酒公司，旨在于禁酒令期间向医生们供应他们现成的威士忌库存；与此同时，医生们也频频以惊人的速率开出了海量威士忌处方。禁酒令结束之后，凡·温克尔、法恩斯利和斯蒂泽尔三人一起创建了斯蒂泽尔‐韦勒酒厂，于 1935 年的"肯塔基赛马日"（Kentucky Derby Day）当天正式开业。从此，凡·温克尔老爹化身为代表波本界的一种信念，在许多方面改变了整个行业，例如，他协助开创了私人定制酒标业务（private label business），并在教授相关营销策略的大学课程出现之前，很早便开始撰写波本推广软文了。"老爹"最终于 1965 年离世。

# CRAFT DISTILLER BRAND HISTORIES
## 一些精馏酒厂的品牌历史

### Tom's Foolery
**汤姆的愚蠢行为**

"汤姆的愚蠢行为"是一家纯粹由家族经营及拥有的酒厂,位于俄亥俄州东北部的多雪地带。该酒厂出品波本、黑麦和美国苹果白兰地,并于酒厂所在地完成谷物种植、碾磨、糖化、发酵、蒸馏、陈年和装瓶等全部生产环节。

### Huber's Starlight Distillery
**休伯家族星光酒厂**

休伯家族星光酒厂位于印第安纳州"星光"定居点的休伯路19816号,建于历史悠久的休伯家族果园与葡萄酒庄中。休伯家族拥有悠久的务农传统,可以追溯到其德国裔先辈于1843年从德国巴登-巴登市移民至此地定居之时。

### Spirit Works distillery
**精神之作酒厂**

精神之作酒厂由蒂莫·马歇尔和阿什比·马歇尔在2012年创建,这是一家生产伏特加、金酒和威士忌的精馏酒厂,包揽了从谷物种植到产品装瓶的全过程。

### Big Escambia Spirits
**大埃斯坎比亚烈酒**

大埃斯坎比亚烈酒公司在2014年成立于大埃斯坎比亚溪的河畔,该酒厂专注于生产纯正波本威士忌,目前已有装桶超过300桶的陈年库存,并推出了亚拉巴马州的首款保税威士忌。

### Journeyman Distillery
**技匠酒厂**

技匠酒厂是一家家族经营及拥有的企业,位于密歇根州三橡树市的一片占地

4万平方英尺（约3716平方米）的19世纪工厂建筑区内，该工厂曾是束身胸衣和马车车鞭制造商 E. K. 沃伦的驻地。如今，技匠酒厂出品的烈酒产品皆通过了有机认证和符合犹太教饮食规范的鉴定。

## Breckenridge Distillery
### 布雷肯里奇酒厂
布雷肯里奇酒厂由科罗拉多州医生布赖恩·诺尔蒂（Bryan Nolt）在2008年创建，作为一名狂热的苏格兰威士忌爱好者与威士忌收藏家，布赖恩医生在苏格兰游历了相当长一段时间，之后他在前往加利福尼亚州参加美国蒸馏协会所举办的课程时邂逅了其蒸馏导师乔丹·维亚（Jordan Via）。

## Rabbit Hole Distillery
### 兔子洞酒厂
兔子洞品牌由卡韦赫·扎马尼安（Kaveh Zamanian）创立于2011年，起初与新里夫酒厂签有蒸馏代工协议。2018年，扎马尼安家族的兔子洞酒厂在肯塔基州路易斯维尔市中心的"东部市场区"（NuLu district）正式落成开放。凭借其市区氛围与一部直径21英寸（约53.3厘米）的柱式蒸馏器，该酒厂正在全力生产运转，并同知名鸡尾酒酒吧"死神公司"（Death & Co.）合作，于其游客中心内开设了一间精致的手工鸡尾酒酒吧。

兔子洞酒厂是最近加入肯塔基波本业界的新晋力量和"肯塔基波本旅径"的最新打卡地点之一，它代表着美国蒸馏烈酒业的一种新式建筑风格，其建筑实体不光是一家运营中的酒厂，同时也是一件造型艺术品。酒厂附属的酒吧供应品质不俗的鸡尾酒，其酒单由著名的"死神公司"酒吧团队创作。

Photo by 谢韬

## *Redemption*
## 救赎

创立时间：2010 年。

品牌所有方：巴兹敦选桶公司。

品牌名由来：该品牌名称寓意着两位创始人的个人救赎。

救赎品牌是两位长年于烈酒行业摸爬滚打的资深人士的创意结晶，他们通过为其他烈酒公司提供咨询与营销服务而赚取到了大量资金——迈克尔·坎巴尔（Michael Kanbar）和戴夫·施米尔（Dave Schmier）这对生意伙伴，不光为小型酒厂提供装瓶解决方案，同时施米尔先生还创办了"独立烈酒博览会"（Independent Spirits Expo）。因此，这一自创品牌代表着他们在个人事业发展上的一次"自我救赎"。

## *Town Branch*
## 小镇分部

创立时间：2011 年。

品牌所有方：奥特奇公司（Alltech）。

品牌名由来：以当地一条同名的地下小溪来命名。

尽管地处肯塔基州波本之乡的中心地带，列克星敦这座城市往昔在蒸馏业上的造诣却早已一去不返。以同名肯塔基政治家命名的亨利·克莱酒厂（Henry Clay Distillery），还有詹姆斯·E. 佩珀酒厂、阿什兰酒厂（Ashland Distillery）、塔尔酒厂（Tarr Distillery）以及列克星敦酒厂（Lexington Distillery）等一众酒业公司，在19世纪将波本福音散播于这一片赛马之乡；尔后，数场火灾和禁酒令摧毁了列克星敦的酒厂社区，不过，如今小镇分部酒厂却希望能够恢复这座蒸馏之城的昔日荣耀。

威凤凰波本虽然从未改变过配方，但它的确调整过装瓶度数和入桶陈酿年度数。如图所示，101美制酒度（50.5%酒精浓度）和81美制酒度（40.5%酒精浓度）装瓶的版本，便是这款波本于过去数载以来具有象征意义的变化之一。

## *Weller*
# 韦勒

创立时间：1849 年。

品牌所有方：萨泽拉克集团。

品牌名由来：以威廉·拉吕·韦勒这位人物来命名。

威廉·拉吕·韦勒以调配酒商的身份开始了自己的威士忌之旅，1852 年，他在《路易斯维尔日报》上刊登广告，声称其公司专门从事于"勾调威士忌以及各类进口和本土烈酒"。韦勒先生的家族生意还涉足生产香水级乙醇（cologne-spirits）和金酒，并使用自家的蒸馏器制作用于勾调的"高度馏液"。但 19 世纪 70 年代的一场无情大火烧毁了他们位于路易斯维尔市中心主街上的经营场所。时间来到当代，继凡·温克尔家族对其持有过所有权之后，萨泽拉克集团又于 1999 年从联合酒业集团手中购得韦勒品牌。如今，韦勒品牌被形容为"穷人的凡·温克尔老爹波本"，因为两者皆采用相同的谷物比例配方，不同之处仅在于陈年酒龄。

## *Wild Turkey*
# 威凤凰

创立时间：20 世纪 40 年代。

品牌所有方：金巴厘集团。

品牌名由来：源自一次狩猎野火鸡的社交活动。

时值 20 世纪 40 年代初，奥斯汀尼科尔斯公司的董事长托马斯·麦卡锡总爱从安德森县酒厂（Anderson County Distillery）或老里皮（Old Ripy）酒厂仓库内的上等陈年桶藏之中取走一些威士忌，携带它们去参加狩猎野火鸡的社交活动。于是，他的朋友们纷纷问道："嘿，你什么时候可以再多弄来一点'野火鸡'波本？"这一原本脱口而出的称呼，就这样自然而然地被确定为品牌名称，威凤凰（其英文原意即为"野火鸡"）波本便从此诞生。今日，该品牌归金巴厘集团所有，该公司斥资1亿多美元为威凤凰兴建了一座新酒厂及游客中心。

威凤凰品牌创意总监、知名影星马修·麦康纳与威凤凰蒸馏大师埃迪·拉塞尔一起品鉴威凤凰波本威士忌。该图为威凤凰酒厂官方提供。

## *Willett Brands*
## 威利特品牌家族

**创立时间：** 最初创立于1935年的威利特酒厂在20世纪80年代初期关门停业，并于1984年在埃文·库尔斯文的领导下重组为"肯塔基波本蒸馏者公司"。

*品牌所有方：* 纯家族所有。

*品牌名由来：* 威利特为创立该酒厂的家族的姓氏；"罗恩溪"（Rowan's Creek）品牌以酒厂所在山丘脚下的一条小溪来命名，这条溪流则得名于1773年至1843年在世的肯塔基政治家约翰·罗恩（John Rowan）；"诺厄的磨坊"是由威利特的现代酒厂主杜撰出来的品牌名；"约翰尼德拉姆"以美国南北战争期间的一名年轻士兵来命名；最后，与普遍流行的看法相反，"老巴兹敦"这一品牌名称并非源自肯塔基州的巴兹敦镇，而是得名于一匹同名的栗色骟马，这匹传奇赛马在退役前累积赢得了628 752美元的奖金。

来自威利特家族的威士忌包括约翰尼德拉姆、肯塔基佳藏（Kentucky Vintage）、老巴兹敦、诺厄的磨坊、纯正肯塔基（Pure Kentucky）、罗恩溪，当然还有威利特的同名品牌本身。这些产品不会在货架上停留太长时间，因为它们所唤起的消费者热忱和忠诚度，足以堪比任何有史以来最伟大的波本酒款。但有趣的是，同时化身为"肯塔基波本蒸馏者公司"的威利特酒厂，实际上于2012年才开始蒸馏自家的产品。

## *Woodford Reserve*
## 活福珍藏

*创立时间：* 1996年。

*品牌所有方：* 百富门酒业。

*品牌名由来：* 以其酒厂地址所在县的名称来命名。

百富门酒业在20世纪90年代回购了其曾经拥有过的奥斯卡·佩珀酒厂原址，并启动了一项投资1000万美元的重建项目；从那之后，活福珍藏品牌便迅速发展，成功聚集了一帮铁杆消费者——他们不光是波本饮者，更是专属的"活福酒徒"。[7]

◄威利特家族的波本，是如今最受藏家青睐、最供不应求的美国威士忌之一；其酒迷们也大可放心，只要该酒厂继续由德鲁·库尔斯文（图中人物）及其家族领导，上述现象很大概率会持续下去，因为这位库尔斯文被认为是当今烈酒行业中头脑最聪明的年轻接班人之一。

# 注释

## 第一部分

1. Veach, 22

2. Jefferson, 109

3. Corlis Papers, Filson Historical Society

4. *The Kentucky Encyclopedia*, 228

5. US Congress, 47–48

6. "Annual Report of the Commissioner of Indian Affairs," 94

7. Wagner, 171

8. "Slave Trade," 26

9. Pearce, 11

10. Young, 166

11. Portions of this sidebar appeared in my *Whisky Advocate* story about bourbon taxes.

12. "New Whiskey Ruled Out for Rest of Year," 9

13. US Congress, 21

## 第二部分

1. Edstrom, Ed. "Nice Work if You Can Get It." *St. Louis Globe-Democrat*, May 31, 1943. Section C, page 1.

2. This quote originally appeared in my *Whisky Advocate* coverage regarding barrel wood forestry.

## 附录

1. *Bonfort's Wine and Spirit Circular*, no. 212, October 10, 1883.

2. Filson Club, 79

3. Pacult, F. Paul, *American Still Life: The Jim Beam Story and the Making of the World's #1 Bourbon* (Wiley, 2003). Page 164.

4. Carson, Gerald, *The Social History of Bourbon* (University Press of Kentucky, 2010).

5. Veach, 53

6. Van Winkle Campbell, Sally, *But Always Fine Bourbon: Pappy Van Winkle and the Story of Old Fitzgerald* (Limestone Lane Press, 1999).page 22.

7. Portions of this Woodford Reserve biography were originally published in my tasting-panel coverage of the brand.

# 参考文献

"Annual Report of the Commissioner of Indian Affairs." Washington, DC: Government Printing Office, 1862.

Bolles, Albert Sidney. *Industrial History of the United States*. Norwich, CT: The Henry Bill Publishing Company, 1889.

Brown, George Garvin. *The Holy Bible Repudiates Prohibition*. Louisville: George Garvin Brown, 1910.

Carson, Gerald. *The Social History of Bourbon*. New York: Dodd, Mead, 1963.

Cecil, Sam K. Bourbon: *The Evolution of Kentucky Whiskey*. Nashville: Turner Publishing, 2010.

Clark, Thomas D. "Corn Patch and Cabin Rights." In *The Kentucky Encyclopedia*. Lexington, KY: University Press of Kentucky, 1992.

"Commissioner of Revenue for the Fifth District of Tennessee." Edited by *Bonfort's Wine and Spirit Circular*, 212, 1883.

Cowdery, Charles K. *Bourbon, Straight: The Uncut and Unfiltered Story of American Whiskey*. Chicago: Made and Bottled in Kentucky, 2004.

The Filson Club, Reuben Thomas Durrett, and Henry Thompson Stanton. *The Centenary of Kentucky*. Louisville: John P. Morton & Company, 1892.

Frey, Charles N. "Background and Basic Principles, History of the Development of Active Dry Yeast." In *Yeast: Its Characteristics, Growth, and Function in Baked Products*. Chicago: Quartermaster Food and Container Institute for the Armed Forces, 1955.

"New Whiskey Ruled Out for Rest of Year." Joplin Globe, September 16, 1943.

"Here's a Pipeful of Common Sense About Whiskey." Advertisement. *Life*, June 7, 1937.

Hilsebusch, Henry William. *Knowledge of a Rectifier*. Providence, RI: The Gem Publishing, 1904.

Jefferson, Thomas. "To Colonel Charles Yancey," January 6, 1816. In *Selected

*Letters of Thomas Jefferson.*

Krass, Peter. *Blood and Whiskey: The Life and Times of Jack Daniel.* New York: Wiley, 2004.

Lehmann, Karl Bernhard. *Methods of Practical Hygiene,* vol. 2. London: Kegan Paul, Trench, Trubner & Co.

M'Harry, Samuel. *The Practical Distiller, or, an Introduction to Making Whiskey, Gin, Brandy.* Harrisburgh, PA: John Wyeth, 1809.

Marston, A. J., MD. "Spiritus Frumenti." *Eastern Medical Journal.*4:12, 1885.

"Old Crow Begins with Men Who Love to Work with Their Hands." Advertisement. *Life*, October 27, 1970.

Owens, Bill. *The Art to Distilling Whiskey and Other Spirits.* New York: Crestline Books, 2012.

Pearce, John Ed. *Divide and Dissent: Kentucky Politics, 1930–1963.* Lexington, KY: University Press of Kentucky, 1987.

"Slave Trade. Papers Relating to Slaves in the Colonies; Slaves Manumitted; Slaves Imported, Exported; Manumissions . . ." House of Commons, 1826–1827.

US Congress. "Senate Documents, Otherwise Publ. As Public Documents." Edited by the Sixteenth Congress. Washington, DC: Gales & Seaton, 1819.

Vazsonyi, Andrew. *Which Door Has the Cadillac: Adventures of a Real-Life Mathematician.* Lincoln, Nebraska: iUniverse, 2002.

Veach, Michael R. *Kentucky Bourbon Whiskey: An American Heritage.* Lexington, KY: University Press of Kentucky, 2013.

Wagner, Leopold. *More About Names.* London: T. Fisher Unwin, 1893.

Young, James Harvey. *Pure Food: Securing the Federal Food and Drugs Act of 1906.* Princeton, NJ: Princeton University Press, 1989.

Zoeller, Chester. *Bourbon in Kentucky: A History of Distilleries in Kentucky.* Louisville: Butler Books, 2009.

# 致谢

我想首先感谢每一位"波本极客"（whiskey geek），你们或参加过我在肯塔基赛马博物馆所主持的波本活动，或读过我写的书，抑或同我在推特和脸书上进行过对话。没有你们的关注及对品牌的不断追问，我就不可能写出这本书。

致我的文学经纪人琳达·康纳，你是出版行业里的佼佼者；终有一天，我会令你爱上波本。

尤其感谢我在夸尔托（Quarto）出版社的编辑伊丽莎白·德默斯博士，早于其他人听过我的名字之前，我的作品就有幸得到了她的欣赏——这是她为我出版的第二本书。同时也要感谢夸尔托出版社的马德琳·瓦萨利，多亏了你超乎寻常的编辑工作。

感谢保罗·赫莱特科、迈克尔·维奇（Mike Veach）、丹尼·波特、德鲁·库尔斯文、埃德温·瓦尔加斯（Edwin Vargas）律师和戴夫·施米尔对我部分手稿内容所做的事实核查工作；也谢谢"威士忌极客"克里斯·赫斯（Chris Huss）为本书配图提供他的藏酒进行拍照。

特别加倍感激爱汶山酒业破天荒地允许我对其玉米种植商和酒厂运营细节一探究竟。感谢野牛仙踪酒厂、百富门酒业、爱汶山酒业、MB罗兰酒厂、哈得孙波本品牌、巴尔科内斯酒厂以及芬格湖群蒸馏公司为本书的品鉴章节，慷慨提供了样酒；同时感恩大名鼎鼎的"银元"波本酒吧让我直接品饮其酒架上产品的善意之举。

虽然放在最后，但当然并非最不重要——我要感谢我可爱的妻子贾克琳，感谢你一如既往的支持。对我来说，你无疑是最棒的。

# 译后记

对波本的专情，最初始于我二十几岁时读到的美国硬汉派侦探小说家劳伦斯·布洛克的《黑暗之刺》中一句经典台词："一点波本，可以缓解所有事情。"当时，我便有了一种"近乎偏执"的认知，所有烈酒之中，波本是最能伴人独自面对所有人生起伏的酒饮。

2013年末起，因新工作所需，我开始广泛系统地学习以苏格兰、日本等原产国为主的威士忌知识。当年，尽管笃信自己即将见证"单一麦芽（single malt）黄金年代降临中国"的预言成真，却因痴迷于酒饮背后的历史、人文与美式复古元素，误打误撞进入了世界威士忌版图上的"一片新大陆"。

我一发不可收地被当时在国内非常"小众"的波本所吸引——美国——作为近两百年来富有社会活力和独创精神的现代国家，其国民历史正是一部以波本为主角的美国威士忌史。品饮、研究有着"美国本土烈酒"之别称的波本，不仅开阔了我的视野，还让我尝试从人类学角度去体会诸如拓荒精神、地域观念、移民文化、商业逻辑及政治传统等这一国度的多面特质。

2016年夏天，我从《威士忌杂志》中文版离职一年多后，独自踏上了首次肯塔基酒厂探访之旅，冥冥中似乎有所感应：我的职业生涯将与这片初见便倍感亲切的土地产生深深的羁绊。或许是在回应这趟旅行的召唤，我相继当过美国烈酒协会驻中国的美国威士忌大使、美式威士忌酒吧老板，也创建了国内首个爱好者社群"波本共和国"。

随后数年间，肯塔基州的路易斯维尔国际机场（Louisville SDF）竟成了我前往次数最多的美国机场。我的探索轨迹，也不再只满足于尚在运营中的美国酒厂——渐渐囊括各个产区、橡木桶厂、蒸馏器工坊、地标酒吧及历史遗迹。一次次奇妙缘分，令每一趟旅程都充满惊喜，但最大的惊喜，莫过于让我有幸会面了一批数十年耕耘如一日的"波本老兵",包括吉米·拉塞尔、小比尔·塞缪尔斯、马克斯·沙皮拉(Max Shapira)、弗雷德·诺埃、埃迪·拉塞尔、吉姆·拉特利奇、克里斯·莫里斯、杰夫·阿内特(Jeff Arnett)等行业传奇人物——其中几位已于近几年相继离世,如阿尔·扬(Al Young)、威利·普拉特和史蒂夫·汤普森(Steve Thompson)。面对面感受到他们的人格魅力,其待人接物与直率的个性,使我真正完成了"波本福音"的洗礼,在某种意义上也重塑了自己的人生价值观。

不少人调侃美国这个国家缺乏历史沉淀。但我所理解的波本乃至美国威士忌的底蕴,则是在近距离观察这一行业与那片土地时所感受的波本独特人文:淳朴的温暖人情,锲而不舍的工匠精神,一代代家族的传承,浸入他们血液中的那种"原生"的生生不息与率性。

波本威士忌在西半球(北美)占据主导地位,苏格兰威士忌在东半球(欧洲大陆和亚洲)占据主导地位,但在苏威最大单一市场英国——现在已成为波本的第一大出口国,这个现象耐人寻味。这一背景下就可以理解弗雷德·明尼克在本书篇首的振奋:"请干邑挪开一点位置,波本已经准备好以高品质烈酒的形象于全球最大市场——中国——参与角逐。"中国是波本未来最大潜在市场,波本也是亚洲威士忌爱好者环球之旅的最后一块重要拼图。如何将我这些年的所见所闻与个人的感动,最为准确、实用地传递给正在快速崛起的中国威士忌爱好者?——这是我决定慎选一本内容中肯扎实的美国威士忌专著作为此项工作重点的原因;同时我也认为,短短六七年的探索,自己尚无自负可以通过单独著书立说来呈现整个波本行业,揭开波本所参与塑造的美国人独特的文化心理与国族性格。

美国威士忌的类型目前可细分出十余种,全美境内如今至少存在两千余家酒厂——在这个全世界最为多元化的美国威士忌产业面前,任何确定性的结论,都可能沦为不够严谨的误导。如果有人能将这项工作化繁为简,波本会是你了解这一切的基石,以及深入美国威士忌这个"兔子洞"的最佳起点。

　　纵观我至今收集、翻阅过的数十本美国威士忌领域专业书籍，弗雷德·明尼克先生是最让我获益匪浅的一位作家。在当下这个群星闪耀、属于美国威士忌作者的最好时代，他扮演着承上启下地位的关键角色。作为亲历了伊拉克战争的退伍军人，他超过十五年的报道、评论、解读波本的写作历程，本身就充满一种"信仰救赎"的色彩。身为我的职业偶像与精神导师，他不光是权威的酒评家、研究学者，也是杰出的专业媒体人、优秀的行业观察家以及"积极入世"的文化推手。他的代表作《威士忌百科全书：波本》一书，创作视角相当巧妙，由浅显处入手、内容翔实，通俗，既是一部面向普通爱好者的最为友好的入门指南，也是一本针对从业者极富价值的参考手册。

　　自新冠肺炎疫情于 2020 年开始蔓延以来，几乎身边每个人的生活都有不同程度的改变，包括我自己，其中包含着很多妥协与无奈。在打磨这本有信心堪称"中文世界首部美国威士忌指南"的漫长过程中，翻译工作也一度变得很复杂：在两种语言间斟酌酒品的妥帖字句，开创性地界定大量行业专属术语，酒厂品牌名称的恰当中文释义……疫情让原本自由无阻的从中国到全球的旅行暂停，但每每阅读弗雷德·明尼克先生的文字，两年前的美国威士忌之旅记忆就又一次浮现，帮助我度过很多困在北京的夜晚，也令我重新听见了那个熟悉的回音："一点波本，可以缓解所有事情。"

　　最后，特此感谢湖岸出版在完成本书过程中给予我的莫大帮助和专业建议；同时，致敬多年来与我一同并肩在中国推广美国威士忌的各大品牌及行业友人；特别致谢所有曾令我感动、带给我鼓励的威士忌爱好者兼酒友；还有最重要的，感激来自我父母最为无私的爱与支持。Cheers to You All ！

谢韬

一位 Made-in-China 但心系 Bourbon Country 的威士忌发烧友与从业者

2022 年初于北京

**图书策划**_ 将进酒 Dionysus

**出 版 人**_王艺超

**出版统筹**_唐 奂

**产品策划**_景 雁

**责任编辑**_郭 薇

**特约编辑**_刘 会

**营销编辑**_ 李嘉琪 高 寒

**责任印制**_陈瑾瑜

**装帧设计**_陆宣其

**商务经理**_黎 珊 绿川翔

**品牌经理**_ 高明璇

🐦 @Jiu-Dionysus

🅑 将进酒 Dionysus

**联系电话**_ 010-87923806

**投稿邮箱**_ Jiu-Dionysus@huan404.com

感谢您选择一本将进酒 Dionysus 的书

欢迎关注"将进酒 Dionysus"微信公众号

# 序

———

　　鉴于中国爱好者及消费者总是习惯以酒厂地图的视角去了解某一特定威士忌原产国，我与出版社果断决定，在翻译完弗雷德·明尼克（Fred Minnick）先生的《威士忌百科全书：波本》（*Bourbon Curious :A Tasting Guide for the Savvy Drinker with Tasting Notes for Dozens of New Bourbons*）之后，独家撰写一本将"美国威士忌酒厂巡礼"作为主要线索的原创别册。

　　美国威士忌的历史一向重品牌、轻酒厂，并以前者为发展主线。同一品牌，先后由多家酒厂生产，或者同一酒厂，几经更名与重建，这样的例子层出不穷。当下的美国威士忌业，同时存在近40家的主流酒厂和至少2000多家的"精馏酒厂"（Craft Distillery）——前一阵营拥有数百个威士忌品牌，后一阵营里的绝大多数则创建于近十余年，且两个阵营的酒厂总数远非历史之最。上述事实，造成了国内爱好者的诸多误解，给专业人士也带来了难以考证的重重疑团，若想以求真精神全方位地吃透美国威士忌，依我亲身经验，难度系数要高过其他威士忌厂区体系。

　　在现实世界里，遍访所有美国威士忌酒厂，或以"酒厂志"之类的年鉴形式来逐一列出每家信息，已是一项不可能的任务。截至今天，每年不断公布的全新建厂计划，官宣频率依旧惊人，包括一批即将借此"复活"重现的经典历史品牌。因此，我只能从当前现存的酒厂中精挑细选，方可整理出一份不遗余漏的"Top66名单"——这当然会遗漏掉不少已经淡出历史舞台、昔日地位或意义非凡的传奇酒厂。

美国威士忌这一大类，很有可能当属目前最呈多元化、最具活力与独创性的棕色烈酒体系；相关行业资讯、技术信息日新月异，始终处于动态之中。在甄选"Top 66 美国威士忌酒厂"时，我的权衡标准如下：

- 酒厂出品不一定是以波本为主，甚至可以只生产如黑麦威士忌等其他类别；
- 尽量从我的亲身探访经历、一手观察资料出发；
- 对于成立时间较短的新生酒厂，只会考虑已确认通过市场考验的品牌；
- 一定程度上，综合考量旅游业属性。

该名单的排名不分先后，仅按酒厂英文名称的首字母顺序罗列，其中有 50 余家，我本人曾经深入参观，多次前往。依照我自己总结出的观点，可将相应的威士忌产能大致划分为 5 个量级：其中，微型（Micro）产能仅采用传统壶式或复合型壶式蒸馏器进行间歇式蒸馏（Batch Distillation），但不排除从其他酒厂获取原酒进而导致自家实际库存及装瓶量规模非常可观的情况；小型（Small）产能这一级，大多已选择使用不止单层楼高，且直径为 12 至 18 英寸（30.48 厘米至 45.72 厘米）的连续式铜柱蒸馏器；中型（Mid-Major）产能和大型（Major）产能，则一律采用作为当今美国威士忌业标准化传统的"柱式＋壶式"两次蒸馏法，前一量级的原酒年产量大约可达到 150 万升以上；至于巨型（Massive）产能，在严格意义上凤毛麟角，其产能需稳定在每年生产 25 万桶（5000 万升）原酒以上。

针对每家上榜酒厂，我都写有个人推荐语，但切入角度更侧重于点评其独特之处或记录一些有趣往事。此外，也补充附上我认为仍有资格入选当今 Top 100 美国威士忌酒厂的遗珠名单。眼下，美国威士忌的营销理念也正在勇于变革，越发拥抱信息公开透明化，从各家酒厂官网上，你基本能了解其主要工艺特色，所以下文就不再赘述。

我坚信不疑，美国威士忌将成为所有东半球威士忌爱好者环球之旅上的最后一块拼图。在这本别册的序言部分，不妨先"泛谈"一些我有关这片"威士忌新大陆的世界观"。

首先，美国威士忌仍然最为依赖本土市场，以限量配额制（Allocated）为发售方式的高端稀有酒款的出口比例可能不足 5%（乐观估计），当前，其大部分的发烧友爱好者及藏家，也基本活跃在美国本土。美国威士忌在除加拿大、澳大利亚等个别海外市场的受追捧程度，自然有别于早已习惯将出口视为产业核心驱动力、根深蒂固其逻辑的苏格兰或日本威士忌。它的种类细分与品鉴体系也完全自成一派，譬如，可按"波本威士忌""黑麦威士忌""田纳西威士忌"等话题性最高的主要类别来进一步区分，兼有"小麦威士忌""美国纯正麦芽威士忌"（不同于"美国单一麦芽威士忌"）、"玉米威士忌"等热度次之的平行类别。近年来，还有像"过桶纯正威士忌""调和纯正威士忌"这些更富创意、潜力无限的新兴种类崛起。

与苏格兰、日本的单一麦芽威士忌相比，美国威士忌的口味一般更加偏甜，这是由于玉米这种"灵魂谷物"，会赋予其类似玉米面包、奶油爆米花的天然甜感。除了个别采用特定谷物配方的黑麦威士忌和本土所产的单一麦芽威士忌，在今日美国威士忌大家庭的实际情况中，玉米几乎不曾缺席。

黑麦是另一种灵魂谷物。"禁酒令"以前，黑麦普遍占据其谷物配方中 3/4 以上比例的东海岸诸州的特产黑麦威士忌——以宾夕法尼亚、马里兰、弗吉尼亚和纽约州为首——在美国广为流行，其市场份额、地位评价与波本不分伯仲。只可惜，持续整整 13 年的禁酒运动几乎将除宾夕法尼亚、马里兰、印第安纳州之外的一众黑麦威士忌产区摧毁殆尽。

自 20 世纪 70 年代起，肯塔基州的波本酒厂开始尝试自主生产黑麦威士忌；2006 年前后，持续衰落数十载的美国黑麦威士忌突然热度回升，迎来再次复兴；时至今日，玉米含量动辄 30% 以上的"肯塔基黑麦"（Kentucky Rye），已发展成一种当代主流风格，相比一度绝迹的东海岸诸州黑麦威士忌所代表的"古典风格"，以及禁酒令以降逐渐成形的印第安纳黑麦威士忌（Indiana Rye）风格，彼此风味特征迥异。

黑麦是个性鲜明的耐寒谷物，它会赋予威士忌类似步入香料市场或带有花果草本香调的气息，恰好平衡了玉米所带来的圆润甜感。所以相比小麦，更多的波本会选择黑麦作为含量第二高的"风味谷物"（Flavor Grain）。

许多美国精馏酒厂在建厂之初，就坚持只从本地采购非转基因的有机谷物，近年来，只能依靠传统农户种植来存续种子，无法用于大产能农业生产的"传家宝谷物"（Heirloom Grains）日益风靡流行。这类古早品种的特殊玉米有"血腥屠夫玉米"（Bloody Butcher Corn）、"白玉米"（White Corn）和"蓝玉米"（Blue Corn）等，虽然价格昂贵且产酒量偏低，但蛋白质等非淀粉类风味成分的含量要远高于如今最广泛用于波本的"马齿黄玉米"（Yellow Dent Corn）。

作为美国威士忌的生产工艺里令人又爱又恨的一条"金科玉律"，除玉米威士忌外，几乎所有法定种类的第一次橡木桶陈年，都必须采用内壁经过烧焦碳化的新橡木桶。风干处理后的全新橡木桶材，经过这一"急烧猛烤"的工序，在热分解为主的复合化学作用下，会催生出大量让人联想到焦糖（布丁）、香草（香精）、碧根果、烘焙香料（棕色辛香料）、焦木炭等风味化合物——这些便是美国威士忌最基本的"桶味包"。因此，与惯例上陈年于旧橡木桶的单一麦芽威士忌相比，美国威士忌的主要风味图谱自然大不相同。

虽然在相关法规方面，美国威士忌的确不乏"条条框框"，但如今，任何具备前瞻性的酒厂（不包括主流或精馏酒厂）皆早已跳脱旧时行业规则的束缚，持续推出叫好又叫卖的创新酒款。他们或引入"冷门"谷物原料（如燕麦、苋麦、黑小麦、藜麦和荞麦），或以慢烘（Roasted）、烟熏（Smoked）等特别手法处理传统谷物原料，或采用独家原创的配方比例，但最屡试不爽的还是以"二次桶陈"（Secondary Maturation）、"重炭桶"（Heavy Char Barrel）、"烤桶"（Toasted Barrel）等为代表的新派陈年橡木桶管理技术。

一边倒地使用烧焦碳化过的新橡木桶陈年，再加上其主要产区冬夏分明的气候条件，导致美国威士忌的桶陈效率——尤指获取橡木桶"桶味"的速度——普遍明显高于苏格兰、日本和爱尔兰威士忌。以波本的首要产区肯塔基州为例，第一年的平均"天使分享率"在10%左右，之后每年为4%左右。换句话说，桶陈 11 年或者更久的肯塔基波本，实际留有的酒液大概率不足半桶。

某些酒厂的蒸馏大师认为：大部分波本的巅峰适饮酒龄在桶陈 8 至 12 年之间，而美国黑麦威士忌则更短，大约桶陈 7 至 10 年即可。但以上只是非常笼统的见解，讨论某一款威士忌的巅峰适饮酒龄，还要参考酒厂所处的实地气候环境、选桶逻辑与装瓶原则、陈年仓库的具体结构制式及设计原理等等。

真正懂行的美国威士忌鉴赏家，从不盲目追逐陈年数——当然不是年份越高，酒质越佳，风味越复杂。在美国境内的不同地区，相同的陈年时间，常常出现差异明显的桶陈结果——例如，在得克萨斯州和科罗拉多州等新兴产区，威士忌陈年过程中的"天使分享率"往往比在肯塔基州更为咋舌，适饮酒龄自然来得也更早。而许多以小批量出品为建厂宗旨的精馏酒厂，低年份装瓶酒款的酒质已足够优异，风味复杂性无疑胜过传统大厂的同陈年数的大宗产品。

最后，有关美国威士忌的最佳品饮方式，我想补充一句，最贴切的答案是：你怎么高兴就怎么来。推荐一种我自己很喜欢、与朋友聚会聊天（非品鉴场合）时的喝法：将酒倒入预先冰镇好的古典洛克杯（Rock Glass），不加冰也不兑水，直接啜饮。驱车逛酒厂之余，找到所处美国城市的本地知名威士忌酒吧——通常供应有上百款波本加黑麦威士忌——坐下喝几杯，也可领略到美国威士忌的独有魅力。希望在并不久远的将来，你我一起尽快上车走人。See you on the road!

# 天使之翼酒厂
## Angel's Envy Distillery

厂址
500 E Main St, Louisville, KY 40202

官网
www.angelsenvy.com

所有方
百加得集团（Bacardi）

产能规模
中型（Mid-Major）

主要生产酒款类型
过桶波本、过桶黑麦威士忌

．．．．．．．．．．．．．

**✳ 入选理由 ✳**

这是一家产能可观、外观复古的现代都市酒厂，选址在路易斯维尔（Louisville）市中心的"威士忌大街"（Whiskey Row）最东端，2016年正式建成开放，街对面为路易斯维尔露天棒球场。天使之翼品牌创始于2010年，2015年被百加得集团收购，创始人林肯·亨德森（Lincoln Henderson）和韦斯·亨德森（Wes Henderson）父子都已入选"肯塔基波本名人堂"，2013年逝世的林肯更是广受尊敬的行业巨匠，他在担任百富门酒业的蒸馏大师期间，成功创造了活福珍藏（Woodford Reserve）和绅士杰克（Gentleman Jack）等酒款，其接班人是克里斯·莫里斯（Chris Morris）。该酒厂蒸馏器组中的分酒箱（Spirit Safe Box）很值得一提，在造型上如实还原了天使之翼独一无二的品牌logo及标志性瓶身设计，据酒厂经理向我透露，光是找旺多姆公司定制这一部件，便花费了60万美元。相较之下，其全铜打造的柱式啤酒蒸馏器的造价"仅"约400万美元。厂内的陈年橡木桶采用托盘式竖立放置，此外，天使之翼于肯塔基州亨利县（Henry County）另建有大面积单层楼结构的陈年仓库区，并计划未来数年内于该地点再增建一家新酒厂。

# A.　史密斯·鲍曼酒厂

## A. Smith Bowman Distillery

厂址

1 Bowman Drive, Fredericksburg, VA 22408

官网

www.asmithbowman.com

所有方

萨泽拉克集团（Sazerac）

产能规模

微型（Micro）

主要生产酒款类型

波本、过桶波本

✳　入选理由　✳

这家弗吉尼亚州酒厂的历史始于1934至1935年间，并在20世纪50年代成为该州规模最大且唯一合法的威士忌生产商，曾经依靠平价的弗吉尼亚绅士（Virginia Gentleman）牌波本，在美国南方打开了市场。1988年，A. 史密斯·鲍曼酒厂迁至位于弗雷德里克斯堡（Fredericksburg）市的新厂址，逐步完成重建，并在2003年成为萨泽拉克集团所收购的第二家威士忌酒厂，从此专心改走高端产品路线。现在，它从野牛仙踪酒厂获得已完成两次蒸馏的威士忌馏液（High Wine），再使用自家一部名为"Mary"的老旧铜壶蒸馏器进行第三次蒸馏。造型异常古怪的"Mary"，属于极罕见的"被动式蒸馏器"（Passive Still）——不但无法控制蒸馏温度，还刻意加强了收集最终原酒时的回流设计。酒厂另有一部名为"George"的复合式铜制蒸馏器组，但主要用于生产自有的金酒、伏特加品牌。目前，A. 史密斯·鲍曼的陈年波本库存已逾数万桶，都存放在橡木桶成组竖放的"托盘制式仓库"（Palletized Warehouse）之中。

# 班布里奇有机酒业
## Bainbridge Organic Distillers

厂址
9727 Coppertop Loop NE #101, Bainbridge Island, WA 98110

官网
www.bainbridgedistillers.com

所有方
私人企业，酒厂主为基思·巴恩斯（Keith Barnes）

产能规模
微型（Micro）

主要生产酒款类型
小麦威士忌、过桶小麦威士忌、单一麦芽威士忌

---

✳ 入选理由 ✳

班布里奇有机酒业位于风景秀美、与西雅图市隔海相望的班布里奇小岛（被誉为全美最宜居地区之一），即使选择自驾，也需搭乘渡轮，故建议抽出一整天时间，连同岛上为数众多的独立葡萄酒庄、精品咖啡店及特色餐厅等一道游览。酒厂本身的建筑规模很小，创立于2009年，仅采用由本州纯家族经营的私人农户所提供的上等有机谷物——尤其是品质闻名世界的华盛顿州产软冬小麦。其桶陈仓库区则受到当地海洋性气候的眷顾。班布里奇有机酒业的核心威士忌产品不同于绝大多数的精馏酒厂，主打100%小麦原料、小号新桶（容量约56.8升）陈年的纯正小麦威士忌；另有推出一款名为"YAMA"的高端单一麦芽威士忌，百分之百陈年于小型尺寸的北海道产水楢木（Mizunara Oak）新桶，风味别具一格且值得收藏。

# 巴尔科内斯酒厂
## Balcones Distilling

厂址
225 S 11th St, Waco, TX 76701

官网
www.balconesdistilling.com

所有方
帝亚吉欧集团（Diageo）

产能规模
小型（Small）

主要生产酒款类型
波本、黑麦威士忌、单一麦芽威士忌、玉米威士忌

※　入选理由　※

2009年便开始蒸馏的巴尔科内斯酒厂，最初规模很小，但坚持原创，强调"风土"，以100%得克萨斯本地大麦为原料，于2011年推出了最早获得国际关注的美国单一麦芽威士忌酒款之一。2014年，巴尔科内斯在韦科（Waco）市中心建成产能扩大25倍以上的新酒厂，配置苏格兰福赛思（Forsyths）公司打造的全铜壶式蒸馏器，所有库存均在当地陈年，得益于得克萨斯州极高的"天使分享率"，"桶味"增加速率几乎为肯塔基州的两倍以上。除了采用新桶陈年的得克萨斯单一麦芽威士忌，巴尔科内斯的特色酒款还包括以新墨西哥州产蓝玉米为原料的婴儿蓝（Baby Blue）玉米威士忌、以蓝玉米和其他得州产谷物为原料的壶式蒸馏波本、采用独家100%黑麦配方的壶式蒸馏黑麦威士忌等。

巴慈歌波本公司酒厂的蒸馏室外观（玻璃幕墙）
注：本书除特别注明的图片外，皆由谢锦提供

# 巴兹敦波本公司

## Bardstown Bourbon Company

厂址

1500 Parkway Drive, Bardstown, KY 40004

官网

www.bardstownbourbon.com

所有方

普利兹克私人资本公司（Pritzker Private Capital）为控股大股东

产能规模

大型（Major）

主要生产酒款类型

波本、黑麦威士忌、过桶波本、调和纯正威士忌

### ✳ 入选理由 ✳

纵观整个肯塔基乃至全美威士忌业，2016年才开始蒸馏的巴兹敦波本公司，绝对堪称近几年来"天花板"的新生力量——这也是自2017年起，我每次去肯塔基都务必前往此地确认一番、了解其最新动态的缘故。这家酒厂的蒸馏大师为"肯塔基波本名人堂"成员、前美格蒸馏大师史蒂夫·纳利（Steve Nally）。其商业模式成功的独到之处在于，从建厂伊始就对外提供代工蒸馏服务，目前生产超过40种美国威士忌谷物比例配方，拥有至少60家长期签约客户（包括市面上不少知名品牌）——据悉，其代工订单已排满至2026年底，最低起订量为300桶原酒。巴兹敦波本公司亦刚公布了新一轮扩建计划，预期于2024年完工，届时总产能将新增50%，原酒年产量可突破3300万升（16.5万桶）。与蒸馏室仅一面玻璃幕墙之隔的附属餐厅酒吧，是于当地精致就餐的首选，其稀有美国威士忌店藏酒单由弗雷德·明尼克先生亲自甄选，特此五星推荐。

巴兹顿波本公司酒厂的附属餐厅酒吧

作者在巴兹敦波本公司酒厂的
感官评定实验室（Sensory Lab）
品鉴多款新酒及其他酒样

# 巴顿 1792 酒厂
## Barton 1792 Distillery

厂址
300 Barton Rd, Bardstown, KY 40004

官网
www.1792bourbon.com/distillery

所有方
萨泽拉克集团（Sazerac）

产能规模
大型（Major）

主要生产酒款类型
波本、过桶波本

······································

## ✳ 入选理由 ✳

如果说天使之翼、巴兹敦波本公司等代表了当今新生威士忌酒厂的先进模样，巴顿1792酒厂则依然维持着传统主流酒厂的朴实面貌：乍眼一看，它更像一间不带个人情感的大型工厂。但我对这家过去半个世纪以来一直作为波本界中流砥柱之一，却并未大受追捧的老牌酒厂，始终怀揣着复杂情感——只因世人很少读懂它的情怀。巴顿1792酒厂的前身，位于19世纪末创办的汤姆·摩尔（Tom Moore）酒厂。自20世纪40年代中期开始接手的酒厂主奥斯卡·盖茨（Oscar Getz），则是一位相当伟大的行业人物。他不光完成了酒厂的现代化重建，确定了"Barton"这一命名，更以一己之力于厂内创办了首家美国威士忌历史博物馆[后来的奥斯卡·盖茨威士忌历史博物馆（Oscar Getz Whiskey Museum）的雏形]，同时身为致力于推广波本文化的讲师兼学者，在1978年出版了史料价值很高的《威士忌：一部美国图像史》（*Whiskey: An American Pictorial History*）一书。也是基于奥斯卡的经营决策，该酒厂于20世纪50年代末至80年代初，成为率先欢迎公众参观的现代波本旅游业先驱。

巴顿1792酒厂在2009年被萨泽拉克集团收购，目前拥有近30间陈年仓库，除出品1792、托马斯·S. 摩尔（Thomas S. Moore）等高端波本品牌外，还生产各种平价波本、美国调和威士忌、金酒、伏特加、朗姆和利口酒等等。巴顿1792酒厂的13个单体容量逾56 000升的巨大密闭式发酵罐，全部露天架设，完全有别于其他酒厂；它也对外批发出售陈年库存，其"74% 玉米、18% 黑麦和8% 发芽大麦"的波本配方在原酒市场上相对常见。2022年4月，萨泽拉克集团突然宣布，巴顿1792酒厂将从同年4月29日起停止对游客开放参观，理由是酒厂接待能力有限，需以日常生产为先。

巴顿1792酒厂的传统制式陈年仓库内的电梯井

MAX. 4000 LBS. CAP.

左为爱威廉斯波本体验中心蒸馏大师乔迪·菲拉特里奥，右为伯恩海
姆酒厂蒸馏匠师康纳·奥德里斯科尔
© 伯恩海姆酒厂

# 伯恩海姆酒厂
## Bernheim Distillery

厂址
1701 W Breckinridge St, Louisville, KY 40210

官网
www.heavenhilldistillery.com/bernheim-distillery-3d-tour

所有方
爱汶山酒业（Heaven Hill）

产能规模
巨型（Massive）

主要生产酒款类型
波本、黑麦威士忌、小麦威士忌、玉米威士忌、美国纯正麦芽威士忌

❋　入选理由　❋

身处普通至极的城市街区，既无游客接待中心也无任何导览标识，但丝毫不影响这间单体波本产能已跃居全美之首（每日可生产约1000桶原酒）的现代自动化酒厂，成为所有美国威士忌发烧友的朝圣目的地——即便它随时可能会打破你关于"上好波本皆产自田园"的浪漫想象。亲身探访伯恩海姆酒厂，就如同波本极客自我进阶之路上的一项毕业任务，一方面，它至今不对外开放参观（需要申请特别许可）；另一方面，你的所见所得都将是完完全全被剥离了品牌营销色彩的赤裸裸的技术干货。尽管如此，其如今被统一涂成灰白色调的建筑墙体，或多或少低调淡化着这家酒厂拥有傲人历史的事实：作为禁酒令以降首家重新登记注册的肯塔基酒厂，先后由申利蒸馏酒业集团（Schenley Distillers Corporation）、联合酒业集团（United Distillers）、爱汶山酒业等烈酒巨头悉心经营，并几经扩建、翻新与升级。

我曾有幸参观过伯恩海姆两次，第二次还聆听了时任该厂蒸馏大师丹尼·波特

（Denny Potter，现已转去美格）的现场讲解，印象最深刻的一个瞬间是爬楼梯至蒸馏室的最顶层，近距离感受了逾21米高柱式蒸馏器的纯铜顶部所散发的令人衣衫湿透的高温；另一有趣发现则是，该厂区与昵称"Campus"（校园）的百富门酒业总部实则仅一墙之隔，这种地理位置关系仿佛在暗示，表面互为竞争对手的肯塔基波本巨头之间，或许并不存有那么多的秘密与隔阂。由于近年来美国威士忌消费者越发拥护"品牌信息公开透明化"，如今，你也可以通过爱汶山酒业官网上的3D互动模型，来一窥曾经"秘而不宣"的伯恩海姆酒厂。近期，爱汶山酒业宣布将于酒业总部所在地巴兹敦（Bardstown）镇境内，兴建一座全新的巨型酒厂，计划于2024年竣工，原酒年产量的上限预计可达45万桶，这将最终超越伯恩海姆的现有产能。

## ❈ 酒厂荣誉 ❈

San Francisco World Spirits Competition 2019 — Distillery of the Year
2019年旧金山世界烈酒竞赛——年度最佳酒厂

San Francisco World Spirits Competition 2019 — Best in Show Whiskey
2019年旧金山世界烈酒竞赛——全场最佳威士忌

*Whisky Advocate* — Whisky of the Year 2017 & 2020
《威士忌倡导家》杂志——2017、2020年度最佳威士忌

*Whisky Advocate* — Distiller of the Year 2016
《威士忌倡导家》杂志——2016年度最佳酒业公司

*Whisky Advocate* — Visitor Attraction of the Year 2016
《威士忌倡导家》杂志——2016年度最佳威士忌旅游目的地

Elijah Craig Toasted Barrel
# 爱利加烘桶波本威士忌

△ 陈年时间　桶陈9年以上

▲ 威士忌类型　过桶纯正波本

酒精度数
47%

＊ 特殊规格 ＊

□ 单桶
□ 桶强

🏷 品鉴笔记 🏷

酒色
琥珀色

闻香
丰富的焦糖和烘烤过的橡木香气

口味
口感强劲，风味复杂丰富，具有令
人愉悦的香料味道，并带有一丝牛
奶巧克力与烟熏风味

尾韵
回味复杂悠长，温暖的巧克力与香
料在齿颊留香

Larceny Kentucky Straight Bourbon

# 圣睿小麦波本威士忌

△ **陈年时间** 桶陈6至12年

▲ **威士忌类型** 纯正波本

酒精度数
**46%**

※ **特殊规格** ※

□ 单桶
□ 桶强

☞ **品鉴笔记** ☜

**酒色**
明亮的铜色

**闻香**
新鲜面包与太妃糖的气息，带着些
许奶油香气

**口味**
口感圆润，味道丰富，焦糖与蜂蜜
的甜蜜感缓缓散开

**尾韵**
回味隽远悠长，美味可口

Evan Williams Single Barrel
# 爱威廉斯年份单桶波本威士忌

酒精度数
**43.3%**

△ 陈年时间 桶陈8年以上，平均9至10年

▲ 威士忌类型 纯正波本

❋ 特殊规格 ❋

☑ 单桶
☐ 桶强

☞ 品鉴笔记 ☜

**酒色**
明亮的琥珀色

**闻香**
有着深度的焦糖香气与炙烤后的甜橡木气息

**口味**
明快的香料风味，蜜糖般的橡木味道，最后是苹果与香橙的芳甜

**尾韵**
回味优雅且悠长

# 布恩县蒸馏公司
## Boone County Distilling Co.

厂址
10601 Toebben Drive, Independence, KY 41051

官网
www.boonedistilling.com

所有方
私人企业，酒厂主为杰克·韦尔斯（Jack Wells）和乔希·奎恩（Josh Quinnin）

产能规模
微型（Micro）

主要生产酒款类型
波本、黑麦威士忌

---

**✳ 入选理由 ✳**

第一次听说这家酒厂，要回到2016年我在肯塔基找酒喝的首个晚上。当晚去打卡大名鼎鼎的餐酒吧"Bourbon Bistro"，一直喝到快要打烊时，我跟酒保讲："最后一杯，完全相信你的推荐，但必须是我没听过的品牌。"那位黑人领班便端出了一瓶酒标设计复古、酒龄12年的"Boone County Eighteen33"单桶波本，并力荐我去这间新酒厂转转。于是，从路易斯维尔市出发，沿71号州际公路驱车约90分钟，我便完成了自己首次印象深刻的精馏酒厂探访——看见酒厂主亲自上手装瓶贴标，在最后的品鉴环节，还可以申请免费续杯当时酒厂内售价最贵的限量单桶。事实上，这家肯塔基新厂在2015年才创立，并以当地历史上一家消失酒厂为灵感——1833年于布恩县境内建立的彼得斯堡（Petersburg）酒厂，据说生产规模曾居肯塔基之首，且威士忌年产量在1897年高达1500万升以上，只可惜终究止于禁酒令。当前，除继续装瓶、出品从MGP综合原料公司（MGP Ingredients）购得的威士忌原酒之外，布恩县蒸馏公司酒厂壶式蒸馏的波本酒款也已上市，且桶陈时间不低于5年。

# 布雷肯里奇酒厂
## Breckenridge Distillery

厂址
1925 Airport Rd, Breckenridge, CO 80424

官网
www.breckenridgedistillery.com

所有方
蒂尔雷（Tilray Brands）集团

产能规模
小型（Small）

主要生产酒款类型
调和纯正波本、过桶调和纯正波本

✳ 入选理由 ✳

距离丹佛（Denver）市90分钟车程、森林环绕的科罗拉多州布雷肯里奇小镇，是知名的滑雪度假胜地，布雷肯里奇酒厂由内科医师布赖恩·诺尔蒂（Bryan Nolt）在此创办，号称"全美最高酒厂"（海拔超过2900米）。我曾于横穿科罗拉多州前往犹他州拱门国家公园的途中顺道参观。该酒厂创建于2008年，以高黑麦比例的调和纯正波本为核心酒款，采用橡木桶竖放的托盘制式仓库，不光自主蒸馏，也从肯塔基、田纳西、印第安纳州获取威士忌原酒，目前品牌年销量已破90万瓶。2021年底，北美大麻产品业巨头蒂尔雷（Tilray Brands）集团出资1亿多美元收购布雷肯里奇酒厂，声称未来计划以此为基础研发含有大麻成分的烈酒产品。

# 百富门酒厂

## Brown-Forman Distillery

**厂址**
2921 Dixie Hwy, Louisville, KY 40216

**官网**
无

**所有方**
百富门酒业（Brown-Forman）

**产能规模**
大型（Major）

**主要生产酒款类型**
波本、黑麦威士忌

✳ **入选理由** ✳

在本次的 Top 66 榜单中，这是探访难度系数最高的一间酒厂，至少根据我的个人经验如此。身为百富门酒业近 40 多年来专用于生产波本的主体酒厂，实际位于作为路易斯尔郊区而存在的夏夫利（Shively）镇。虽然该厂区占地广阔，但临马路一侧有大片民居遮挡，从外部无法窥见真容；依照导航 App 基本找不到入口，且拒绝一切未预约的外来人员车辆入内。即使你获得特别参观许可，也绝不允许在室内拍照。历史上，这里曾是（政府登记）专有代码为 DSP-KY-354 的老时光（Early Times）酒厂，并隐藏着一段至今尚未公之于众的行业往事：

> 百富门酒业于 1923 年（禁酒令期间）买下老时光品牌，禁酒令结束后，很快为其修建了专属的 DSP-KY-354 酒厂。但相当长的一段岁月里，百富门在路易斯尔市还拥有另一家主要波本酒厂（即原百富门酒厂），系由酒业创始人乔治·加文·布朗（George Garvin Brown）于 1901 年从马丁利（Mattingly）家族手中买下改建而成，其专有代码为 DSP-

KY-414，也是今日昵称"Campus"的集团总部建筑群的部分前身。1979年前后，百富门完成了对DSP-KY-354酒厂设备的全线翻新升级，并决定停止DSP-KY-414酒厂的蒸馏活动，将全部波本的生产及酒厂设备转移至老时光厂址，其酒厂名称也被官方更新为百富门。时过境迁，百富门最终于2020年将老时光品牌卖给萨泽拉克集团，如今，老时光的波本生产线已搬到了后者旗下的巴顿1792酒厂。

当我漫步其中，分明感受到DSP-KY-354厂区里所洋溢着的"机密"氛围——它依旧悄然守护着布朗家族这一波本豪门有关工艺细节方面的所有秘密。要知道，这家禁止游客参观、始终低调示人的名门酒厂，在近30年内曾为爱汶山、酩帝诗等名家提供过定制代工，在这里，依稀还能见到一些属于昔日DSP-KY-414酒厂的退休设备，如糖化缸、发酵缸和蒸汽锅炉。

百富门酒厂（DSP-KY-354）的厂区内景

百富门酒厂（DSP-KY-354）的附属陈年仓库

野牛仙踪酒厂的"The E.H. Taylor""Jr. Micro Still"迷你蒸馏器组，主要用于配方研发实验

# 野牛仙踪酒厂

## Buffalo Trace Distillery

厂址

113 Great Buffalo Trace, Frankfort, KY 40601

官网

www.buffalotracedistillery.com

所有方

萨泽拉克集团（Sazerac）

产能规模

大型（Major）

主要生产酒款类型

波本、黑麦威士忌

......

✳　入选理由　✳

对于肯塔基首府法兰克福（Frankfort）这座人口不足3.5万的小城，任何美国威士忌爱好者的第一目的地别无他处——无论在19世纪末抑或整个20世纪，这家酒厂都是叱咤风云的一线波本豪门；步入21世纪以来，累计装瓶推出的稀有高端美国威士忌酒款更居行业之首。同一地点的威士忌酒厂历史至少可追溯到1865年——本杰明·哈里斯·布兰顿（Benjamin Harris Blanton）在此建立了一家小酒坊，从那时起到今天，蒸馏活动便延续不停，连禁酒令也未能迫其关厂。但它于1999年才更名为野牛仙踪，曾用酒厂名包括O.F.C.、乔治·T.斯塔格（George T. Stagg）、古老时代（Ancient Age）等，与之密不可分的波本传奇人物，更是星光熠熠、不胜枚举。其前三任蒸馏大师艾伯特·G.盖泽（Albert G. Geiser）、埃尔默·坦迪·李（Elmer Tandy Lee）、加里·R.盖哈特（Gary R. Gayheart）都于2008年以前入选"肯塔基波本名人堂"。

该厂区已被纳入"美国国家史迹名录"，砖红、墨绿加混凝土灰，为其建筑群主

29

色调、暗藏轻微坡度、专用于移动橡木桶的迷你铁轨贯穿其间。酒厂内有十几座大小高低不一、建筑制式各异的陈年仓库，普遍都配备了在冬季时会加热室内温度至20摄氏度以上的气候调控系统（Climate-controlled System）。完整细致地参观完野牛仙踪酒厂至少要一整天时间——我参观过以上区域，特别推荐的打卡"景点"有：作为19世纪 O.F.C. 酒厂遗址的"波本庞贝"（Bourbon Pompeii），安装有"The E.H. Taylor""Jr. Micro Still"迷你蒸馏器组的微型实验"厂中厂"，布兰顿（Blanton's）品牌的专属陈年仓库"Warehouse H"和手工装瓶车间，以传奇掌门人艾伯特·B. 布兰顿（Albert B. Blanton）命名的"酒厂后花园"。

由于酒厂所有方萨泽拉克集团一向我行我素，至今尚未加入肯塔基蒸馏酒业协会，因此这间地位斐然、获奖无数的大型酒厂并未在肯塔基波本旅径（Kentucky Bourbon Trail）的官网上出现，但它每年所接待的游客数量一直在同州酒厂中遥遥领先。野牛仙踪酒厂官方提供八条不同主题的导览路线，耗时75至90分钟，且全部免费，但务必提前在线预约！其中，我个人强烈推荐"国家史迹名录之旅"（National Historic Landmark Tour）以及只在夜间进行的"寻鬼之旅"（Ghost Tour）——没错，这片厂区也是全美有名的闹鬼场所。

## ✧ 酒厂荣誉 ✧

自2000年以来，野牛仙踪酒厂已在《威士忌杂志》（Whisky Magazine）、《威士忌倡导家》杂志（Whisky Advocate）、《葡萄酒爱好者》杂志（Wine Enthusiast）等知名专业出版物的评选之中赢得了40多个冠军头衔。

野牛仙踪酒厂蒸馏室外观

Buffalo Trace Kentucky Straight Bourbon

# 野牛仙踪波本威士忌

酒精度数
**45%**

△ **陈年时间** 桶陈8至9年

▲ **威士忌类型** 纯正波本

＊ 特殊规格 ＊

□ 单桶
□ 桶强

☞ 品鉴笔记 ☜

**酒色**
深琥珀色

**闻香**
前调为香草、薄荷和糖蜜的芳香；
然后在红糖、烘焙香料等令人愉悦
的甜美气息之后，是橡木、太妃糖、
深色水果和茴香的香调

**口味**
微甜辛辣，风味复杂，口感圆润

**尾韵**
回味悠长、柔滑，富有层次感

位于野牛仙踪酒厂的编号"C"陈年仓库底层的陈年库存在9月中旬（初夏）午后的桶内温度

❋ 野牛仙踪波本威士忌 ❋
酒款荣誉

San Francisco World Spirits Competition 2019 — Gold Medal

2019年旧金山世界烈酒竞赛——金牌

Beverage Tasting Institute 2019 — 91Points/Gold

2019年美国饮料品测协会——91分 / 金奖

North American Bourbon and Whiskey Competition 2019 — Double Gold

2019年北美波本及威士忌竞赛——双金奖

# 布莱特酒厂
## Bulleit Distillery

厂址
3464 Benson Pike, Shelbyville, KY 40065

官网
www.bulleit.com/visit-us

所有方
帝亚吉欧集团（Diageo）

产能规模
大型（Major）

主要生产酒款类型
波本、黑麦威士忌

＊ 入选理由 ＊

布莱特酒厂作为帝亚吉欧集团运营的最大波本酒厂，2017年落成，但我的探访过程却有几分曲折。2019年1月，在路易斯维尔市培训机构私酿烈酒大学（Moonshine University）参加为期六日的蒸馏师综合培训课程时，我认识了彼时同为学员、刚刚调岗到肯塔基州的帝亚吉欧北美管理人员卡洛斯·洛佩斯（Carlos Lopez）。某晚酒过三巡，卡洛斯听说我有意深入游逛布莱特酒厂，随即把我推给了他的同僚好友尼尔·汗（Neil Khant）——这位仁兄正是负责布莱特建厂项目的主要化学工程师之一。数日后，在邮件里约好的时间点，我赶到即将下班的布莱特游客接待中心，却突然联系不上尼尔，询问工作人员，也无人知晓我有预约。但我仍不放弃，心灰意冷地坐等了快45分钟，临近夕阳西下，正欲离去，尼尔突然开着他的雪佛兰科尔维特（Corvette）跑车停到了门口，呼唤我上车。于是，便有了这么一趟离奇的参观经历。

在落日余晖的映照下，类似苏格兰乡间威士忌酒厂风格的厂区建筑群，格外透

出大气之美，也多亏尼尔本人的介绍，我才听闻了一些普通游客无法得知的内幕，譬如，布莱特的陈年仓库之所以采用托盘叠放制式，是因帝亚吉欧来不及下单委托建造传统木结构货架制式仓库，尼尔便转而改用他在负责加拿大吉姆利（Gimli）酒厂 [主要生产皇冠威士忌（Crown Royal）品牌] 项目时的仓库建筑方案供应商。目前，布莱特品牌在美国本土的年销量已破 2400 万瓶，这间新厂建成以前，其原酒主要依赖四玫瑰（Four Roses）、金宾（Jim Beam）、MGP 综合原料公司等酒厂进行代工蒸馏。

2021 年 9 月，帝亚吉欧于肯塔基州莱巴嫩县境内新建的另一间产能更大的酒厂宣布正式投产，其厂址为"100 Bourbon Drive, Lebanon, KY 40033"，原酒年产量可达 2600 万升以上（13 万桶）；该厂依然主要为布莱特品牌生产美国威士忌，且彻底实现了碳中和目标，但完全不对公众开放，业内一般仅以"Diageo Lebanon Distillery"来指代其酒厂名称。

# 瀑布谷酒厂
## Cascade Hollow Distillery

厂址
1950 Cascade Hollow Rd, Tullahoma, TN 37388

官网
www.georgedickel.com/distillery-tour-information

所有方
帝亚吉欧集团（Diageo）

产能规模
大型（Major）

主要生产酒款类型
田纳西威士忌、波本、黑麦威士忌

※　入选理由　※

在田纳西威士忌这一类别，创立于1870年前后的乔治·迪克尔（George Dickel）品牌，地位仅次于杰克丹尼（Jack Daniel's），在命运的刻意安排下，两者曾为长期竞争对手（但前者也出品波本）。禁酒令前的老瀑布谷酒厂，始建于1878年，很快便成为乔治·迪克尔的唯一原酒来源。今日的瀑布谷酒厂，则为20世纪烈酒巨头申利蒸馏酒业集团在寻求收购杰克丹尼失败之后，1958年于原址旁边所重建——如今依旧以最大限度保留着20世纪60年代的样貌，无论建筑外观抑或内部构造，在参观这家酒厂时，你便会体验到一种"美苏太空竞赛"时期的年代感。它曾以乔治·迪克尔作为官方名称，是品牌所有方帝亚吉欧集团在20世纪90年代末决意大举退出美国威士忌业时所唯一保留正常运转的旗下酒厂，一贯采用类似四玫瑰酒厂的单楼层陈年仓库（内置木制桶架）。现任酒厂经理兼首席蒸馏师妮科尔·奥斯汀（Nicole Austin）、前任蒸馏大师阿利萨·亨利（Allisa Henley）都为冉冉上升的杰出行业女性。我个人强烈推荐且至今念念不忘的一款瀑布谷威士忌出品是，曾于其纪念品商店买到的375ml小瓶装乔治·迪克尔珍藏（George Dickel Reserve）17年。

# 城堡与密匙酒厂
## Castle & Key Distillery

厂址
4445 McCracken Pike, Frankfort, KY 40601

官网
www.castleandkey.com

所有方
私人企业，酒厂主为威尔·阿尔文（Will Arvin）和韦斯·默里（Wes Murry）

产能规模
大型（Major）

主要生产酒款类型
波本、黑麦威士忌

✳　入选理由　✳

我最早是通过"被遗弃的：被世人遗忘的美国故事"这一独立纪实摄影网站（www.abandonedonline.net），了解到这座令人叹为观止、历史地位举足轻重的酒厂，随即就产生了想要亲自一探究竟的强烈愿望，但直到2017年秋季才如愿以偿。它更为人所铭记的名称是老泰勒（Old Taylor）。波本传奇人物、O.F.C. 酒厂创始者及1897年《保税装瓶法案》的主要推手 E. H. 小泰勒（E. H. Taylor, Jr.），在与乔治·T. 斯塔格不欢而散、分道扬镳之后，泰勒于1887年重整旗鼓，创建了这家无与伦比的酒厂，并以此作为那个时代的波本行业典范和他自身的精神堡垒。禁酒令以降，国民酒业（National Distillers）集团在1935年将老泰勒酒厂收归旗下，正常运营至1972年，尔后，其所有权几经变更，但大部分时间都处于荒废状态。两位现任酒厂主在踏足其酒厂废墟后感触颇深，2014年宣布买下厂区产权。2016年彻底完成修葺与重建工作，再度恢复蒸馏，并于2018年9月正式向公众开放。

全新的酒厂名称并非凭空臆造——"Castle"源于其主体建筑的欧式城堡形态，"Key"则寓示了从高空俯瞰园内新古典主义风格的泉水屋（Spring House）廊亭的钥匙形状。其他历史景观还包括与"城堡"相连的下沉庭园、八角塔楼、石墙石桥以及花园凉亭等等。漫步于洋溢着庄严美感的厂区之中，你分明能感受到 E. H. 小泰勒生前的雄心壮志，与他在此开创波本观光业之先河的远景蓝图。城堡与密匙酒厂继承使用建于 20 世纪初的多层砖石外墙仓库（内部采用木结构制式，进深长度为肯塔基之最）和国民酒业时期的超大型钢筋混凝土结构仓库，两者可容纳的橡木桶数量皆相当惊人。目前，酒厂不光着眼于打造自有品牌，其商业模式还包括为其他酒业品牌提供代工蒸馏、仓储空间、装瓶服务等，而且大部分的场地也可供活动租赁——作为热门婚礼举办地点，排期已爆满至 2024 年。2022 年 3 月，城堡与密匙酒厂终于在其游客中心发售了自老泰勒酒厂以来的首款波本产品，首发当天即吸引数千人排队。

城堡与密匙酒厂内建于 20 世纪初的多层砖石外墙仓库

城堡与密匙酒厂的发酵车间
（老厂房改造）

城堡与密匙酒厂外观

城堡与密匙酒厂新古
典主义建筑风格的廊
亭泉水屋，从高空俯
瞰呈钥匙形状

# 卡托克汀溪蒸馏公司

## Catoctin Creek Distilling Company

厂址

120 W Main St, Purcellville, VA 20132

官网

www.catoctincreekdistilling.com

所有方

绝大多数股份由酒厂创始人斯科特·哈里斯（Scott Harris）与贝姬·哈里斯（Becky Harris）夫妇持有；少量股份由星座集团（Constellation Brands）持有

产能规模

微型（Micro）

主要生产酒款类型

波本、黑麦威士忌

* 入选理由 *

卡托克汀溪蒸馏公司于2009年创建，是美国一线精馏酒业、当今最具品质的弗吉尼亚威士忌酒厂之一。其谷物比例配方为100% 本地黑麦，使用两部德国卡尔（Carl）公司的复合式铜壶蒸馏器，致力于借用自主蒸馏，重现禁酒令之前流行于弗吉尼亚州的东海岸黑麦威士忌的古早风格，大部分橡木桶库存放在户外露天陈年。创始人哈里斯夫妇采取"男主外女主内"的分工模式：贝姬·哈里斯有着化学工程师教育背景，既身为卡托克汀溪蒸馏公司首席蒸馏师，亦是活跃于业界的女强人，目前担任美国独立烈酒协会（American Craft Spirits Association）的董事会主席；斯科特·哈里斯则商业意识出众，善于针对精准人群进行品牌推广，且注重海外出口，曾向我询问过中国市场的情况。

# 查贝酒厂
## Charbay Distillery

厂址
3001 S State St, Ukiah, CA 95482

官网
www.charbay.com

所有方
私人企业，酒厂主为马尔科·卡拉卡舍维奇（Marko Karakasevic）与詹尼·卡拉卡舍维奇（Jenni Karakasevic）夫妇

产能规模
微型（Micro）

主要生产酒款类型
以美国加州精酿啤酒为蒸馏对象的先锋实验威士忌、波本（未发售）

## ✻　入选理由　✻

在某种意义上，始终特立独行的查贝酒厂，堪称最"奇葩"（褒义用法）的美国威士忌酒厂，没有之一——主要理由如下：1. 他们于1983年便开始自主蒸馏，是全美最早涌现出的几家现代精馏酒厂鼻祖之一，至今仍延续着浓浓的匠人气质。2. 两任酒厂主迈尔斯（Miles）、马尔科·卡拉卡舍维奇父子皆是全能型蒸馏师；卡拉卡舍维奇家族则拥有世袭的"蒸馏大师"头衔，现已传承13代人，可追溯至1751年开始成为奥匈帝国皇族的御用酒匠。3. 视蒸馏为一门艺术，坚持直火加热、"七分切酒"的祖传两次蒸馏法（或"十分切酒"的三次蒸馏法）；使用两部通常专用于蒸馏干邑的铜制夏朗德壶式蒸馏器（Charentais copper still），较大一部的壶体容量为660美制加仑（约2500升），于1986年购自法国干邑世家渤隆（Prulho）家族。4. 拥有大批352升容量的法国利穆赞（Limousin）橡木新桶，用于一些特定威士忌酒款的桶陈；部分棕色烈酒产品会用大型不锈钢容器额外进行长达数年的静置陈年。5. 除了出品威士忌，还生产遵循法国工艺传统的白兰地、

纯壶式蒸馏朗姆、伏特加、各种利口酒，并提供私人定制化的代工业务。另外，卡拉卡舍维奇家族还兼具酿酒师血脉，在纳帕谷（Napa Valley）建有私人葡萄酒庄，自行酿造加州赤霞珠、西拉和波特酒。2016年时，查贝酒厂已开始使用夏朗德铜壶蒸馏器来制作波本，目前仍未发布其陈年结果，对此我充满期待。

# 查塔努加威士忌实验酒厂
## Chattanooga Whiskey Distillery

厂址

1439 Market St, Chattanooga, TN 37402
765 W M.L.K. Blvd, Chattanooga, TN 37402

官网

www.chattanoogawhiskey.com

所有方

私人企业，酒厂主为蒂姆·皮耶尔桑特（Tim Piersant）

产能规模

小型（Small）

主要生产酒款类型

波本、过桶波本、黑麦威士忌

✳ 入选理由 ✳

以所在的田纳西州城市来命名，查塔努加威士忌这一品牌于2011年注册成立，但起初不得不委托MGP综合原料公司的印第安纳州酒厂代工蒸馏，同时花费数年时间来游说州政府通过准许在当地创办威士忌酒厂的新法案。获得查塔努加市近百年来的首张蒸馏执照之后，先以"Experimental"（实验性）为名，建立每周平均仅产酒1桶的微型实验酒厂，随着销售渠道的拓宽，原创配方的研发成熟，再以"Riverfront"（河畔）为名，2017年初在市中心建成每年可生产逾2500桶原酒的较大体量酒厂。如今，查塔努加威士忌实验酒厂于两处厂址自行蒸馏的"田纳西波本""田纳西黑麦威士忌"，不光谷物比例配方和原料处理方式极富创意、小批次的限量实验酒款层出不穷，保税装瓶与单桶装瓶亦好评连连，近一年来，迅速圈粉了一批美国威士忌发烧友。

# 海盗船工匠酒厂
## Corsair Artisan Distillery

厂址
601 Merritt Ave, Nashville, TN 37203
1200 Clinton St #110, Nashville, TN 37203

官网
www.corsairdistillery.com

所有方
私人企业，酒厂主为达雷克·贝尔（Darek Bell）和
安德鲁·韦伯（Andrew Webber）

产能规模
微型（Micro）

主要生产酒款类型
黑麦威士忌、单一麦芽威士忌

✳ 入选理由 ✳

2008年创立于地处路易斯维尔与纳什维尔之间的肯塔基南部小城鲍灵格林
（Bowling Green），曾是广受关注、话题不断的精馏酒厂之一，以率先将藜麦、燕
麦、荞麦、黑小麦等冷门谷物蒸馏成威士忌以及诸多"脑洞大开"的产品配方而
闻名，其旧版威士忌酒标的纯黑白配色、"黑衣人三兄弟"的 logo 形象也很夺人
眼球。2018年，海盗船工匠酒厂将生产线彻底迁至田纳西州纳什维尔市，目前
同时经营两处微型酒厂，皆可供参观；尽管如此，其产品线却越发精简，不光重
新设计了酒标，市场策略也有所调整，品牌气质不再实验先锋。

# 老爹帽宾夕法尼亚黑麦酒厂

## Dad's Hat Pennsylvania Rye Distillery

厂址
925 Canal St Building #4, Door 16, Bristol, PA 19007

官网
www.dadshatrye.com

所有方
私人企业，酒厂主为赫尔曼·米哈利奇（Herman Mihalich）和
约翰·库珀（John Cooper）

产能规模
微型（Micro）

主要生产酒款类型
黑麦威士忌、过桶黑麦威士忌

✳ 入选理由 ✳

20世纪末，"宾夕法尼亚黑麦威士忌"（Pennsylvania Rye）的蒸馏活动最终止于老酩帝诗 [ 原邦贝格尔（Bomberger's）] 酒厂在1990年情人节的清算关停；二十余年后，在宾夕法尼亚州布里斯托尔（Bristol）市，这一经典风格再度重生——老爹帽（Dad's Hat）的建厂地址，距离禁酒令前本地威士忌巨头费城裸麦威士忌蒸馏公司（Philadelphia Pure Rye Whiskey Distilling Co.）的旧址仅约5英里。两位创始人从小深受本州威士忌文化影响，与密歇根州立大学（办有全美少见的烈酒蒸馏学专业）所开设的 "技匠蒸馏项目"（Artisan Distilling Program）合作，耗时两年创作出 "80% 黑麦、15% 发芽大麦和5% 发芽黑麦" 的独家谷物比例配方。该酒厂仅选用当地农户种植的优等谷物原料，发酵时长平均一周左右，再经容量500美制加仑（约1893升）的复合型铜制蒸馏器两次蒸馏。弗雷德·明尼克对老爹帽的出品赞赏有加，其部分核心酒款采用味美思桶或波特酒桶进行二次陈年。

# 291 号酒厂
## Distillery 291

**厂址**
4242 N Nevada Ave, Colorado Springs, CO 80907

**官网**
www.distillery291.com

**所有方**
私人企业，酒厂主为迈克尔·迈尔斯（Michael Myers）

**产能规模**
微型（Micro）

**主要生产酒款类型**
波本、黑麦威士忌

---

✳ **入选理由** ✳

我心目中的"新锐科罗拉多酒厂三剑客"之一，直接以厂址门牌号命名，创立于2011年9月11日。创始人迈克尔·迈尔斯浑身洋溢着满满的艺术气质，"9·11"事件以前，他曾是全美知名一线时尚摄影师，目睹灾难后，毅然决定搬离纽约曼哈顿，定居到科罗拉多斯普林斯（Colorado Springs）这座亲近自然的宜居高原之城，转职为匠人蒸馏师，亲手打造了291号酒厂的首部容量45美制加仑（约170升）的迷你铜壶蒸馏器（后续新添的铜壶蒸馏器为造型一模一样的等比例放大版）。该酒厂的谷物原料主要来自科罗拉多州东北部大平原，仅使用壶式蒸馏法与类似精品葡萄酒庄的木制发酵罐，并将遍布当地林区的山杨木制成经过特别烘烤的桶板木条，用于塑造其威士忌独家风味个性的二次陈年。291号酒厂所出品的科罗拉多波本、黑麦威士忌等核心酒款在发烧友圈内口碑逐年上升，弗雷德·明尼克先生对其评价颇高，且曾经合作过私人选桶项目。

# 爱威廉斯波本体验中心

## Evan Williams Bourbon Experience

厂址
528 W Main St, Louisville, KY 40202

官网
www.evanwilliams.com/plan-your-trip

所有方
爱汶山酒业（Heaven Hill）

产能规模
微型（Micro）

主要生产酒款类型
波本

✳　入选理由　✳

这家于2013年向公众开放、坐落在路易斯维尔市中心"威士忌大街"上的迷你酒坊，系爱汶山酒业为其旗舰波本品牌之一爱威廉斯悉心打造，是专为肯塔基波本旅游业而生的首例多功能型都市酒厂。后续又经升级改造，目前内设模拟19世纪末美国"saloon"酒馆场景的品鉴室，及再现18世纪肯塔基早期蒸馏活动的沉浸式多媒体展厅，故非常适合初级小白爱好者。但这也的确是一处真正在照常运转的"手工酒厂"（官方称其为 Artisanal Distillery），产能只限于"每日一桶"，时常进行新配方实验，拥有独立于爱汶山主体酒厂（伯恩海姆）的专属蒸馏师专家小组。其初代负责人是现已荣誉退休、曾任传奇蒸馏大师帕克·比姆（Parker Beam）副手的查利·唐斯（Charlie Downs），继任者是效力该家族酒业已逾36年的乔迪·菲利亚特罗（Jodie Filiatreau）。根据我多年经验，前往这家迷你都市酒坊（直奔二楼纪念品商店，无须付费参观），总能买到一些限定酒款，譬如，爱威廉斯红标12年101酒度装瓶版、爱威廉斯深蓝标23年（已停售）以及2021年才上市的方形-6高黑麦比例（Square 6 High Rye）波本。最后一款的全部生产工序，全部

51

© 爱威廉斯波本体验中心

在爱威廉斯波本体验中心内完成，采用爱汶山酒业此前从未公开过的"52% 玉米、35% 黑麦和13% 发芽大麦"谷物配方，发烧友们不容错过。

爱威廉斯波本体验中心酒厂入口大厅处的展示装置

# 富优烈酒公司
## FEW Spirits

厂址
918 Chicago Ave, Evanston, IL 60202

官网
www.fewspirits.com

所有方
隶属于爱汶山酒业（Heaven Hill）旗下子公司萨姆森和
萨里（Samson & Surrey）酒业

产能规模
小型（Small）

主要生产酒款类型
波本、黑麦威士忌、美国纯正麦芽威士忌、单一麦芽威士忌

❋ 入选理由 ❋

特意选址在作为20世纪初"禁酒运动"主要大本营之一的芝加哥北部郊区埃文斯顿（Evanston）市，富优烈酒公司不单是伊利诺伊州精馏酒业先锋之一，更结束了该地区长达近160年的零酒厂史。创始人保罗·赫莱特科（Paul Hletko）曾是一名多年摸爬滚打于美国独立音乐圈的职业吉他手，依靠自己动手（DIY）精神和自学专研成为蒸馏专家。他曾告诉我，影响威士忌风味个性的最关键环节是发酵。富优烈酒公司酒厂本身占地有限，呈现强烈的"车库"画风：糖化、发酵、蒸馏、桶陈、装瓶都共处一室（但也于别处建有更大的仓库区），习惯采用容量15至30美制加仑（约57至113.5升）的全新橡木小桶陈年。在酒款出品方面，富优烈酒公司以"70%黑麦、20%玉米和10%发芽大麦"为原创配方的非过桶纯正黑麦威士忌，深受一批硬核爱好者青睐；其产品酒标设计皆很突出复古美感，图案大多取材自一度轰动时代的1893年芝加哥世博会。

# 芬格湖群酒厂
## Finger Lakes Distilling

厂址
4676 NY-414, Burdett, NY 14818

官网
www.fingerlakesdistilling.com

所有方
私人企业，酒厂主为布里安·麦肯齐（Brian McKenzie）和
托马斯·麦肯齐（Thomas McKenzie）

产能规模
小型（Small）

主要生产酒款类型
波本、过桶黑麦威士忌、
传统爱尔兰风格纯壶式蒸馏威士忌、无陈年玉米威士忌

❋　入选理由　❋

芬格湖群酒厂虽为开张于2009年的纽约州精馏酒厂先驱之一，但距离"大苹果"大都会区超过4小时车程，选址在风景秀美的塞尼卡湖南岸。尽管两位创始人都姓麦肯齐，却并无血缘关系：制定经营策略的布里安有着金融银行业背景，司职蒸馏大师的托马斯则源自不乏威士忌蒸馏传统的苏格兰裔家族。其酒厂建筑风格保留了湖区周边的田园农庄风情，类似现代派的苏格兰单一麦芽新厂，通体涂成黑白灰的明快色调，带有传统式宝塔顶。芬格湖群酒厂主要选用本地农户种植的优等谷物，配置有德国荷尔斯泰因公司的复合型蒸馏器组和由肯塔基旺多姆公司打造的"铜柱＋铜制暴鸣壶"的蒸馏系统，后者专用于生产威士忌。原酒馏液的截取度数偏低，并以100美制酒度（50%酒精浓度）装桶陈年，橡木桶的制桶木条需经过36个月的风干处理。针对其酒种较多的威士忌核心产品线，芬格湖群酒厂也制定了不同工艺标准，例如：传统爱尔兰风格纯壶式蒸馏威士忌的原料中会少量使用燕麦；其黑麦威士忌则普遍先桶陈于容量约50升的全新小桶，再采用雪利酒桶进行二次陈年。

四玫瑰酒厂外景

# 四玫瑰酒厂

## Four Roses Distillery

厂址

1224 Bonds Mill Rd, Lawrenceburg, KY 40342

官网

www.fourrosesbourbon.com

所有方

麒麟啤酒控股公司（Kirin Holdings）

产能规模

大型（Major）

主要生产酒款类型

波本

······························

**＊　入选理由　＊**

四玫瑰是我去过次数最多的波本酒厂之一，但最难以忘怀的还是最后一次探访，那是在2018年9月。出发前，我曾以自己的从业者身份给酒厂官方发邮件，希望获得向现任蒸馏大师布伦特·埃利奥特（Brent Elliott）当面请教的机会；时隔数日收到回复，布伦特届时人在出差，可改为安排阿尔·扬（Al Young）同我见面。我瞬间激动万分，只因自己从未奢望过阿尔·扬能够抽出时间——身为在四玫瑰效力超过50年的酒厂传奇人物，他早已入选"肯塔基波本名人堂"及"《威士忌杂志》名人堂"，自2007年开始便担任资深品牌大使。

如期赴约的那一天，却意外遇到四玫瑰近20多年来的首次生产线罢工，酒厂工人纷纷在所属工会的组织下，尝试封路，劝阻游客前往参观。惊愕之余，我赶紧解释自己与阿尔·扬有约，出于尊重不便打道回府，竟然顺利得到放行。步入游客中心，我便收到阿尔·扬的热情问候。寒暄过后。得知我前两次已体验过全套常规导览流程，他便领我进入深藏酒厂秘方的感官评定实验室（Sensory Lab）。在那里，他先询问我最喜欢四玫瑰十种原酒配方中的哪几种，并拿出对应的未陈年原酒（new-make/white dog）样品让我逐一品尝，然后又请我品鉴于2017年特别发售的稀有限量酒款——以此纪念阿尔·扬效力酒厂50周年。其间，我俩心照不宣都未提及当时正在进行中的罢工，从实验室出来，他就带我四处漫步，一面解答我的随机疑问，一面讲述碎片化的酒厂历史往事。从其言语神态中，我分明体会到了一种他将这片厂区拟人化之后再难与之割舍的共情。毕竟，在阿尔·扬任职四玫瑰酒厂经理的20世纪90年代初期，昔日母公司施格兰（Seagram）就一度考虑过彻底关厂——他也亲历过足够多的大风大浪。临别前，我买下一本由他整理编写的品牌传记图书《四玫瑰：威士忌传奇的归来》（*Four Roses: The Return of a Whiskey Legend*），他为我签名并悉心写下祝福。

数日后，在当年的"肯塔基波本酒节"庆祝晚会上，我再次见到偕夫人一起出席的阿尔·扬。彼时，除去同行的美国农业部中国市场专员，全场几乎唯有我一张亚洲脸。这一回，他先留意到了我，旋即主动示意，并将我介绍给正在与他热情攀谈的一圈身边人："这位是 Lawrence，我来自北京的朋友。"阿尔·扬的亲和力磁场和谦谦君子风度，总是这般自然流露，至少在我的行业亲身经验里，无人能出其右。2019年的圣诞节，新冠肺炎疫情暴发的前夕，我在大洋彼岸突然读到了阿尔·扬逝世的新闻，不禁心头一震。而同年9月发表在四玫瑰官网的一篇采访中，他仍在谈论自己接下来两个月的出差工作行程。

因此，对我而言，四玫瑰酒厂的最特别之处，永远不是五种酵母、十种原酒，抑或延续殖民地时代西班牙教会风格、仅此一家的酒厂建筑外貌，以及那个最具浪漫气息的 logo 符号。波本的永恒魅力在于，由于因缘际会而与你有过交集的闪光生命。如今，四玫瑰已完工了使其产能翻倍的厂区扩建，原酒年产量可达13万桶以上；2021年12月，附带一间鸡尾酒吧的崭新游客中心正式开放——我也很希望有朝一日能去感受这些阿尔·扬本人未能亲眼见证的变化。最后，友情提示：四玫瑰酒厂的主要陈年仓库区及装瓶车间在距离酒厂1小时车程的另一处地点，靠近金宾酒厂和伯恩海姆森林公园，也可供参观。

与阿尔·扬在四玫瑰酒厂

# 加里森兄弟酒厂

## Garrison Brothers Distillery

厂址

1827 Hye-Albert Rd, Hye, TX 78635

官网

www.garrisonbros.com

所有方

私人企业，酒厂主为丹·加里森（Dan Garrison）

产能规模

小型（Small）

主要生产酒款类型

波本、过桶波本

## ✳ 入选理由 ✳

酒厂创始人丹·加里森的远景源自2003年的一次肯塔基波本酒厂之旅，经资深业内人士搭线，他得以向马克斯·沙皮拉（Max Shapira）、小比尔·塞缪尔斯（Bill Samuels Jr.）、埃尔默·T.李（Elmer T. Lee）、吉米·拉塞尔（Jimmy Russell）、戴夫·皮克雷尔（Dave Pickerell）等行业巨佬直接"取经"。酒厂建成于2008年，旋即开始自主蒸馏，开"得克萨斯合法波本酒厂"之先河，在2010年发售了于该州境内蒸馏的首款波本。距离州府奥斯汀（Austin）市约90分钟车程，酒厂所处地带呈典型的得克萨斯式西部画风，地广人稀，遍布私人葡萄酒庄，连厂区本身也更像一间私人牧场，由一条两侧空旷的单车道小径与290号州立公路相连。加里森兄弟酒厂拥有4部大小不一的复合式铜壶蒸馏器——其中容量最小（约378升）的一部为建厂之初从埃尔默·T.李处购买（曾用于研发布兰顿波本）——仅做一次蒸馏，取酒度数为125至138美制酒度（62.5%至69%酒精浓度）之间。他们主要以"74%玉米、15%红冬小麦和11%发芽大麦"这一谷物配方来制作小麦波本（wheated bourbon），采用甜性发酵醪（sweet mash）发酵法，不添加酸性醪液，且全程不用冷水循环系统控温，经过4日发酵完成的醪液酒精浓度甚至可平均高达22%；在桶陈阶段，主要使用容量15、25、30美制加仑（约57、95、114升）的特制小桶，桶板木条需特殊加厚，且预先风干36个月。加里森兄弟酒厂对于陈年空间环境的选择，也很彰显个性，同时采用全自然通风的单楼层谷仓结构（酒厂内建有5间）和金属材质的海运集装箱（单箱可容纳36桶库存），因而"得益"于当地夏长冬短、酷热干燥的极端型气候——夏季最高温高达46摄氏度以上——导致天使分享率奇高，桶内年均流失酒液13%至15%，形成所谓独具特色的"得州陈年风土"（Texas aging terroir）。

加里森兄弟酒厂品鉴室内景

# 乔治·华盛顿酒厂

## George Washington's Distillery

厂址
5513 Mount Vernon Memorial Hwy, Alexandria, VA 22309

官网
www.mountvernon.org/the-estate-gardens/distillery-gristmill

所有方
名为弗农山庄妇女协会（Mount Vernon Ladies' Association of the Union）的
非营利组织

产能规模
微型（Micro）

主要生产酒款类型
黑麦威士忌

......................................................................................................

**✳ 入选理由 ✳**

倘若追根溯源，弗吉尼亚州才是美国威士忌的真正诞生发源地。1797年至1799年，开
国总统乔治·华盛顿在其故居弗农山庄（Mount Vernon）内经营的私家蒸馏厂，一时成
为全美产量最大的商业化威士忌酒厂，主要生产以"60% 黑麦、35% 玉米和5% 发芽
大麦"为谷物配方的"马里兰风格黑麦"（无陈年）和白兰地。2007年，在美国烈酒协
会（Distilled Spirits Council of the United States）及其酒业公司成员的资助下，聘请已故
"美国精馏酒厂运动"启蒙导师戴夫·皮克雷尔担任首席技术顾问，这家历史意义非凡的
农庄作坊式酒厂终于得以原地再现，并完全复刻了华盛顿时代的生产设施，配有5部容
量550升以内的迷你铜壶蒸馏器（木柴直火加热），数10个作为糖化发酵罐使用的454
升容量大号橡木桶（人工手动搅拌）及1个长方形的旧式铜制热水贮槽（copper boiler）。
重生的乔治·华盛顿酒厂由非营利组织运营，旨在借助观光旅游业来推广美国威士忌历
史文化，但也自行蒸馏全手工制成、至少桶陈4年的"美利坚国父款"纯正黑麦威士
忌——我在2017年参加其十周年庆典兼媒体发布会时有幸品尝过，非常美味，值得收
藏购买。

# 绿河酒厂
## Green River Distillery

厂址
10 Distillery Rd, Owensboro, KY 42301

官网
www.greenriverdistilling.com

所有方
普利兹克私人资本公司（Pritzker Private Capital）为控股大股东

产能规模
大型（Major）

主要生产酒款类型
波本

✳　入选理由　✳

俄亥俄河畔的肯塔基西部重镇欧文斯伯勒（Owensboro），在19世纪曾是该州威士忌蒸馏业中心之一，即便于禁酒令以降的大部分时期，这座城市内也一度同时存在三家主要波本酒厂。今日的绿河酒厂便是其中之一。尽管创始于1885年的绿河酒厂，曾是禁酒令以前最频繁出现在营销广告之中的美国威士忌品牌，但从20世纪40年代至21世纪初，这间酒厂更常用的名称是梅德利酒厂（Medley Distillery），与肯塔基波本世家梅德利家族息息相关，主要出品过梅德利兄弟（Medley Bros.）、埃兹拉·布鲁克斯（Ezra Brooks）等经典波本品牌，最终于1988年被竞争对手收购后停产。2014年，Terressentia Corporation[绿河列酒公司（Green River Spirits Company）的前身]买下这片荒废已久的厂区，开始翻新改建，并将其更名为 O. Z. 泰勒（O. Z. Tyler）——这也是我于2016年探访此地时的官方酒厂名称，彼时，他们才刚刚恢复蒸馏。数年过去，或许基于必要的市场策略调整，O. Z. 泰勒最终于2020年恢复为一百多年前的酒厂原名，绿河牌波本也随后在2021年重新面市——历史便是如此兜了一个大圈子。

# O.Z. TYLER

## ·DISTILLERY·

### DSP-KY-10

Bourbon Whiskey

New, Charred Oak - RC53G

Lot No: 16L01-OZ-12-21%

DSP-KY-10

# O.Z. Tyler ®

Bourbon Whiskey
New, Charred Oak - RC53G
Lot No: 17H21A-OZ-01-21%

#1

Eclipse Kentucky Bourbon Whiskey

# 海威斯特酒厂
## High West Distillery

厂址

27649 Old Lincoln Hwy, Wanship, UT 84017

官网

www.highwest.com

所有方

星座集团（Constellation Brands）

产能规模

微型（Micro）

主要生产酒款类型

调和纯正波本、调和纯正黑麦威士忌、过桶调和纯正黑麦威士忌

❋　入选理由　❋

2016年底时，或许每一家初创不久的精馏小厂都在幻想有朝一日成为下一个海威斯特——被星座集团、保乐力加集团（Pernod Ricard）、酩悦轩尼诗集团（Moët Hennessy）等跨国酒业集团竞相追求，而上亿美元级的现金收购则令创始人名利双收。作为一间2006年创立，以"调和品牌"起家，"圈外人"从零创业的独立酒业公司，海威斯特的现象级商业成功毋庸置疑，这多少有赖于出色且不落俗套的品牌视觉设计、先人一步发掘优质原酒的眼光[主要来自印第安纳州劳伦斯堡酿酒厂（Lawrenceburg Distillers Indiana）/MGP综合原料公司和巴顿1792酒厂]以及精准把握了消费者口味的市场定位。海威斯特现今的主体酒厂，在距圣丹斯电影节举办地、滑雪旅游胜地帕克城（Park City）仅约25分钟车程。它坐落在"蓝天牧场"（Blue Sky Ranch）的山丘之上，可清晰远眺终年积雪的尤因塔山脉主峰金斯峰（Kings Peak），2015年才落成开放。其建筑区域占地约2500平方米，是我亲身探访过的最"小而美"的威士忌酒厂之一。厂区配套齐备，设有相对时髦的餐厅兼酒吧，也是热门婚礼举办地，摄影爱好者能够随手轻松拍出大片感——特别是在冬雪覆盖的时节，别有一番仙境。酒厂生产车间内，安装有一

部委托苏格兰福赛思公司打造的中小尺寸铜壶蒸馏器，并进行了改造，连接着一段约3.5米高的连续式蒸馏铜柱；目前，这组设备只用于蒸馏海威斯特原酒来源中的很小一部分。

海威斯特酒厂外景

# 休伯家族星光酒厂
## Huber's Starlight Distillery

厂址
19816 Huber Rd, Borden, IN 47106

官网
www.huberwinery.com/starlight-distillery

所有方
私人企业,酒厂主为特德·休伯(Ted Huber)

产能规模
微型(Micro)

主要生产酒款类型
波本、黑麦威士忌、过桶波本

✳ **入选理由** ✳

休伯家族星光酒厂由自20世纪40年代起便于当地经营私家农场及果园的休伯家族所创建,堪称精馏酒厂运动在整个美国中西部的鼻祖,最初专注于制作遵循中欧传统的各式白兰地。实际上,早在20世纪70年代末,该家族就效仿加州纳帕谷模式,先行创立了休伯家族葡萄酒庄及葡萄园,从2003年开始着力发展酒庄旅游业。或许正因如此,依据《美国城市商报》(American City Business Journals)的统计数据,该酒厂体量虽小,但于新冠肺炎疫情之前数年的年游客接待量,皆超过了其他任何波本酒厂(野牛仙踪、金宾分别位列第二、三位)。休伯家族星光酒厂的蒸馏大师之一为酒厂主特德·休伯本人,他分别使用两套构造不同的蒸馏器组来生产美国威士忌和白兰地,并从加州拉杜(Radoux)桶厂[隶属于发源自法国勃艮第的著名桶匠企业弗朗索瓦·弗雷尔木桶(Tonnellerie François Frères)集团]采购数量可观的高品质欧洲橡木桶。

# 杰克丹尼酒厂
## Jack Daniel's Distillery

厂址
280 Lynchburg Hwy, Lynchburg, TN 37352

官网
www.jackdaniels.com/en-us/visit-us

所有方
百富门酒业（Brown-Forman）

产能规模
巨型（Massive）

主要生产酒款类型
田纳西威士忌、黑麦威士忌

⁂ 入选理由 ⁂

作为中国人最熟知的美国威士忌品牌之首，杰克丹尼始终不肯被认定为
"bourbon"，否则它将随时取代金宾"世界销量第一波本"的地位。稍具讽刺意
味的是，酒厂所在地林奇堡（Lynchburg）市，却是一处人口不足七千的"禁酒
小镇"。2017年初，由美国烈酒协会所组织的北美媒体考察团一行里的新华社驻
美记者大哥，曾向我私下感叹："（这里）完全就像一座威士忌小镇主题公园，只
不过，门卫、保安全都荷枪实弹，（感觉）很财大气粗啊。"那也是我唯一一次探
访这间享誉全球的美国酒厂。当时负责接待我们全团十几人的专属导览，是现
已接替杰夫·阿内特（Jeff Arnett）成为新任蒸馏大师的克里斯·弗莱彻（Chris
Fletcher）。克里斯为林奇堡本地人，其外祖父弗兰克·博博（Frank Bobo）生前曾
担任过杰克丹尼的第五任蒸馏大师。

或许由于这家酒厂在通俗意义上太过"大众情人"，抑或基于心底里针对"田纳
西威士忌"的潜在鄙视链，波本发烧友们鲜少特意晒出自己的参观经历，但这并
不意味着它缺乏吸引专业爱好者的看点：从内置6部高大铜柱蒸馏器（2部直径

76英寸、4部直径54英寸），屹立于时光荏苒中的蒸馏屋（Still House），到壮观如实木宫殿大厅的陈年仓库展示空间（Barrel House）；从克里斯不经意提及的神秘酵母实验室（可惜并未带领我们一探究竟），到沿途绿意盎然、小景怡情的美国南方庄园风范的观光步道，以及紧邻游客中心的收藏逸品丰富的品牌历史纪念馆，等等。

近些年来，杰克丹尼出乎意料地推出了一系列于拍卖及二级市场反响不俗的高端酒款，如科伊山高酒精度单桶（Coy Hill High Proof）、单桶黑麦（Barrel Proof Rye）、传统单桶（Heritage Barrel）等年度特别发售单桶，以及标有10年酒龄的限量版本（将来还会有12年、15年和18年版本）。这足以令美国威士忌极客圈大大改观对这家顶流大厂的刻板印象——作为其中一员，我真心希望自己有机会再前去深入探索一番。对了，据克里斯讲，位于厂区东北端尽头"堆料场"（Rick Yard）处的糖枫木焦炭（专用于田纳西威士忌在装桶前的"林肯县工艺"）的大型烧制现场，并非时常可见，若亲眼所见则可谓眼福。

# 詹姆斯·E. 佩珀酒厂
## James E. Pepper Distillery

厂址
1228 Manchester St UNIT 100, Lexington, KY 40504

官网
www.jamesepepper.com

所有方
私人企业，酒厂主为阿米尔·皮艾（Amir Peay）

产能规模
小型（Small）

主要生产酒款类型
波本、黑麦威士忌

·························································································

✳ 入选理由 ✳

1850至1906年在世的詹姆斯·E. 佩珀（James E. Pepper）上校（在以前的肯塔基，"上校"仅为尊称并非指军人身份），是极富"伟大盖茨比"式现代英雄主义色彩的波本巨子，曾如流星般闪耀于历史舞台。他于1879年在列克星敦（Lexington）市中心所创建的老佩珀（Old Pepper）酒厂，无论规模还是设备，都为同一时代美国威士忌业的翘楚。作为佩珀家族的第三代蒸馏师，他不光在虎狼环视的成长环境中重振了家族事业［其父奥斯卡·佩珀（Oscar Pepper）创造了19世纪最知名波本品牌之一老乌鸦（Old Crow）］，还是行事高调、做派华丽的跨时代波本营销大师、肯塔基赛马骑师兼驯马师；以全美著名企业家的社会身份，他常年活跃于纽约曼哈顿政商名流云集的交际圈，与西奥多·罗斯福总统、"石油大王"约翰·D. 洛克菲勒、"铁路大亨"范德比尔特家族等权贵人物结交，真正捧红了"古典"（Old Fashioned）鸡尾酒。

我在2017年初结识了詹姆斯·E. 佩珀的现任品牌所有者、列克星敦市当地企业家阿米尔·皮艾，上述精彩故事便由他娓娓道来。从2008年起，阿米尔先后依靠与印第安纳州劳伦斯堡酿酒厂/MGP综合原料酒厂、巴兹敦波本公司酒厂的合作协议，来购得重新装瓶詹姆斯·E.佩珀／老佩珀牌威士忌的库存。他同时亦是一位热衷于历史考据的威士忌鉴赏家、收藏家，很早买下了1934年于老佩珀酒厂（毁于1933年火灾）原址之上重建但在1967年遭到废弃的原詹姆斯·E.佩珀酒厂的主体建筑——历经数年的修葺改造，最终于2018年夏天向公众开放参观，但最大程度维持了昔日原貌。借由研究自己多年收集而来的这一品牌的大量古董老酒和原始工艺资料，阿米尔也依照50年前的老配方，让该酒厂于2017年末重新恢复自主蒸馏。原先詹姆斯·E.佩珀厂区的其余附属建筑，除一座五层砖混结构的旧时陈年仓库外，如今并非阿米尔所有，已相继被改造为数家餐酒吧［包括工业风网红比萨餐厅兼波本酒馆好家伙（Goodfellas）］、克兰克和博姆（Crank & Boom）手工冰激凌店（强烈推荐）、精酿啤酒坊（Ethereal），以及陈年仓库展示空间微型精馏酒厂——彼此呼应，形成一片重现生活气息、略带"Hipster"气质的餐饮生态小社区。

在詹姆斯·E.佩珀酒厂中所展示陈列的该品牌老酒藏品

# 杰普撒信条酒厂
## Jeptha Creed Distillery

厂址
500 Gordon Ln, Shelbyville, KY 40065

官网
www.jepthacreed.com

所有方
私人企业，酒厂主为乔伊丝·内瑟里（Joyce Nethery）与
奥特姆·内瑟里（Autumn Nethery）母女

产能规模
小型（Small）

主要生产酒款类型
波本

❋　入选理由　❋

尽管这家酒厂相对宣传低调，我还是从业内人士处收到了对这家纯家族运营的新兴肯塔基精馏酒厂的种草推荐。亲身参观过后，杰普撒信条酒厂——尽管2016年8月才开始蒸馏——或多或少让我幻想起美格酒厂于20世纪50年代至60年代的模样：以精为美的体量，追求独具一格的谷物配方，家庭化的社区氛围（内瑟里同塞缪尔斯家族一样，也是苏格兰农户后裔）……酒厂主一家三口的分工很有趣：有着资深化学工程师背景的母亲（乔伊丝·内瑟里）担任蒸馏大师；女儿（奥特姆·内瑟里）主管市场营销，现已跻身全美最年轻威士忌酒厂掌门人之一；最早编织出"自建酒厂"这一梦想的父亲（布鲁斯·内瑟里）却甘当"绿叶"，经营占地逾4平方公里的家族农场，提供一等生产原料，包括全部谷物（威士忌）和水果（白兰地）。我认真品尝过杰普撒信条用70%、75%的自种"血腥屠夫玉米"制成的四谷物波本、保税装瓶波本，在桶陈2至3年时已展现出不俗潜力和独特风味图谱。

# 金宾酒厂
## Jim Beam Distillery

厂址

568 Happy Hollow Rd, Clermont, KY 40110

1600 Lebanon Junction Rd, Boston, KY 40107

官网

www.beamdistilling.com

所有方

宾三得利集团（Beam Suntory）

产能规模

巨型（Massive）

主要生产酒款类型

波本、黑麦威士忌、过桶波本、调和纯正威士忌

❋　入选理由　❋

每次驶入位于纳尔逊县克莱蒙特（Clermont）聚居点的金宾酒厂地界，我便有种置身"波本迪士尼乐园"的错觉：一座座墙漆鲜亮、形如传统谷仓的独栋建筑散落其间，不乏田园风光的惬意感，但又与平铺延展开来的巨大厂房形成强烈对比；外部金属墙体、内部木架结构的7至8层硕大陈年仓库犹如矗地而起的军事堡垒，却未给人过于工业化的压迫感；此起彼伏的成片草坪，被修剪得格外整齐，若适逢阳光明媚、碧空如洗的日子，足令每位游园者神清气爽。虽然整片厂区的建造历史可追溯至1935年，但于2021年夏天新晋落成、以弗雷德·B.诺埃（Fred B. Noe）命名的附属精馏酒厂，才是当下最令我向往的肯塔基目的地之一。这间相对精致小巧的"厂中厂"，独立配置了全套生产设施及游客品鉴中心，由金宾内定的下一任蒸馏大师弗雷迪·诺埃（Freddie Noe）主管运营，专注于出品布克斯（Booker's）、贝克斯（Baker's）、小布克（Little Book）等高端产品线，并将长期用于开展以前瞻性为主旨的美国威士忌配方创新实验。

纵然该酒厂既传承了历史，又着眼于未来，但唯一令波本发烧友略显失望的是，前往金宾酒厂，你可能无法买到一些具备收藏属性的限定酒款。不过，仍不失有诸多可以让你尽兴而归的选项，例如：在全新酒厂餐厅厨桌（The Kitchen Table）或旧式 BBQ 棚屋弗雷德的熏制屋（Fred's Smokehouse）享用根据比姆家族食谱制作的特色美食，预约参加"Behind The Beam"这一名额相当有限的特殊游览项目（由弗雷德·诺埃、弗雷迪·诺埃父子主持，可喝到直接从橡木桶中取出的波本原酒），或者花费半天时间来探索与克莱蒙特厂址一道相隔的短程徒步胜地伯恩海姆森林公园。事实上，金宾还运转着另一处产能更高、体量更庞大的肯塔基厂区，即以已故传奇蒸馏大师命名的"Jim Beam Booker Noe Plant"，同样历史悠久，在波士顿市内，从不对外开放，探访难度极大——但鉴于两处酒厂的直线距离不超过 10 英里，故可共用 DSP-KY-230 这一专有代码。

◄►

© 金宾酒厂

Legent Bourbon
# 立爵波本威士忌

△ 陈年时间  官方未公布

▲ 威士忌类型  部分过桶的纯正波本（一部分酒液使用了雪利桶或红酒桶进行二次陈年）

酒精度数
47%

＊ 特殊规格 ＊

□ 单桶
□ 桶强

☞ 品鉴笔记 ☜

酒色
琥珀色

闻香
香气中夹杂着红酒桶所带来的柔滑甜美与雪利桶所带来的香料气息

口味
有着橡木、葡萄干、水果干及辛香料的风味，柔和而平衡的口感，还有略带酸味的甘甜

尾韵
回味怡人，有一丝玉米的回甘和顺滑的甜感

Knob Creek Kentucky Straright Rye Whiskey
# 诺布溪黑麦波本威士忌

△ 陈年时间　官方未公布

酒精度数
50%

▲ 威士忌类型　纯正黑麦威士忌

### ✳ 特殊规格 ✳

☐ 单桶
☐ 桶强

### ☞ 品鉴笔记 ☜

酒色
偏金色的浅琥珀色

闻香
强烈的草本香气之中，透着橡木气
息和黑麦的谷物气息

口味
香料味道明显，伴随黑麦的谷物风
味、香草味和橡木味

尾韵
回味偏柔和，但有着持久的辛香料调

肯塔基工匠酒厂所使用的昵称为"The Bean"的胶囊形状铜制再馏壶，
曾为百富门现主体酒厂（DSP-KY-354）的初代设备

# 肯塔基工匠酒厂
## Kentucky Artisan Distillery

厂址

6230 Old Lagrange Rd, Crestwood, KY 40014

官网

www.kentuckyartisandistillery.com

所有方

私人企业，酒厂主为史蒂夫·汤普森（Steve Thompson，已故）、
克里斯·米勒（Chris Miller）和迈克·洛林（Mike Loring）

产能规模

小型（Small）

主要生产酒款类型

波本、黑麦威士忌、过桶波本、过桶黑麦威士忌

✱　入选理由　✱

最初听闻这家原酒年产量仅约3000桶的肯塔基精馏酒厂，始于我对杰斐逊珍藏（Jefferson's Reserve）系列的关注——它为该一线高端美国威士忌品牌提供了"实体主场"。不过，对肯塔基工匠酒厂真正热忱起来，还要源于2018年9月我有幸同老厂主史蒂夫·汤普森会面的那段难忘经历。史蒂夫老先生来自肯塔基波本世家汤普森家族，曾任百富门酒业高管，在1987年至1995年是其酒厂事务部的一把手。退休以后，毕生对蒸馏烈酒怀有热情的史蒂夫闲不下来，他便偕搭档于2012年一道创建了肯塔基工匠酒厂：该酒厂定位独特，拒绝在生产运转中使用电脑；从相邻占地2.83平方公里的沃尔德克（Waldeck）农场采购所有谷物原料；主要作为代工蒸馏方及装瓶方，为杰斐逊珍藏等不建有自家酒厂的威士忌品牌提供捆绑式的全套服务（内容包含蒸馏、调配、陈年、装瓶、小批次实验等等，虽然杰斐逊珍藏的原酒库存并非完全在此蒸馏）。

我更愿将肯塔基工匠酒厂视为史蒂夫·汤普森在功成名就之后转而纯粹忠实于个

人理念的"半玩票"性质项目。酒厂内收藏了不少史蒂夫这类"技术控"最钟爱的古董蒸馏设备，譬如，多部造型古怪的18至19世纪早期美国蒸馏业者所自制的袖珍蒸馏器、老福里斯特（Old Forester）酒厂（停产于1979年的DSP-KY-414）于禁酒令后的初代复合式铜造再馏壶（容量约4259升，昵称"The 11"）、百富门现主体酒厂（DSP-KY-354）呈胶囊形状的初代全铜二次蒸馏壶（容量约1382升，昵称"The Bean"）等。此外，为了向我演示摆在酒厂品鉴大厅中央的一套额外配有烟囱、虫桶冷凝缸的法国制造传统卡尔瓦多斯（Calvados）铜壶蒸馏器组——本身便是一间可靠马匹拉着移动的迷你酒厂作坊——的完全工作形态，彼时已过76岁高龄的史蒂夫，竟然在毫无安全措施的情况下爬上爬下，单人扛起烟囱，还示意旁人不要插手（帮倒忙），令在场酒厂员工和我皆惊出一身冷汗。

与史蒂夫长达两个多钟头的采访式交谈使我获益匪浅，彻底折服于他直言不讳的人格魅力，至今历历在目。老爷子逝世于2021年9月6日，肯塔基工匠酒厂的酒厂官网首页上，有一段关于他的讣告："史蒂夫是一股不可思议的自然力量，他为每个房间注入活力，从未放慢脚步，并总是言表于心（Steve was an incredible force of nature, breathing life into every room, never slowing down, and always speaking directly from the heart）……"在我看来，他是毫无疑问的行业传奇，这段话亦为对其最恰如其分的赞美。

史蒂夫·汤普森向我演示摆在肯塔基工匠酒厂品鉴大厅中央的一套额外配有烟囱、虫桶冷凝缸的法国制造传统卡尔瓦多斯铜壶蒸馏器组的完全工作形态

# 肯塔基无与伦比蒸馏公司
## Kentucky Peerless Distilling Company

厂址
120 N 10th St, Louisville, KY 40202
官网
www.kentuckypeerless.com
所有方
私人企业，酒厂主为卡森·泰勒（Carson Taylor）
产能规模
小型（Small）
主要生产酒款类型
波本、黑麦威士忌、过桶黑麦威士忌

✳ 　入选理由　✳

无与伦比这一始于1881年的经典肯塔基威士忌品牌，在20世纪伊始的产量已达每年1万至2万桶，酒厂主亨利·H. 克拉韦尔（Henry H. Kraver）于1907年创办了同名蒸馏酒业公司，但禁酒令以降却未顺势复厂。直到2015年，克拉韦尔的第4、5代传人，卡基·泰勒（Corky Taylor）和卡森·泰勒父子，令肯塔基无与伦比蒸馏公司再度重生。新酒厂由路易斯维尔市中心一座有着115余年历史的老建筑改造而成，采用甜性发酵醪发酵、单楼层陈年仓库制式（最多可容纳6个桶高），现任蒸馏大师凯莱布·基尔伯恩（Caleb Kilburn）则为肯塔基威士忌界冉冉上升的一颗新星。2017年我首次前往参观时，正好遇上新无与伦比的首款黑麦威士忌上市，2019年，该酒厂正式发售首款波本，并荣获威士忌行业大奖（Icons of Whisky）之全球"年度独立威士忌生产商"（Craft Producer of the Year）称号。

肯塔基无与伦比蒸馏公司酒厂内的陈年仓库区

# 科瓦尔酒厂
## Koval Distillery

厂址
4241 N Ravenswood Ave Chicago, IL 60613

官网
www.koval-distillery.com/newsite

所有方
私人企业，酒厂主为罗伯特·比尔内科特（Robert Birnecker）与索纳特·比尔
内科特（Sonat Birnecker）夫妇

产能规模
微型（Micro）

主要生产酒款类型
波本、黑麦威士忌、以小众谷物原料为独家配方的创新性威士忌

✳ 入选理由 ✳

曾被美国《威士忌倡导家》杂志评选为"十大最具影响力的独立威士忌酒业"，创立于2008年，厂址靠近 MLB 职棒小熊队主场里格利球场（Wrigley Field），如今整体格调有点北欧 ins 风。在这家都市酒厂略微网红的外表之下，是其硬派技术流的内核，不光作为自19世纪末以来在芝加哥市境内开设的首家烈酒酒厂，更身为"美国独立精馏运动"（U.S. Craft Distilling Movement）生根伊利诺伊州的先驱，CEO 兼蒸馏大师罗伯特·比尔内科特通过创办独立咨询机构科特蒸馏技术（Kothe Distilling Technologies），已于全世界范围内协助过190余家独立精馏酒厂的创建。

# 劳斯威士忌酒业
## Laws Whisky House

厂址

1420 S Acoma St, Denver, CO 80223

官网

www.lawswhiskeyhouse.com

所有方

私人企业，酒厂主为艾伦·劳斯（Alan Laws）

产能规模

微型（Micro）

主要生产酒款类型

波本、过桶波本、黑麦威士忌、小麦威士忌、美国纯正麦芽威士忌

✳　入选理由　✳

前华尔街金融分析师艾伦·劳斯，实现财富自由之余，也成了狂热的威士忌收藏家。在拥有大量的品鉴经验后，他听从内心召唤，聘请巴顿1792酒厂退休蒸馏大师比尔·弗里尔（Bill Friel）为导师，在丹佛市区创办了这一酒厂，并于2011年开始蒸馏。时至今日，劳斯威士忌酒业已跻身一线精馏酒业之列，是我相当看好的"新锐科罗拉多酒厂三剑客"之一。或许源于创始人的资深投行背景，我在2019年特地拜访时深有感触：厂区处处被安排得井井有条，动线逻辑清晰合理；运营决策者极富长远规划，早已于同一街区购置了充足扩建用地。劳斯威士忌酒业只选用与本州私人农场合作种植的传家宝谷物（Heirloom Grains）品种，格外强调"风土"，既在产品研发上注重实验创新，也是科罗拉多州首家大力推出保税装瓶威士忌的酒厂。其主要陈年仓库区毗邻生产厂房，在威士忌桶陈阶段并不干预当地气候环境，故天使分享率偏高，平均每年流失酒液6%至8%（首年高达15%以上）。

# 利奥波德兄弟酒厂
## Leopold Bros Distillery

厂址
5285 Joliet St, Denver, CO 80239

官网
www.leopoldbros.com

所有方
私人企业，酒厂主为斯科特·利奥波德（Scott Leopold）和
托德·利奥波德（Todd Leopold）兄弟

产能规模
小型（Small）

主要生产酒款类型
波本、黑麦威士忌、其他特定种类的美国威士忌

✳ 入选理由 ✳

不怕有"炒作"之嫌——利奥波德兄弟酒厂正是我个人推崇的"新锐科罗拉多酒厂三剑客"之首。这家匠心迷人的精馏酒厂，起步于一家1999年在密歇根州安阿伯（Ann Arbor）市创立的自酿啤酒坊，随着逐渐添置蒸馏设备，2008年时搬回创始人利奥波德两兄弟的故乡科罗拉多州丹佛市，从此专心于经营精馏活动。当前的酒厂建筑群于2014年在市区从头修建，设有苏格兰式传统烤窑（kiln），2020年新晋落成的多楼层制麦车间（The Malt House），则标志着利奥波德兄弟酒厂附带有目前全球规模最大的地板发芽（floor malting）制麦厂之一，同时也为本地啤酒厂供应成品原料。

酒厂蒸馏大师托德·利奥波德，是我时刻关注的当今重要业界人物：他完成了一项足以载入美国烈酒蒸馏史的成就，即以一己之力再度重现并恢复运转了禁酒令以降便彻底失传的"3-Chamber Still"（三腔式蒸馏器）。该特殊款式的蒸馏设备系统，介于连续式与间歇式之间，操作原理烦琐、运行成本昂贵，但能提取出

油脂感、花香调（如薰衣草和玫瑰花瓣）明显更加丰富的原酒馏液，在19世纪末至20世纪伊始，曾广泛用于蒸馏马里兰黑麦（Maryland Rye）、莫农格希拉黑麦（Monongahela Rye）等古早黑麦威士忌风格。除此之外，利奥波德兄弟酒厂在制酒工艺方面还有诸多独到之处，例如：特意控低发酵温度（不超过16摄氏度）；使用小型木制发酵罐且适当利用野菌酵母等微生物群落；以低酒精度装桶陈年（不高于100美制酒度）；专门采用铺地式陈年仓库（Dunnage Warehouse）等等——最后一项可提高桶陈环境中的湿度，将科罗拉多高原每年可高过两位数的天使分享率人为控制在年均4.1%左右。

作者与托德·利奥波德

利奥波德兄弟酒厂的铺地式陈年仓库在
盛夏午后的环境温湿度

# 石灰岩支流酒厂
## Limestone Branch Distillery

**厂址**

1280 Veterans Memorial Hwy, Lebanon, KY 40033

**官网**

www.limestonebranch.com

**所有方**

50% 股份由酒厂创始人斯蒂芬·比姆（Stephen Beam）与保罗·比姆（Paul Beam）兄弟持有；其余股份由 MGP 综合原料公司旗下子公司 Luxco 酒业持有

**产能规模**

微型（Micro）

**主要生产酒款类型**

波本、过桶黑麦威士忌

✳ **入选理由** ✳

这家精馏酒厂由比姆家族传人——并非来自最知名的吉姆·比姆[本名詹姆斯·博勒加德·比姆（James Beauregard Beam）]一脉——在2010年创立，同时也传承着另一肯塔基波本名门。创始人斯蒂芬和保罗·比姆是亲兄弟，其父系一方的曾祖父迈纳·卡斯·比姆（Minor Case Beam）、祖父盖伊·比姆（Guy Beam），皆为历史上有口皆碑的蒸馏大师；其母系一方的曾曾祖父 J. W. 丹特（J. W. Dant），则是传奇肯塔基威士忌先驱之一。最初，该酒厂仅使用一部形似葫芦、小巧传统的铜壶蒸馏器（Alembic），原酒日产量不足两桶；2016年我前往参观时，他们还很接地气地自产自销以50% 玉米、50% 蔗糖汁为原料的甜型未陈年风味烈酒（Kentucky Sugar Shine）。近年来，石灰岩支流酒厂接受了 Luxco 酒业的入股，与其深入开展经营合作（主要是将独家经销权交给后者），出品也越发高端化，旗舰品牌已确立为由丹特家族所创立、曾为20世纪上半叶最畅销波本之一的黄石（Yellowstone）。距离美格酒厂仅15分钟左右车程，可在同一天内顺道参观。

# 勒克斯街酒厂
## Lux Row Distillery

厂址
1 Lux Row, 3050 E John Rowan Blvd, Bardstown, KY 40004

官网
www.luxrowdistillers.com

所有方
隶属于 MGP 综合原料公司旗下子公司 Luxco 酒业

产能规模
大型（Major）

主要生产酒款类型
波本、黑麦威士忌、过桶波本

✳　**入选理由**　✳

产能可观的勒克斯街酒厂，在 2018 年正式落成开放，给肯塔基州巴兹敦镇增添了与其别称"世界波本首都"（bourbon capital of the world）更相匹配的蒸馏能力。该酒厂创建方，即总部设在密苏里州首府圣路易斯市、1958 年起家的 Luxco 酒业，坚持纯家族运营，以品牌方、经销方及进口方等多重角色活跃于美国烈酒界六十余载，曾同爱汶山长期保持代工蒸馏合作关系，并逐一将戴维·尼科尔森（David Nicholson）、反叛的呼喊（Rebel Yell）、埃兹拉·布鲁克斯（老埃兹拉）、戴维斯县（Daviess County）等经典波本品牌收入囊中。2021 年，Luxco 与 MGP 综合原料公司完成并购，令后者得以正式进军肯塔基波本领域。目前，勒克斯街酒厂的产能规模刚好达到我所定义的"大型"一级：配有 12 个容量 8000 美制加仑（约 30 283 升）的不锈钢发酵缸（4 个为开盖式，8 个为封闭式），厂区内规划了 6 座传统制式陈年仓库（部分在建中），每座可容纳 2 万个橡木桶。

勒克斯街酒厂外观

# 美格酒厂

## Maker's Mark Distillery

---

厂址

3350 Burks Spring Rd, Loretto, KY 40037

官网

www.makersmark.com/distillery

所有方

宾三得利集团（Beam Suntory）

产能规模

大型（Major）

主要生产酒款类型

波本、运用了特殊风味类型橡木桶条的实验性二次陈年波本

........................................................................

**✳ 入选理由 ✳**

作为前往酒厂必经之路的那一段蜿蜒绵长的单车道，沿途的乡间景色如画，若赶上没有阴雨的夏秋好天气，便是我在肯塔基所体验过的最心旷神怡的自驾经历。酒厂本身也充满迷人的田园诗意，建筑群错落有致，小桥流水点缀其间，标志性的红窗黑窗，室内亦古朴整洁，甚至非常接近国内威士忌爱好者对于传统单一麦芽酒厂的既定印象——这也毫不奇怪，因为其创始家族塞缪尔斯正是源自苏格兰。

美格目前配有三组一模一样、中等直径尺寸的全铜制蒸馏器组，仅使用柏木制发酵缸，现任酒厂经理兼蒸馏大师丹尼·波特曾先后于金宾、爱汶山担任要职。我一共去过美格三次，第二次有幸能与"肯塔基波本名人堂"终身成就奖获得者、传奇人物小比尔·塞缪尔斯共进午餐，听他亲口讲述家族逸事；第三次则纯粹只为再度感受其醉人的酒厂环境——这也是我认为它最适合那些正在规划自己首次肯塔基波本之旅的入门爱好者的理由之一。推荐打卡地点：特邀世界顶尖玻璃艺

术家戴尔·奇休利（Dale Chihuly）于全木结构陈年仓库之内所打造的精美陈列展
示；新建不久的星山（Star Hill Provisions）酒厂餐厅；专用于二次陈年美格私人
甄选（Maker's Mark Private Selection）等风味实验性酒款的天然石灰岩酒窖。

© 美格酒厂

# MB 罗兰酒厂
## MB Roland Distillery

厂址
137 Barkers Mill Rd, Pembroke, KY 42266

官网
www.mbroland.com

所有方
私人企业，酒厂主为保罗·托马谢夫斯基（Paul Tomaszewski）与
梅里·贝丝·托马谢夫斯基（Merry Beth Tomaszewski）夫妇

产能规模
微型（Micro）

主要生产酒款类型
波本、黑麦威士忌、小麦威士忌、美国纯正麦芽威士忌、玉米威士忌、
其他特定种类的美国威士忌

·················································································

\* 入选理由 \*

肯塔基最早的精馏酒厂之一，创立于2009年，由一间阿米什人农庄改建而成，
虽为纯家庭经营，但很具实验精神，旨在重现禁酒令以前的小批量波本风格。当
前，该酒厂使用两部容量分别为600、300美制加仑的三叉戟（Trident）专利型
号铜壶蒸馏器（出自一家缅因州设备供应商的原创设计）进行二次蒸馏，所用玉
米皆为与本地农户合作种植的白玉米品种。MB罗兰的地理位置相对较远，紧邻
肯塔基州南部边境，距路易斯维尔市约3小时车程，所以更建议资深发烧友特地
前往参观，或改从田纳西州纳什维尔市出发（约1小时车程）。

# 酪帝诗酒厂

## Michter's Distillery

厂址
2351 New Millennium Drive, Louisville, KY 40216
801 W Main St, Louisville, KY 40202

官网
www.michters.com

所有方
查塔姆进口商贸公司（Chatham Imports），
归属于纽约马廖科（Magliocco）家族

产能规模
中型（Mid-Major）

主要生产酒款类型
波本、黑麦威士忌、过桶波本、过桶黑麦威士忌、
其他特定种类的美国威士忌

✳ **入选理由** ✳

酪帝诗实际上拥有着两处酒厂，因彼此相距不逾10英里，故可共用同一专有代码：DSP-KY-20003。其中一处，是真正解决产能问题的主体酒厂，位于路易斯维尔市的郊区夏夫利镇，于2015年建成，与百富门酒业的主体酒厂（DSP-KY-354）园区几乎"一墙之隔"，但不向游客开放。这里同时也用作酪帝诗在肯塔基的办公总部，空间规划有序，全套设备先进，内有可容纳14 400个橡木桶的气候调控式陈年仓库区。我曾于2016年、2018年两度获得马廖科家族邀请，得以入内参观，彼时的两任酒厂蒸馏大师，先后为威利·普拉特（Willie Prat，2020年逝世）、帕姆·海尔曼（Pam Heilmann，现已荣誉退休）。威利于2017年入选《威士忌杂志》名人堂"。

对比之下，另一处酪帝诗酒厂的规模就显得分外"袖珍"，选址在路易斯维尔市中心的"威士忌大街"，由历史可追溯到美国独立战争时期的古建筑纳尔逊堡

酩帝诗纳尔逊堡酒厂外观

（Fort Nelson）精心改造而成，斜对面就是同城旅游地标路易斯维尔棒球棍工厂博物馆（Louisville Slugger）。尽管马廖科家族于2012年就极富远见地公布了创办这家都市酒厂的设想，但由于该古建筑立面结构一直存在年久失修的安全隐患，导致工程难度极高，所以直至2019年1月底才正式落成开放，我也有幸参加了其隆重的媒体发布会和剪彩仪式，成为首批见证者。鉴于其推动本地波本旅游业的建造初衷，酩帝诗纳尔逊堡酒厂的产能极小，内置从原先宾夕法尼亚州老酩帝诗酒厂（旧称为邦贝格尔酒厂）迁来一对全铜壶式蒸馏器和三个小型柏木发酵罐，每日仅可生产一两桶威士忌原酒。此处适合各种类型的美国威士忌爱好者前往参观，纳尔逊堡二楼的附属威士忌及鸡尾酒酒廊，亦是晚上对外营业的品酒好去处，可以点到在今日拍卖市场上时常以"天价"落槌成交的酩帝诗高年份珍稀酒款的单杯。

## ✿　酒厂荣誉　✿

2019年至2022年，酩帝诗酒厂蝉联了四届国际权威酒业杂志《国际酒饮》（Drinks International）评选出的"最热门美国威士忌"（Top Trending American Whiskey）榜单冠军，2021年获评《国际酒饮》杂志"最受尊敬美国威士忌"（Most Admired American Whiskey），并在"世界最受尊敬威士忌"（The World's Most Admired Whiskies）全部上榜的50个品牌中（全产区）名列第四。

Michter's 10-Year Single Barrel Kentucky Straight Rye Whiskey

# 酩帝诗 10 年单桶肯塔基黑麦威士忌

酒精度数
**46.4%**

△ **陈年时间** 至少桶陈10年

▲ **威士忌类型** 纯正黑麦威士忌

## ✳ 特殊规格 ✳

☑ 单桶
☐ 桶强

## ☞ 品鉴笔记 ☜

### 酒色
浓郁的深琥珀色或红铜色

### 闻香
有着充沛的碎胡椒辛香，强烈的香
草香和太妃糖香

### 口味
入口有充沛的烤香草味和焦糖风味，
还有烤杏仁和肉桂味，并伴随有胡椒
的辛香味和轻柔的柑橘味道，温暖悠
长

### 尾韵
回味是醇厚的巧克力与焦糖风味的
完美平衡，辛香料与橡木味的巧妙
融合

**❄ 酪帝诗 10 年单桶肯塔基黑麦威士忌 ❄**
**酒款荣誉**

*F. Paul Pacult's Spirit Journal* — 2018 Highest Recommendation

《F. 保罗·帕库尔特的烈酒杂志》——2018 年最高推荐

*The Tasting Panel* — 2021/99 Points

美国知名行业期刊《品饮专家》杂志——2021 年度测评 /99 分

酪帝诗纳尔逊堡酒厂的双铜壶蒸馏器组细部特写

# 尼尔瑞斯·格林酒厂
## Nearest Green Distillery

**厂址**
3125 US-231 North, Shelbyville, TN 37160

**官网**
www.unclenearest.com/distillery

**所有方**
隶属于由酒厂主福恩·韦弗（Fawn Weaver）一人所持有的
私人控股投资公司 Grant Sidney, Inc.

**产能规模**
小型（Small）

**主要生产酒款类型**
田纳西威士忌、调和纯正威士忌

＊ **入选理由** ＊

这家酒厂非常之新，斥资5000万美元，2019年才正式落成。在某种意义上，它的确独一无二，商业前景可观，如同正于独立酒厂界后来居上的一匹"奥巴马"，彻头彻尾意在向非裔美国人群（African Americans）于北美威士忌史上鲜少被公开谈论或放大宣传的贡献致敬。酒厂得名自曾遭刻意雪藏的历史人物尼尔瑞斯·格林——部分文献资料将其名字错误记录成"Nearis"（音同 Nearest）——相传，这位生活在19世纪中叶的田纳西州林奇堡（Lynchburg）小镇附近的前黑奴，才是真实的"田纳西威士忌教父"，不但完善出利用糖枫木焦炭来缓慢过滤原酒馏液的"林肯县工艺"，更有可能担任过杰克·丹尼尔本人的授艺导师。

# 纳尔逊之绿荆棘酒厂
## Nelson's Green Brier Distillery

厂址
1414 Clinton St, Nashville, TN 37203

官网
www.greenbrierdistillery.com

所有方
大多数股份由酒厂创始人查利·纳尔逊（Charlie Nelson）与
安迪·纳尔逊（Andy Nelson）兄弟持有；
少数股份由星座集团（Constellation Brands）持有

产能规模
微型（Micro）

主要生产酒款类型
波本、田纳西威士忌、过桶波本

✳　入选理由　✳

由查利·纳尔逊创始于南北战争前夕的1860年，历史上的绿荆棘随后发展为19世纪末最畅销、最早采用瓶装方式出售的美国威士忌品牌之一。根据记载，其销售量在1885年时已逾200万瓶，于禁酒令之前稳居远超杰克丹尼的田纳西威士忌头把交椅。来到21世纪，新生复活的纳尔逊之绿荆棘酒厂于2014年在纳什维尔市投入运转，成为田纳西州最早一批独立精馏酒厂的一员，两位创建者正是查利·纳尔逊的直系后裔，重续了家族传承与配方。该酒厂以贝尔米德（Belle Meade）品牌装瓶、二次陈年为特色的一些过桶波本酒款，深得我心。

# 新里夫酒厂
## New Riff Distillery

厂址
24 Distillery Way, Newport, KY 41073

官网
www.newriffdistilling.com

所有方
私人企业，酒厂主为肯·刘易斯（Ken Lewis）

产能规模
中型（Mid-Major）

主要生产酒款类型
波本、黑麦威士忌

✳ 入选理由 ✳

这家酒厂落成距今仅仅8年，但已被誉为"威士忌极客专为威士忌极客所创建的酒厂"。近两年来新里夫陆续推出的限量酒款以及部分私人选桶装瓶的口碑非常之高，远超过我于2017年首次拜访时的预想。创始人肯·刘易斯曾是酒厂隔壁的本地最大独立烈酒商超（The Party Source）的老板，但为追寻酒厂梦而主动放弃了业已在酒水零售业取得巨大成功的家族生意——受美国酒法的三级经销体系（3-tier system）之限制，酒厂方不可以同时身为经销方或零售方。新里夫不光致力于以创新方式"再现"一些肯塔基威士忌的古早生产工艺，也因酒厂所在地本身在历史文化上与河对岸的辛辛那提市联系更加紧密，所以也意在复兴所属地区的黑麦威士忌传统。

# 纽约蒸馏公司
## New York Distilling Company

厂址
79 Richardson St, Brooklyn, NY 11211

官网
www.nydistilling.com

所有方
私人企业，酒厂主为艾伦·卡茨（Allen Katz）和
汤姆·波特（Tom Potter）

产能规模
微型（Micro）

主要生产酒款类型
黑麦威士忌、过桶黑麦威士忌

※　入选理由　※

这家地处纽约布鲁克林威廉斯堡（Williamsburg）区边缘地带的独立精馏酒厂，是提出"纽约州帝国黑麦"（Empire Rye）这一风格概念的先锋之一。其建筑主体几乎等同一个体型巨大的集装箱，内部结构却不乏条理，呈现浓浓的仓库改造工业风；入口处单独隔断出来的长方体空间，每当夜幕降临，便化身名为"The Shanty"的社区酒吧。两位酒厂主的背景都非常有意思：汤姆·波特参与创办过大名鼎鼎的布鲁克林精酿啤酒厂（Brooklyn Brewery）；艾伦·卡茨则曾于酒吧餐饮行业耕耘二十余年，是一位知识渊博、谈吐风趣的鸡尾酒专家，此外，他对纽约地区的烈酒蒸馏史也极富研究与考据。在拜访这家酒厂期间，我还从艾伦口中得知，当初开办"The Shanty"酒吧的初衷实属"曲线救国"——主要是为了更容易取得于纽约市区范围内开设蒸馏酒厂的执照许可。

A 50,000 BARREL RACKHOU

老福里斯特
蒸馏公司的
新酒厂的气
候调控式陈
年仓库

# 老福里斯特蒸馏公司
## Old Forester Distilling Co.

厂址
119 W Main St, Louisville, KY 40202

官网
www.oldforester.com/distillery

所有方
百富门酒业（Brown-Forman）

产能规模
中型（Mid-Major）

主要生产酒款类型
波本、黑麦威士忌

✳　入选理由　✳

2018年落成于路易斯维尔市中心最核心地段的"威士忌大街"，标志着将历史上首个瓶装波本品牌老福里斯特的蒸馏生产带回了品牌创始人乔治·加文·布朗开创其辉煌家族事业的最初起点（同一栋建筑）。其实，在百富门公司内部也流传着一个有关其旗下三大美国威士忌旗舰品牌的玩笑：老福里斯特是最受布朗家族疼爱的亲生长子，杰克丹尼是虽为收养但很会争气的次子，活福珍藏则是最年幼的老来得子。因此，这家内部构造精巧的新生都市酒厂绝对意义非凡——不光满足与日俱增的波本旅游业需求（其动线设计令人拍案叫绝），更为老福里斯特品牌产能扩张的未来布局提供了切实解决方案。它配有最先进的全自动化酒厂设备，甚至还附带一个迷你桶厂，采用空间占用率更小、金属桁架结构的新式陈年仓库设计，且与百富门的所有波本仓库一样，配有冬季时适当加热室温的气候调控系统。很适合入门爱好者前往参观，尤其是天气好的时候，拍照很能出片。

兔子涧酒厂内景

# 兔子洞酒厂
## Rabbit Hole Distillery

厂址
711 E Jefferson St, Louisville, KY 40202

官网
www.rabbitholedistillery.com

所有方
保乐力加集团（Pernod Ricard）

产能规模
中型（Mid-Major）

主要生产酒款类型
波本、黑麦威士忌、过桶波本

......................................................

✳　　入选理由　　✳

2018年正式落成于路易斯维尔市中心东侧的东市场（East Market）区，其现代主义风格的前卫建筑外观十分吸人眼球，犹如一座当代艺术博物馆，在内部构造与空间划分方面，更是极富参考价值的都市酒厂设计的杰出案例，相当高明地解决了在同一屋檐下进行糖化、发酵、蒸馏等工序的功能需求，同时还深入考量了节能与环保问题。兔子洞得名自创始人卡韦赫·扎曼尼亚（Kaveh Zamanian）对于自己"波本梦"义无反顾的追寻。酒厂特意不设蒸馏大师一职，所有酒款坚持采用在烧焦内壁之前经历20分钟漫长烘烤的新橡木桶陈年。其独家原创的"Cavehill"四谷物波本配方，相传源自卡韦赫本人灵感。在我看来，兔子洞有足够底气跻身于近五年来最具综合潜力的新生美国酒厂之列。它相当值得入门爱好者参观，拍照出片率极高，内有不少当代艺术品陈列，附属的品鉴中心兼鸡尾酒酒廊很适宜歇息放松。

兔子洞酒厂内景

处于发酵前期的发酵缸
内醪液（兔子洞酒厂）

# 罗斯与斯奎布酒厂
## Ross & Squibb Distillery

厂址
652 Shipping St, Lawrenceburg, IN 47025

官网
www.mgpingredients.com/distilled-spirits/beverage/product

所有方
MGP 综合原料公司（MGP Ingredients）

产能规模
大型（Major）

主要生产酒款类型
波本、黑麦威士忌、小麦威士忌、玉米威士忌、美国纯正麦芽威士忌、
其他特定种类的美国威士忌

✳ 入选理由 ✳

即便仍不对游客开放，充斥着神秘感，但如今几乎所有波本发烧友都对其工艺、出品及逸事如数家珍——它就是《威士忌百科全书：波本》原著中反复提到的 MGP 综合原料公司位于印第安纳州劳伦斯堡市的主体酒厂，曾被网友戏称为"当代美国威士忌界的代工之王"。不过，官方已在 2021 年 9 月宣布将厂名正式更换为罗斯与斯奎布。在历史上，这间已然走至聚光灯前的历史悠久（相传始于 1857 年）的威士忌大厂还拥有过不少其他名字：禁酒令以降，它绝大部分时间隶属于昔日世界头号烈酒巨头施格兰集团；2000 年至 2006 年短暂投入保乐力加集团旗下；2007 年又被加勒比海地区最大私人持股集团公司 CL Financial 收购，改名为印第安纳州劳伦斯堡酿酒厂（简称 LDI）；直至现东家 MGP 综合原料公司于 2011 年出手，尔后才逐渐对外界重塑了其显要地位。我想，每一名美国威士忌极客都很期待实现亲身深入这家酒厂朝圣一回的愿望，但倘若无法以行业人士或媒体身份获得罕有的宝贵参观机会，恐怕你也只能从俄亥俄州辛辛那提（Cincinnati）市驱车 30 多分钟仅为零距离一窥其如工业堡垒般高耸而庄严的厂区建筑群，并设法驻足徘徊——或许，惊喜之门就将对你敞开。

# 萨加莫尔烈酒公司酒厂
## Sagamore Spirit Distillery

**厂址**

301 E Cromwell St, Baltimore, MD 21230

**官网**

www.sagamorespirit.com

**所有方**

私人企业，酒厂主为凯文·普兰克（Kevin Plank）和
比尔·麦克德蒙德（Bill McDermond）

**产能规模**

中型（Mid-Major）

**主要生产酒款类型**

黑麦威士忌、过桶黑麦威士忌

---

✳ **入选理由** ✳

在美国威士忌史上，"马里兰黑麦"曾与肯塔基波本、宾夕法尼亚州的"莫农加希拉黑麦"相齐名。在20世纪50年代至60年代，某些肯塔基品牌依旧从马里兰州采购他们认为更加优质的黑麦威士忌原酒，一如威凤凰（Wild Turkey）。但时代的变迁，令这一经典风格逐渐淡出历史舞台。创立于2013年的萨加莫尔烈酒公司，作为当今最受瞩目的马里兰州精馏酒厂先锋，致力于复兴本州的黑麦威士忌传统。该酒厂由知名运动品牌安德玛（Under Armour）创始人、亿万富翁凯文·普兰克偕两位发小一同创办，聘请享有"当代黑麦威士忌教父"美誉的前施格兰/印第安纳州劳伦斯堡酿酒厂蒸馏大师拉里·埃伯索尔德（Larry Ebersold）担任建厂技术顾问，从一开始就坚持自主蒸馏原酒。

# 平缓马步酒厂
## Smooth Ambler Distillery

厂址
745 Industrial Park Rd, Maxwelton, WV 24957

官网
www.smoothambler.com

所有方
保乐力加集团（Pernod Ricard）

产能规模
小型（Small）

主要生产酒款类型
波本、黑麦威士忌、调和纯正波本

✳　入选理由　✳

紧随海威斯特其后，在2016年底成为首批被国际酒业巨头收购的精馏酒厂之一，按业内保守估计，其交易金额高达上亿美元，这家于2009年创立于西弗吉尼亚州山野乡间的独立酒业，无疑更广泛走进了公众视野。2017年初，在美国烈酒协会安排的一场晚宴上，我第一次见到了平缓马步创始人兼首席蒸馏师约翰·利特尔（John Little），他行事低调且言谈朴实，并未展现出一丝如释重负之感。积雪未融的2019年1月，我邀发小从华盛顿哥伦比亚特区自驾至肯塔基，决定特意取道前往酒厂参观，看着一路上车窗外闪过的鲜有人烟却不乏空寂之美的风景，不禁播放起约翰·丹佛（John Denver）那首名曲《乡村小路》（Country Road）。离开酒厂后，我的脑海里反复回放着安东尼·布尔丹（Anthony Bourdain）在其系列纪录片《未知之旅》（Parts Unknown Season）关于西弗吉尼亚那一集里的旁白："……我发现这个地方令人心碎，却也美不胜收，在这里，你看得到美国的一切乱象，也看得到美国美好光明的一面……大家都认识彼此的家人，连孩子的名字都知道，跨种族婚姻相当常见，这些人相处起来有种亲切随和的气氛……"诚如此言，让我感触最深的远非平缓马步毋庸置疑的商业奇迹，而是约翰·利特尔从家中特地赶来的寒暄，还有负责接待我的那位酒厂游客中心女同性恋经理额外讲述的她自己告别大都市来此地追寻一段成真网恋的爱情故事。

平缓马步酒厂内景

# 弗伦奇利克之魂酒厂
## Spirits of French Lick Distillery

厂址

8145 W Sinclair St, West Baden Springs, IN 47469

官网

www.spiritsoffrenchlick.com

所有方

私人企业，酒厂主为当地的多蒂（Doty）家族

产能规模

微型（Micro）

主要生产酒款类型

波本

✳　入选理由　✳

以"对谷物报以敬意"（Respect The Grain）为不变准则，这家位于印第安纳州南部小镇、纯家族经营的小型精馏酒厂，短短几年内，就在波本极客圈内收获到极高的人气，弗雷德·明尼克先生本人对其出品酒款亦不惜溢美之词。蒸馏大师艾伦·毕晓普（Alan Bishop）拥有逾19年的经验和极为丰富的学识，作为美国烈酒历史学家，他以重塑禁酒令以前的两次壶式蒸馏、不掩饰谷物风味的古早波本风格为己任，制定了一套独到工艺特色：自主培育种植特殊玉米品种，蒸馏"冷门"谷物如燕麦和荞麦，同时使用多种酵母发酵，使用预先全方位烘烤过的第2级烧焦碳化橡木桶，以超低度数入桶陈年等等。该酒厂并非想象中难以抵达，距离肯塔基州路易斯维尔市仅1小时20分钟车程。

斯蒂泽尔－韦勒酒厂的厂区内景

# 斯蒂泽尔 - 韦勒酒厂
## Stitzel-Weller Distillery

厂址
3860 Fitzgerald Road, Louisville, KY 40216

官网
www.stitzelwellerdistillery.com

所有方
帝亚吉欧集团（Diageo）

产能规模
停产中

主要生产酒款类型
波本

❋ 入选理由 ❋

如果你去问一名资深美国威士忌发烧友，在其个人心目中，"20世纪最伟大的波本酒厂"为哪一家，斯蒂泽尔 - 韦勒可能将是出现频率最高的答案，没有之一。尽管这一其渊源与凡·温克尔（Van Winkle）家族密不可分的传奇酒厂，早已于1992年停产，至今复产无望，但绝不影响任何骨灰波本爱好者此生注定要前往打卡留影一次，哪怕当今的官方导览多少有点乏善可陈且有逻辑混淆之嫌。当然，也可能突降意外之喜——正如我本人的二度探访经历——若是万一在厂区内邂逅了自1960年代末就效力于斯蒂泽尔 - 韦勒直至酒厂关停，并教导过年少的朱利安三世·凡·温克尔 [Julian Van Winkle III，凡·温克尔老爹（Pappy Van Winkle）品牌创始人] 如何徒手推动橡木桶的"波本万事通"卡洛·佩里（Carol Perry）老先生，一定要抓住机会好好攀谈几句，只因唯有他才是真正亲历过斯蒂泽尔 - 韦勒大段珍贵历史的活化石。哎，也不知他老人家是否依旧安好健在？

斯特拉纳汉酒厂的壶式烈酒蒸馏器（spirit still）

# 斯特拉纳汉之威士忌酒厂
## Stranahan's Whiskey Distillery

厂址
200 S Kalamath St, Denver, CO 80223

官网
www.stranahans.com

所有方
普罗西莫烈酒集团（Proximo Spirits）

产能规模
小型（Small）

主要生产酒款类型
单一麦芽威士忌

✳ 入选理由 ✳

创立于2004年，不光为自禁酒令以来在科罗拉多州创建的首家合法蒸馏酒厂，也是美国最早的精馏酒厂之一，堪称"美国单一麦芽"风格之鼻祖。酒厂命名则源自创始人之一乔治·斯特拉纳汉（George Stranahan），这位2021年逝世的当地社会名人，其精彩纷呈的一生享有诸多身份：物理学家、教育家、企业家、慈善家、摄影家及作家——他在酒圈的另一大成就，是于1990年在马里兰州创立了大名鼎鼎的飞狗（Flying Dog）精酿啤酒厂。斯特拉纳汉目前使用三组成对的铜壶蒸馏器进行两次蒸馏，其发酵设备与精酿啤酒生产一致，厂址就位于贯穿丹佛市区的25号州际公路边上，日常供应咖啡与简餐。

# 坦普顿酒厂
## Templeton Distillery

厂址
209 Rye Ave, Templeton, IA 51463

官网
www.templetondistillery.com

所有方
无尽烈酒公司（Infinium Spirits）

产能规模
中型（Mid-Major）

主要生产酒款类型
黑麦威士忌、过桶黑麦威士忌

※　入选理由　※

除了广袤的土地，你对爱达荷州，还有何种印象？假如被问者来自美国威士忌圈，首先应当就会想到坦普顿这一品牌。作为在15年前，最早具备了远见卓识、投身于黑麦威士忌复兴运动的先驱之一，一度成为通过 MGP 综合原料公司（彼时还叫印第安纳州劳伦斯堡酿酒厂）酒厂批量采购、代工定制其95% 黑麦比例经典原酒的首批非酒厂型生产商（Non-Distiller Producer）大客户，为日后取得巨大商业成功奠定了基石。依据品牌官方所提供的数据，2013年，坦普顿总销量已突破900万瓶，2018年，斥资3500多万美元兴建的自家酒厂落成开放，并于2020年跻身本土销量最大的纯正黑麦威士忌之一。

Templeton 10 Year Reserve Single Barrel Straight Rye Whiskey

# 坦普顿单一桶十年纯正黑麦威士忌

酒精度数
**52%**

△ **陈年时间** 至少桶陈10年

▲ **威士忌类型** 纯正黑麦威士忌

※ 特殊规格 ※

☑ 单桶
☐ 桶强

☞ 品鉴笔记 ☜

**酒色**
迷人的深琥珀色

**闻香**
呈现丰富的巧克力和香草气息，还有烘烤橡木、青苹果以及杏子的香气

**口味**
口感顺滑，具有烟熏橡木、蜂蜜花果、黑麦面包、棕色辛香料等风味

**尾韵**
干净而持久，带有奶油糖果的回味

❀ **坦普顿单一桶十年纯正黑麦威士忌** ❀
**酒款荣誉**

San Francisco World Spirits Competition 2021 — Double Gold Medal
2021年旧金山世界烈酒竞赛——双金牌

World Whiskies Awards 2022 — Gold Medal
2022年世界威士忌大奖——金牌

VinePair — The 30 Best Rye Whiskey Brands 2021
入选 VinePair 数字媒体所评选出的 "2021年度30个最佳黑麦威士忌品牌"

# 小镇分部酒厂
## Town Branch Distillery

厂址
401 Cross St, Lexington, KY 40508

官网
www.lexingtonbrewingco.com/whiskey-spirits/town-branch

所有方
奥特奇公司（Alltech）

产能规模
微型（Micro）

主要生产酒款类型
波本、黑麦威士忌、单一麦芽威士忌、过桶波本

✴ 入选理由 ✴

该酒厂临近肯塔基大学（University of Kentucky）校区，离市中心的热闹酒吧街也处于步行范围以内，若已选择留宿列克星敦，则基本不必驱车前往。小镇分部本身更像是一间中小型的传统单一麦芽威士忌酒厂，配有一对委托苏格兰福赛思公司定制打造的闪亮上镜、曲臂优雅的铜壶蒸馏器，与母公司旗下的知名精酿啤酒厂——主打产品为于本州享有极高人气的"肯塔基波本桶陈年艾尔"和"肯塔基波本桶陈年世涛"——共用着同一片厂区，合称为列克星敦酿造及蒸馏公司（Lexington Brewing & Distilling Co.），因此，很推荐给初级爱好者或威士忌小白，毕竟可以畅享刚喝完美式精酿啤酒又品尝多种美国威士忌的一条龙体验。酒厂创始人皮尔斯·莱昂斯（Pearse Lyons）博士是一位活跃于精酿啤酒界、肯塔基威士忌圈及爱尔兰威士忌业的成功企业家，于2018年逝世之后入选"肯塔基波本名人堂"。

# 塔特希尔敦烈酒公司酒厂
## Tuthilltown Spirits Distillery

厂址
14 Grist Mill Ln, Gardiner, NY 12525

官网
www.hudsonwhiskey.com/distillery

所有方
格兰父子公司（William Grant & Sons）

产能规模
微型（Micro）

主要生产酒款类型
波本、黑麦威士忌、过桶黑麦威士忌

✳　入选理由　✳

塔特希尔敦烈酒公司酒厂选址于距离纽约市中心仅2小时车程的风光宜人的哈得孙谷（Hudson Valley）风景区，以已经列入美国国家史迹名录的塔特希尔敦磨坊为基础，在2005年前后由拉尔夫·埃伦（Ralph Erenzo）、盖布尔·埃伦（Gable Erenzo）父子及其合伙人布赖恩·李（Brian Lee）共同创建，彼时，不单成为纽约州自禁酒令颁布以来的第一家威士忌酒厂，更位列全美最早萌芽的前十家独立精馏酒厂之一。作为苏格兰威士忌业巨头之一格兰父子公司，相继于2010、2017年收购了其主打威士忌品牌哈得孙与酒厂本身，但该厂至今依然坚持"小而美"的出品方针，仍以高品质有机谷物原料和中小桶高效陈年为装瓶酒款的特色卖点。鉴于塔特希尔敦烈酒公司近年来的更新步调明显有所放缓，故仅推荐对"美国独立精馏运动"（U.S. Craft Distilling Movement）发展史兴致盎然的发烧友前往观光。

# 韦斯特兰酒厂
## Westland Distillery

厂址
2931 1st Ave S, Seattle, WA 98134

官网
www.westlanddistillery.com

所有方
人头马君度集团（Rémy Cointreau）

产能规模
微型（Micro）

主要生产酒款类型
单一麦芽威士忌

........................................................

✳ 入选理由 ✳

由马特·霍夫曼（Matt Hofmann）和埃默森·兰姆（Emerson Lamb）于2010年创立，韦斯特兰在2016年末被人头马君度集团收入旗下，成为第一家成功打开国际市场的美国单一麦芽威士忌酒厂。霍夫曼继续任职蒸馏大师至今，酒厂使用一对由旺多姆公司打造的美式铜壶蒸馏器，注重"风土"概念，选用本地大麦、本地泥煤、比利时赛松啤酒酵母、优质西班牙雪利桶、美国白橡木新桶以及相当稀有的俄勒冈橡木（Garry Oak，水獭木的近亲品种）新桶；其陈年仓库区地处西雅图市区周边，享有偏湿冷的特殊沿海气候，天使分享率更接近于苏格兰艾雷岛。从MLB职水手队主场T-Mobile Park沿第一大道往南1英里左右，路过星巴克办公总部大楼，便可来到酒厂门口。我在2017年参观时，偶遇了著名的苏格兰威士忌作家戴夫·布鲁姆（Dave Broom），他告诉我韦斯特兰是其心目中排名第一的北美单一麦芽威士忌。通过该酒厂官网，你能浏览到特别详尽、透明的工艺信息。

# 寡妇简酒厂
## Widow Jane Distillery

厂址
218 Conover St, Brooklyn, NY 11231

官网
www.widowjane.com

所有方
隶属于爱汶山酒业（Heaven Hill）旗下子公司萨姆森和
萨里（Samson & Surrey）酒业

产能规模
微型（Micro）

主要生产酒款类型
调和纯正波本、过桶调和纯正波本、波本、黑麦威士忌

✳ 入选理由 ✳

假如你在"大苹果"或"人间哥谭市"仅作短暂停留，只有就近参观一家威士忌酒厂的数小时空闲，"寡妇简"无疑是不二之选——从环境设计到细节配置，它可谓最具纽约"hipster"腔调的一家现代酒厂。担任酒厂现任董事长、首席蒸馏师兼首席调配师的莉萨·威克（Lisa Wicker），是当今美国威士忌业最顶尖的女全才之一，从业早期曾有葡萄酒酿酒经历的她，不仅热衷于种植培育由农户家庭代代相传的如血腥屠夫、瓦普西山谷（Wapsie Valley）、霍皮蓝（Hopi Blue）等特殊古早玉米品种，调配技艺亦十分精湛，尤其擅长创作仅用到个位数桶数的小批次酒款。在我个人的品鉴体验中，纯黑底色酒标的限量款寡妇简高年份调和纯正波本，是十分美味的行家之选。

# 威凤凰酒厂
## Wild Turkey Distillery

厂址
1417 Versailles Rd, Lawrenceburg, KY 40342

官网
www.wildturkeybourbon.com/visit-distillery

所有方
金巴厘集团（Campari）

产能规模
大型（Major）

主要生产酒款类型
波本、黑麦威士忌、过桶波本

### ✳ 入选理由 ✳

作为经典波本中的"名门正派"，其酒厂故事已足够写出整整一本书来，一如在2020年出版的专著《美国列酒：从里皮到拉塞尔的威凤凰波本》（*American Spirit: Wild Turkey Bourbon from Ripy to Russell*）。令好莱坞顶流男星马修·麦康纳（Matthew McConaughey）甘愿作为绿叶陪衬，这家酒厂为何能有如此大的魅力？同吉米·拉塞尔、埃迪·拉塞尔（Eddie Russell）这两位在威凤凰效力年数相加已逾104年的"蒸馏大师"父子会一会面，你将可能找到答案。吉米·拉塞尔被人尊称为"波本佛陀"（The Buddha of Bourbon），是始于2001年的"肯塔基波本名人堂"的首批8位入选者之一，并保持着全球烈酒界在同一酒厂任职蒸馏大师时间最久（至今已满55年）的纪录；埃迪·拉塞尔是现今"真正挑起威凤凰大梁"的灵魂人物，2010年便入选"肯塔基波本名人堂"，其直言不讳的言谈风格，更像受到与拉塞尔家交情匪浅的布克·诺埃（Booker Noe）、弗雷德·诺埃（Fred Noe）父子（金宾蒸馏大师）的影响；埃迪之子布鲁斯·拉塞尔（Bruce Russell），2015年以品牌大使身份加入酒厂，目前还负责运营在波本发烧友圈内口碑最好的肯塔基酒厂的单桶选桶项目。

事实上，现在的威凤凰酒厂，是由金巴厘集团于2011年重新修建的，落成之时，曾为全肯塔基技术设备最先进的自动化酒厂。建造日期最早可追溯至1891年的老威凤凰酒厂，在保留原有陈年仓库区的基础上，被改建为隶属于新酒厂的装瓶车间。2014年竣工的新游客中心，本身便是一件让人惊叹的建筑杰作，如同一座"充满光与木元素"的用于传播波本福音的乡村教堂。在这里，不光可以俯瞰肯塔基河（Kentucky River）的自然美景，还有可能邂逅如今已算"半退休"的吉米·拉塞尔本人——他总爱来此驻足，且乐意与任何访客攀谈或合影。自20世纪80年代起，威凤凰便开始重视海外市场，在今天已发展出一批相当硬核的铁杆粉丝群，我对首次探访酒厂时的一个"名场面"还记忆犹新：（尚未扩建前的）游客停车场中，将近一半的车位上，瞬间停满了30多辆的巡航哈雷机车。

---

✿　　**威凤凰珍藏波本威士忌**　✿
**酒款荣誉**

Beverage Tasting Institute 2021 — 93 Points/Gold
2021年美国饮料品测协会——93分／金奖

Ultimate Spirits Challenge 2021 — 94 Points（Finalist; Great Value）
2021年烈酒极限挑战赛——94分（决赛入围；最有价值奖）

San Francisco World Spirits Competition 2021 — Gold Medal
2021年旧金山世界烈酒竞赛——金牌

New York International Spirits Competition 2020 — 94 Points/Gold
2020年纽约国际烈酒竞赛——94分／金奖

Wild Turkey Rare Breed
# 威凤凰珍藏波本威士忌

△ **陈年时间** 桶陈6至12年

▲ **威士忌类型** 纯正波本

酒精度数
**58.4%**

✳ **特殊规格** ✳

☐ 单桶
☑ 桶强

☞ **品鉴笔记** ☜

### 酒色
深琥珀色

### 闻香
浓郁的橡木桶香调，伴随有焦糖和巧克力的香气

### 口味
中等至饱满的酒体，有着圆润的口感，具有温和的奶油硬糖和香草风味

### 尾韵
回味有水果和香料，并萦绕着焦糖的甜美

138

Wild Turkey 101
# 威凤凰 101 波本威士忌

△ 陈年时间　桶陈6至8年

▲ 威士忌类型　纯正波本

酒精度数
50.5%

✻ 特殊规格 ✻

☐ 单桶
☐ 桶强

☞ 品鉴笔记 ☜

酒色
琥珀色

闻香
呈现焦糖、香草、橡木桶气息，以
及略带橙子和太妃糖的香气

口味
前段是棕色辛香料和黑胡椒风味，
后段则富有水果干的味道

尾韵
余味绵延柔和，且焦化口感明显

Wild Turkey Kentucky Straight Bourbon
## 威凤凰经典波本威士忌

△ 陈年时间 桶陈5至8年

▲ 威士忌类型 纯正波本

酒精度数
**40.5%**

✳ 特殊规格 ✳

□ 单桶
□ 桶强

☞ 品鉴笔记 ☜

酒色
淡琥珀色

闻香
果香、香草、略带烟熏的气息

口味
口感顺滑，伴有洋梨的香甜风味和
浓郁的焦糖味道

尾韵
绵延、柔和、纯净

✵ 威凤凰经典波本威士忌 ✵
酒款荣誉

Beverage Tasting Institute 2021 — 90 Points/Gold
2021 年美国饮料品测协会 —— 90 分 / 金奖

San Francisco World Spirits Competition 2021 — Gold Medal
2021 年旧金山世界烈酒竞赛 —— 金牌

Ultimate Spirits Challenge 2021 — 90 Points
2021 年烈酒极限挑战赛 —— 90 分

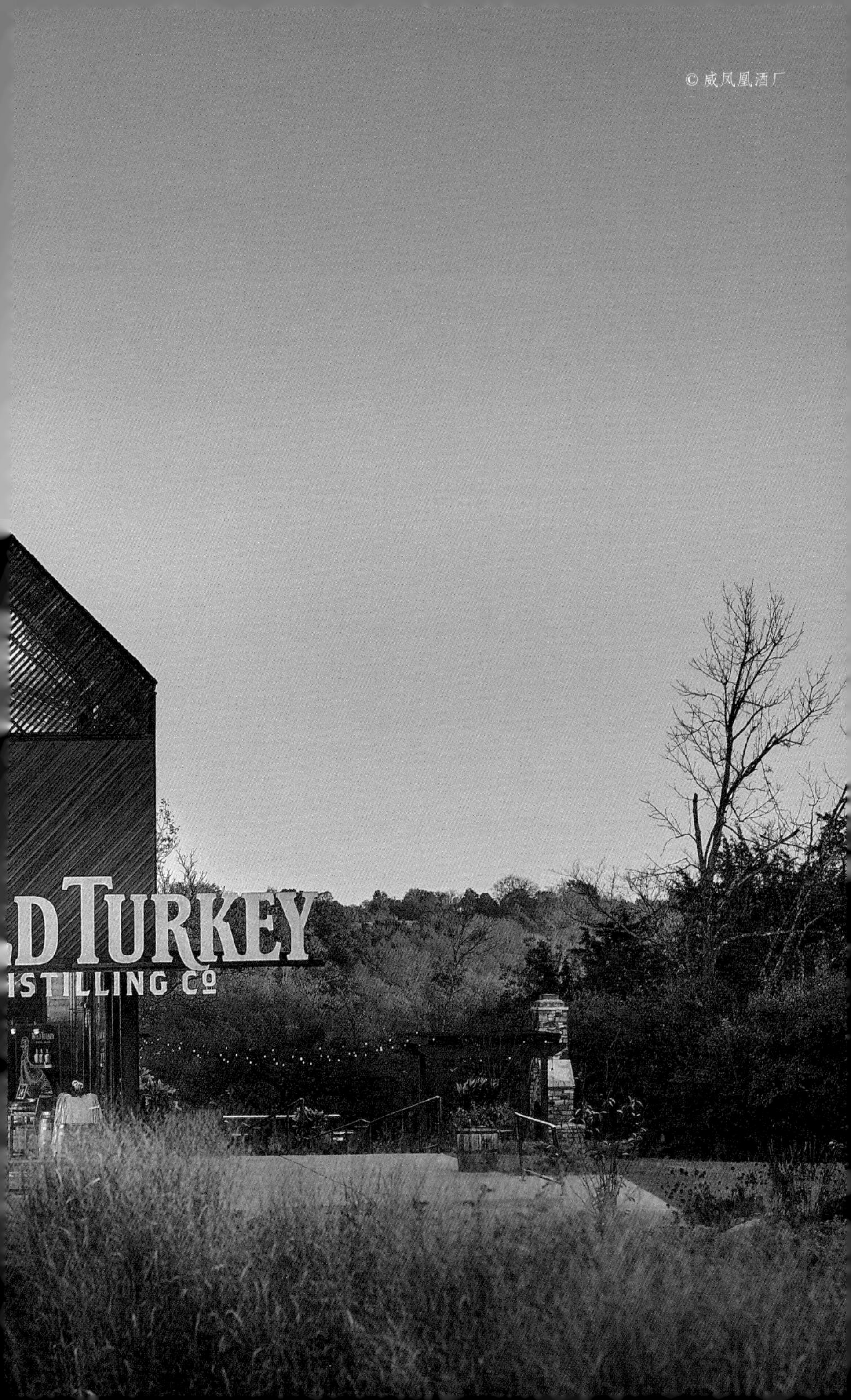


© 威凤凰酒厂

# 荒野小径酒厂
## Wilderness Trail Distillery

厂址

4095 Lebanon Rd, Danville, KY 40422

官网

www.wildernesstraildistillery.com

所有方

金巴厘集团（Campari）

产能规模

大型（Major）

主要生产酒款类型

波本、黑麦威士忌

......

✳ 入选理由 ✳

我首次踏上肯塔基波本之旅时，荒野小径位于该州东南部丘陵农牧区的新建厂区即将开放，时隔六年，如今它已是一家总占地约 68 万平方米的明星酒厂，配置有多部壶式、柱式铜制蒸馏器，陈年库存积累超过 10 万桶。他们从一开始就不从别处购买原酒，专注于出品保税装瓶、原桶度数装瓶的酒款，只使用肯塔基州本地的玉米、黑麦及小麦，其酒厂工艺特色包括：甜性发酵醪发酵、独家专利的浸式糖化法（Infusion Mashing Process）、低度数入桶陈年、以无化学燃料的蒸气供能等。酒厂主沙恩·贝克（Shane Baker）的祖母多丽丝·巴拉德（Doris Ballard），曾长期任职于传奇酒厂斯蒂泽尔－韦勒；另一位创始人帕特·海斯特（Patrick Heist）在行业里更是异常活跃，为人随和、很接地气，人称"Dr. Pat"（帕特博士），虽然留着狂野分叉的山羊胡，长相与重金属摇滚老炮乐手并无二致，且爱唱卡拉 OK，但他其实是一位如假包换的科学家，身为全美顶尖的酵母专家，他为数百家酒厂提供过专业服务——几乎包括你所能想到的所有主流美国酒厂。我曾于路易斯维尔市的专业培训机构私酿列酒大学，上过帕特博士主讲的

荒野小径酒厂主之帕特博士正在展示其收集保存的处于冰冻休眠中的酵母样品（摄于弗姆解决方案公司实验室）。

发酵原理课，他的另一家公司弗姆解决方案公司（Ferm Solutions）就设在荒野小径酒厂内，若有机会一定要请他带你参观一番其酵母实验室里的"黑科技"。

# 威利特酒厂
## Willett Distillery

厂址
1869 Loretto Rd, Bardstown, KY 40004

官网
www.kentuckybourbonwhiskey.com

所有方
私人企业，酒厂主为埃文·库尔斯文（Even Kulsveen）与
玛莎·威利特·库尔斯文（Martha Willett Kulsveen）夫妇及其子女家庭

产能规模
中型（Mid-Major）

主要生产酒款类型
波本、黑麦威士忌

* ✳ 入选理由 ✳ *

来到爱汶山酒业位于肯塔基州巴兹敦镇、人流不断的游客体验中心及陈年仓库区，参加完其不乏炫酷新媒体技术的导览项目，你很有可能会听到同行人群之中有一两位在悄声议论："你去旁边的威利特了吗？他们那边的体验和这里完全不同。"就在相距不到一英里的山坡上，便矗立着后者这家深受波本发烧友膜拜、纯家族运营的超人气酒厂。过去30多年来，在推进美国威士忌高端化及超高端化的这一进程上，威利特无疑扮演了举足轻重的角色。该酒厂现今主要掌舵人埃文·库尔斯文，于20世纪90年代极具预见性地推出"精品小批次波本系列"（Small Batch Boutique Bourbon Collection），并在2019年荣获"肯塔基波本名人堂"终身成就奖；其子德鲁·库尔斯文（Drew Kulsveen）则为肯塔基当下最优异的中生代调配大师兼蒸馏大师之一。事实上，威利特酒厂最初创建于1936年，但从20世纪80年代早期至2011年间，停止了蒸馏活动，改以"非酒厂型生产商"的身份运转，不过如今已经复产，除使用传统的"柱式＋壶式"蒸馏设备以外，还配有一部由旺多姆公司打造的造型非常别致的铜壶蒸馏器，专用于生产

威利特酒厂的厂区内景

纯壶式蒸馏的波本。厂区内有8座传统木质结构的陈年仓库，可存放逾4万桶库存，占据中心位置的人工湖及喷泉又平添了几分欧式园林感。2019年，威利特完成新一轮的翻新修葺，同期开放营业的附属酒吧兼餐厅，主打供应珍稀美国威士忌老酒、创意鸡尾酒与精致下酒菜。

威利特酒厂的陈年仓库、人工湖和谷筒

威利特酒厂的厂区内景

# 活福珍藏酒厂
## Woodford Reserve Distillery

厂址
7785 McCracken Pike, Versailles, KY 40383

官网
www.woodfordreserve.com/our-distillery

所有方
百富门酒业（Brown-Forman）

产能规模
中型（Mid-Major）

主要生产酒款类型
波本、黑麦威士忌、过桶波本、小麦威士忌、美国纯正麦芽威士忌

---

✳  **入选理由**  ✳

每当瞧见提示这家酒厂方位的景点指示牌，我心情都会变得格外愉悦，只因从连接法兰克福市和凡尔赛（Versailles）市的60号州立公路上驶下，穿过"太阳谷养马场"（Sun Valley Farm），蜿蜒数英里的小道两侧，是最能传达出肯塔基这一"蓝草之州"风情的宛如明信片般的风景。和美格酒厂一样，活福珍藏不禁会令你联想起传统的苏格兰单一麦芽酒厂，其一部分主要建筑已被列入"美国国家史迹名录"。这片厂区始于1838年，曾是19世纪著名的老奥斯卡·佩珀酒厂，从1878年至20世纪上半叶，因酒厂主变更，更名为拉布罗特和格雷厄姆（Labrot & Graham）。百富门酒业分别于1941年、1993年两度购得所有权，并于1996年将其彻底改建为今日的活福珍藏酒厂。当前配有两组一模一样、由苏格兰福赛思公司打造的铜壶蒸馏器（共计6个），进行三次蒸馏，一律采用气候调控式陈年仓库。该酒厂的旅游配套齐备，内设露台餐厅和户外休息区，纪念衍生品也相当丰富，是给初次参观波本酒厂的游客的首选推荐之一。

不过，活福珍藏威士忌（单桶除外）并非完全在此蒸馏，而是会与在百富门主体酒厂进行两次蒸馏的原酒相互融合，具体比例无从得知，系商业机密——但我曾听当年主持过活福珍藏建厂项目的史蒂夫·汤普森老先生（从百富门退休时的职位是生产副总裁）亲口讲过，三次蒸馏的原酒大概只占 15% 左右。

© 活福珍藏酒厂

活储珍藏酒厂的厂区内景

Woodford Reserve Double XO Blend
# 活福珍藏波本威士忌橡木干邑双桶特别版

△ 陈年时间　未公布

▲ 威士忌类型　调和过桶纯正波本

酒精度数
**45.2%**

◇ 发售瓶数　仅针对中国市场发售，限量2000瓶左右

＊ 特殊规格 ＊

☐ 单桶
☐ 桶强

☞ 品鉴笔记 ☜

**酒色**
棕红的琥珀色，带有晶透感

**闻香**
馥郁香料气息与柑橘果香相交叠，混合着干邑香调与木香；柔和清新，芳香缭绕

**口味**
顺滑绵长，具有麦子、柑橘、坚果甜香料与法国橡木等风味；口感层层迸发

**尾韵**
温暖顺滑而悠长

# 伍丁维尔威士忌公司
## Woodinville Whiskey Co.

厂址
14509 Redmond-Woodinville Rd NE, Woodinville, WA 98072

官网
www.woodinvillewhiskeyco.com

所有方
酩悦轩尼诗集团（Moët Hennessy）

产能规模
小型（Small）

主要生产酒款类型
波本、黑麦威士忌、过桶波本

✳ 入选理由 ✳

该酒厂在西雅图的东北方向，距市中心约半小时车程，不论走522号州立公路，或者走520号州立公路再转405号州际公路，沿途风光都相当秀美宜人。伍丁维尔威士忌公司建厂已逾10年，两位创始人奥林·索伦森（Orlin Sorensen）和布雷特·卡莱尔（Brett Carlile）是一起长大的发小，最初受到本地精酿啤酒厂与精品葡萄酒庄的启发，随后接受了已故大师级美国威士忌顾问戴夫·皮克雷尔的技术指导。尽管伍丁维尔在2017年已被国际烈酒巨头收购，但规模及产量依旧不大，平均每日生产威士忌原酒7桶左右，所用谷物全部来自同州昆西山谷的奥米林（Omlin）家族农场，同时也是最早自主蒸馏100%黑麦谷物配方的美国独立酒业之一，曾荣获精馏酒界行业机构美国蒸馏研究所（American Distilling Institute）所评选的"2016年度威士忌""2017最佳黑麦威士忌"。

# 怀俄明威士忌酒厂
## Wyoming Whiskey Distillery

厂址

100 S Nelson St, Kirby, WY 82430

官网

www.wyomingwhiskey.com

所有方

大部分股份由酒厂创始人布拉德·米德（Brad Mead）与凯特·米德（Kate Mead）夫妇、戴维·德法西奥（David DeFazio）所持有；少数股份由爱丁顿集团（Edrington）持有

产能规模

小型（Small）

主要生产酒款类型

波本、调和纯正威士忌

* 入选理由 *

该酒厂选址在米德家族祖传四代的私人牧场境内，2009年建成于常住居民数不足百人的柯比（Kirby）小镇，采用全钢铁材料的新式建筑结构，号称"密西西比河以西的首家波本酒厂"。建厂之初，曾聘请"肯塔基波本名人堂成员"、前美格酒厂蒸馏大师史蒂夫·纳利来主管生产运营，并原创了"68%玉米、20%小麦和12%发芽大麦"的独家谷物比例配方。可惜史蒂夫于2014年离去，转而加入巴兹敦波本公司酒厂。怀俄明威士忌酒厂目前只选购产地距离酒厂100英里以内的本州非转基因谷物（含冬小麦和冬黑麦），同时运用两种酵母发酵，在柯比镇拥有6座货架式陈年仓库，得益于当地夏季昼夜温差可达25摄氏度以上的特殊自然气候，其波本酒款至少需桶陈5年以上。在选桶装瓶及确保品控这一方面，则与在精馏酒厂界炙手可热的女性调配大师南希·弗雷利（Nancy Fraley）保持长期合作。

## TIPS

### 遗珠名单
仍有资格入选 TOP 100 的美国威士忌酒厂

---

· **Burnside Distillery** | Portland, OR

· **Clear Creek Distillery** | Hood River, OR

· **Coppersea Distilling** | New Paltz, NY

· **Copper Fox Distillery** | Sperryville, VA

· **Cardinal Spirits Distillery** | Bloomington, IN

· **Dented Brick Distillery** | Salt Lake City, UT

· **Dry Flying Distilling** | Spokane, WA

· **Filibuster Distillery** | Maurertown, VA

· **Firestone & Robertson Distilling** | Fort Worth, TX

· **Great Lakes Distillery** | Milwaukee, WI

· **Hillrock Estate Distillery** | Ancram, NY

· **House Spirits Distillery** | Portland, OR

· **Hotaling & Co. Distillery** | San Francisco, CA

· **Journeyman Distillery** | Three Oaks, MI

· **Kentucky Owl Distillery** | Bardstown, KY

· **Kings County Distillery** | Brooklyn, NY

· **KO Distilling** | Manassas, VA

· **Log Still Distillery** | Bardstown, KY

· **New Liberty Distillery** | Philadelphia, PA

· **Old Pogue Distillery** | Maysville, KY

· **Old Elk Distillery** | Fort Collins, CO

· **Old Dominick Distillery** ｜ Memphis, TN

· **Prichard's Distillery** ｜ Kelso, TN

· **Pennington Distilling Co.** ｜ Nashville, TN

· **Rogue Spirits Distillery** ｜ Newport, OR

· **St. Augustine Distillery** ｜ Saint Augustine, FL

· **Still Austin Whiskey Co.** ｜ Austin, TX

· **Sonoma Distilling Co.** ｜ Rohnert Park, CA

· **St. George Spirits Distillery** ｜ Alameda, CA

· **Tom's Foolery Distillery** ｜ Burton, OH

· **Virginia Distillery Co.** ｜ Lovington, VA

· **Wm. Tarr Distillery** ｜ Lexington, KY

· **Wigle Whiskey Distillery** ｜ Pittsburgh, PA

· **Wiggly Bridge Distillery** ｜ York, ME

**图书策划**_将进酒 Dionysus

**出 版 人**_王艺超

**出版统筹**_唐 奂

**产品策划**_景 雁

**责任编辑**_郭 薇

**特约编辑**_刘 会

**营销编辑**_李嘉琪 高 寒

**责任印制**_陈瑾瑜

**装帧设计**_陆宣其

**商务经理**_黎 珊 绿川翔

**品牌经理**_高明璇

🐦 @Jiu-Dionysus

⊙ 将进酒 Dionysus

**联系电话**_010-87923806

**投稿邮箱**_Jiu-Dionysus@huan404.com

感谢您选择一本将进酒 Dionysus 的书
欢迎关注"将进酒 Dionysus"微信公众号